Rathschläge

über den

Blitzschutz der Gebäude

von

F. Findeisen,

Baurath im königl. württembergischen Ministerium des Innern,
Abtheilung für das Hochbauwesen, in Stuttgart.

Mit 142 in den Text gedruckten Abbildungen.

Dritter unveränderter Abdruck.

Berlin.
Verlag von Julius Springer.
1905.

ISBN-13: 978-3-642-98691-8   e-ISBN-13: 978-3-642-99506-4
DOI: 10.1007/978-3-642-99506-4

Softcover reprint of the hardcover 3rd edition   1905

Vorwort.

Von mehreren Seiten aufgefordert, den Inhalt meiner am 25. Mai 1897 im Elektrotechnischen Verein in Berlin und am 16. Juni 1897 in der 29. Hauptversammlung des Verbandes und der Vereinigung öffentlicher Feuerversicherungsanstalten Deutschlands in Stuttgart gehaltenen Vorträge über Blitzableiter weiteren Kreisen zugänglich zu machen, habe ich mich zur Herausgabe vorliegender Schrift mit ihrem wesentlich erweiterten Inhalt entschlossen.

Unter Verwerthung der Ergebnisse der württembergischen Blitzschlagstatistik und zahlreicher Blitzschlagbeobachtungen habe ich mich bemüht, ein möglichst getreues Bild von der den Gebäuden und ihrem Inhalt drohenden Blitzgefahr zu geben und zu zeigen, wie man sich gegen dieselbe am einfachsten und sichersten schützen kann.

Nach der Statistik haben die mit leicht entzündlichen Stoffen angehäuften landwirthschaftlichen Gebäude weitaus am meisten unter den zerstörenden Wirkungen des Blitzes zu leiden, und bedarf deshalb diese Art von Gebäuden eines Blitzschutzes in erster Linie. Ich habe daher mein Hauptaugenmerk darauf gerichtet, die Mittel und Wege zu bezeichnen, welche auch den weniger bemittelten ländlichen Gebäudebesitzer in den Stand setzen, sich die Vortheile eines wirksamen Blitzschutzes zu verschaffen.

Da wo meine Vorschläge von den herrschenden Anschauungen abweichen, oder wo die Ansichten der Sachverständigen auseinandergehen, waren längere, theilweise in das theoretische Gebiet übergreifende Ausführungen nicht zu vermeiden, im übrigen aber habe ich nur das praktische Bedürfniß im Auge gehabt und mich einer möglichst gemeinverständlichen

Ausdrucksweise bedient, um insbesondere auch die Kleinhandwerker, Schlosser, Klempner (Flaschner), Schieferdecker 2c. in den Stand zu setzen, an der Hand der gegebenen Anleitungen brauchbare Blitzableiter selbstständig ausführen zu können.

Den Hochbautechnikern soll Gelegenheit gegeben werden, sich mit den einschlägigen Fragen möglichst vertraut zu machen, damit sie im Stande sind, ihre Anordnungen unabhängig von den Blitzableiterfabrikanten zu treffen, womit sie ihren Bauherren oft viel Geld werden sparen können, indem sie es nämlich am besten in der Hand haben, die an den Gebäuden bereits vorhandenen Metalltheile unmittelbar als Blitzableiter zu benutzen oder zu solchen zu ergänzen. Auch wird gezeigt werden, daß manche die Blitzableiter vertheuernde Bestandtheile, welche vielfach seither als unvermeidlich gegolten haben, wie z. B. hohe Auffangstangen mit vergoldeten Kupfer=, Silber= oder Platinspitzen, Kupferleitungen und kupferne Erdplatten ohne Beeinträchtigung der Wirksamkeit der Blitzableiter entbehrt werden können.

Manche Gebäudebesitzer scheuen sich, einen Blitzableiter anbringen zu lassen, oder ihre Techniker rathen ihnen vorsichtshalber davon ab, indem sie der weitverbreiteten Behauptung, daß ein mangelhafter Blitzableiter eine Gefahr statt eines Schutzes für ein Haus bilde, Glauben schenken. Es wird nun aber an der Hand der Blitzstatistik und einer großen Zahl von Blitzschlagbeispielen nachgewiesen werden, daß jene Behauptung eine unbegründete ist, daß im Gegentheil selbst die einfachsten und mit Mängeln behafteten natürlichen oder künstlichen Blitzschutzvorrichtungen in der Regel immer noch wesentlich zur Verminderung des Blitzschadens beitragen.

Behörden und Feuerversicherungsanstalten werden aus der Schrift ersehen, inwieweit sie an der Herstellung und zeitweisen Prüfung der Blitzableiter ein Interesse haben, ob und welche polizeiliche Vorschriften für deren Herstellung und Unterhaltung angezeigt sind, und in welchen Fällen seitens der Feuerversicherungsanstalten auf eine Vermehrung der Blitzableiter etwa durch Gewährung von Beiträgen zu deren Herstellungskosten oder durch Verminderung des Feuerversicherungsbeitrags für Gebäude mit Blitzableitern hinzuwirken ist.

Bei dem vielseitigen Drängen nach baldiger Fertigstellung der Schrift mag manche Lücke geblieben sein, und bin ich deshalb gerne bereit, jedem, der sich unmittelbar an mich wendet, soweit es mir möglich ist, die gewünschte weitere Auskunft zu geben. Anderseits bin ich aber auch jedem dankbar, der mich auf etwa vorhandene Fehler aufmerksam macht.

Zum Schlusse drängt es mich, allen denjenigen, welche mich bei dieser Arbeit mit Rath und That unterstützten, auch hier noch einmal meinen verbindlichsten Dank auszusprechen.

Möge der Zweck der Schrift, den Blitzschutz der Gebäude hauptsächlich auch auf dem Lande zu einem allgemeineren machen zu helfen und so zur Verminderung der vielen und schweren Blitzschäden einiges beizutragen, in Erfüllung gehen.

Stuttgart, im November 1898.

Der Verfasser.

Inhalt.

I. Einleitung.

Die erste Anregung, mich mit der Blitzableiterfrage näher zu be=
schäftigen, bekam ich, als vor einer Reihe von Jahren an die württem=
bergische Regierung das Ansinnen gestellt wurde, es möchte an Stelle
der früheren, blos oberflächlichen jährlichen Besichtigung der Blitzableiter
durch die Orts= und Bezirksbautechniker eine sachverständigere periodische
Untersuchung der Blitzableiter mittelst geeigneter elektrischer Apparate ein=
geführt werden.

In meiner damaligen Eigenschaft als Techniker der württembergischen
Gebäudebrandversicherungsanstalt erhielt ich den Auftrag, mich über die
Durchführbarkeit dieses Verlangens eingehend zu äußern. Es drängten
sich mir dabei zunächst folgende Fragen auf:

„Wie groß ist denn eigentlich der Schaden, der bei der bestehenden,
angeblich unzureichenden Blitzableiterkontrolle an Gebäuden mit Blitzableitern
und deren Inhalt während eines größeren Zeitraumes entstanden ist?

Wie verhält es sich mit der besonders in Württemberg verbreiteten
Behauptung, daß durch mangelhafte Blitzableiter der Blitzschaden eher ver=
größert, statt vermindert wird?

Ist dieser Schaden wirklich so groß, daß er das, was die periodische
galvanometrische Untersuchung der circa 15000 Blitzableiter des Landes
kosten würde, werth wäre?"

Die vorhandene Statistik gab mir keinen genügenden Aufschluß über
diese Fragen, dagegen erfuhr ich aus den Akten, daß schon einmal, im
Jahre 1869, die Frage der galvanometrischen Untersuchung der Blitz=
ableiter in Anregung gebracht war. Der damals gehörte Professor der
Physik an der Universität Tübingen, Dr. Reusch, äußerte sich in seinem
Gutachten vom 15. Juli 1869 u. a. wie folgt:

„Die Untersuchung mit dem galvanischen Strome ist vor der Hand das einzige
Mittel, sich von der Kontinuität der Leitungen zu überzeugen. Auf der anderen

"

Seite ist aber zu sagen, daß wir durch diese Probe über den Grad der lokalen Kontinuität, d. h. über die Ausdehnung der Berührungsflächen nichts erfahren, sofern die Magnetnadel anspricht, wenn auch nur wenige Atome in der Fuge sich berühren. Die Leitungsfähigkeit eines Blitzableiters hängt aber ab von dem für die elektrische Entladung disponiblen Querschnitt. Es ist denkbar, daß der galvanische Strom eine großflächige Verbindungsstelle unter Umständen nicht passirt, während sie für eine Blitzentladung ziemliche Sicherheit bieten wird; umgekehrt könnte der galvanische Strom durch eine zu schwache Fuge gehen, während durch den Blitzschlag die Berührungsstelle zerstört wird.

Die galvanische Prüfung hat also keinen großen Werth, obgleich nicht zu verkennen ist, daß es wenigstens einige Beruhigung gewährt, zu wissen, daß eine Leitung den galvanischen Strom durchläßt."

Der gleichfalls gehörte Professor der Physik an der technischen Hochschule zu Stuttgart, Dr. Zech, gab unterm 27. Juli 1869 folgendes Gutachten ab:

„Ob ein Blitzableiter im Stande ist, einen Blitzschlag unschädlich abzuleiten, darüber sagt die galvanische Probe gar nichts. Was die galvanische Probe giebt, ist nur der Nachweis, ob es Stellen giebt, wo jeglicher metallischer Zusammenhang aufhört. Ein Querschnitt kann bis auf ein Minimum zerrissen und zerrostet sein, und doch kann die Probe mit dem Galvanometer ein günstiges Resultat abgeben. Ist aber das Resultat ein ungünstiges, etwa weil sich schon eine Oxydschicht an den Stößen der Leitungstheile angesetzt hat, so wird allerdings der schwache galvanische Strom eines Elementes sich in der Leitung nicht bewegen können, aber eine große Menge, wie die bei einem Blitzschlage auftretende, kann sich gar wohl Bahn brechen."

Der Verwaltungsrath der württembergischen Gebäudebrandversicherungsanstalt, einer staatlich geleiteten Anstalt mit Versicherungszwang, äußerte sich dahin, daß seit dem Bestehen der Anstalt, seit 1853, kein Fall bekannt geworden sei, wo der Blitz an einem Gebäude mit einem Blitzableiter einen von der Anstalt zu vergütenden Schaden angerichtet hätte.

Nach diesen Erhebungen wurde damals, also im Jahre 1869, von der Einführung einer galvanischen Untersuchung der Blitzableiter Umgang genommen. Um aber noch sicherere Anhaltspunkte für mein Referat zu erhalten, veranlaßte ich, daß die württembergische Blitzschlagstatistik entsprechend ergänzt wurde. Es stellte sich heraus, daß in den 20 Jahren von 1874—1893 allerdings 26 Blitzschläge in Gebäude mit Blitzableitern stattgefunden hatten, welche einen Schaden angerichtet haben. Wie oft der Blitz in diesem Zeitraum in Gebäude mit Blitzableitern schlug, ohne einen Schaden anzurichten, konnte nicht ermittelt werden, weil solche Fälle nicht zur Anzeige kommen. Es ist aber immerhin durch die Tagesblätter eine größere Zahl von Fällen bekannt geworden, wo der Blitz ohne jeden Schaden abgeleitet wurde.

Der durch obige 26 Blitzschläge innerhalb 20 Jahren angerichtete Gebäudeschaden beträgt im ganzen nur 4200 M. Menschen und Thiere haben dabei keinen Schaden genommen. In 14 Fällen, wo der Blitz offenbar dem Blitzableiter gefolgt ist, betrug der Gebäudeschaden durch= schnittlich nur 30 M. und bestand derselbe vorzugsweise in der Zer= schmetterung von Dachziegeln, sowie in der Beschädigung des Wand= und Deckenputzes; theilweise wurden nur die Blitzableiterstützen gelockert. In den übrigen Fällen hat der Blitz theils die Auffangstangen gar nicht ge= troffen, theils sprang er vom Blitzableiter ab auf metallene Dachver= wahrungen, Dachrinnen, Regenabfallrohre, Verdrahtungen des Wand= und Deckenputzes oder auf Wasserleitungen.

Von den 26 Blitzschlägen entfallen 6 auf Kirchen, wo jedesmal ein Schaden von einigen Hundert Mark angerichtet wurde. Dieser etwas größere Schaden erklärt sich daraus, daß zur Wiederherstellung der auch hier an und für sich geringfügigen Beschädigungen größere Gerüste er= forderlich waren.

Trotzdem sich nun die Blitzableiter in sämmtlichen Fällen als mehr oder weniger mangelhaft erwiesen haben, kann in keinem einzigen Fall behauptet werden, daß der Schaden infolge des Vorhandenseins des Blitz= ableiters vergrößert worden ist, es trifft vielmehr fast in allen Fällen ganz unzweifelhaft das Gegentheil zu.

Da sich also für's ganze Land ein jährlicher Gesammtschaden an Ge= bäuden mit Blitzableitern von nur $\frac{4200}{20} = 210$ M. ergab und man in Uebereinstimmung mit den früher gemachten Erfahrungen die Ueberzeugung gewonnen hatte, daß auch mangelhafte Blitzableiter einen, wenn auch un= vollkommenen Schutz für die Gebäude bieten, und da obigen Wiederher= stellungskosten von 210 M., die natürlich trotz peinlichster Blitzableiterunter= suchungen niemals ganz vermieden werden könnten, nach specieller Berechnung ein jährlicher Aufwand für galvanische Blitzableiteruntersuchungen von mehr als 10 000 M. gegenüberstehen würde, so sah man von der Einführung anderer amtlicher Untersuchungen als der wie früher nur nebenbei gelegent= lich der jährlichen Feuerschau vorzunehmenden Besichtigung der Blitzab= leiter durch die Orts= und Bezirksbautechniker ab, und überließ es dem freien Willen der Gebäudebesitzer, ihre Blitzableiter durch beliebige Sach= verständige galvanisch untersuchen zu lassen oder nicht.

Jene Statistik hat nun aber noch verschiedene andere wichtige That= sachen zu Tage gefördert. Es hat sich z. B. herausgestellt, daß bei allen Ge= bäuden mit harter Dachung, welche nicht zur Lagerung größerer Mengen

leicht entzündlicher Stoffe dienen, die Blitzschläge fast ausschließlich sogenannte kalte Schläge sind, die nur einen verhältnißmäßig geringen
Schaden verursachen. So beträgt z. B. der in den letzten 26 Jahren
durch Blitzschlag an Gebäuden der Stadt Stuttgart mit ihren 14 000
Häusern entstandene Schaden zusammen nur 3350 M. Hiervon entfallen
2620 M. auf zwei zündende Blitzschläge in landwirthschaftliche Gebäude
der Vororte, 280 M. auf einen Blitzschlag in einen Fabrikschornstein und
450 M. auf fünf kalte Blitzschläge in städtische Wohnhäuser, es kommen
also durchschnittlich nur 90 M. auf einen solchen Schlag. In der Provinz, wo die Häuser kleiner sind, reduciert sich dieser Betrag auf durchschnittlich 70 M.

Unter 10 000 Wohngebäuden wird jährlich kaum eines vom Blitz
getroffen, und da der dann entstehende Schaden viel weniger beträgt, als
was ein Blitzableiter der üblichen Konstruktion kostet, so erscheint es vom
rein wirthschaftlichen Standpunkt aus nicht begründet, die Wohngebäude
mit kostspieligen Blitzableitern zu versehen. Auch ist es nicht begründet für
gewöhnliche Wohngebäude mit harter Dachung, welche mit einem Blitzableiter versehen sind, eine Ermäßigung des Feuerversicherungsbeitrags
eintreten zu lassen. In Württemberg beträgt der an nicht mit Blitzableitern versehenen Wohnhäusern jährlich entstehende gesammte Blitzschaden
nur 0,5 % des Gesammtbrandschadens und nur circa 0,005 ‰ der Gesammt-
versicherungssumme dieser Gebäudekategorie, so daß also bei einem z. B.
zu 10 000 M. versicherten Gebäude eine jährliche Ermäßigung des
Feuerversicherungsbeitrags von im Ganzen nur fünf Pfennigen angezeigt
wäre, welch' geringen Betrag man aus praktischen Gründen selbst bei der
feinsten Klassificirung der Risiken außer Betracht lassen wird, geschweige
daß es vom polizeilichen oder versicherungstechnischen Standpunkt aus
begründet wäre, für amtliche Blitzableiter-Untersuchungszwecke an dieser
Art von Gebäuden auch nur einen Pfennig auszugeben.

Von den in Wohngebäuden befindlichen Menschen wird unter $1\frac{1}{2}$ Millionen jährlich kaum einer vom Blitz erschlagen. Die Wahrscheinlichkeit
in einem Wohnhaus vom Blitz erschlagen oder dauernd an seiner Gesundheit geschädigt zu werden, ist eine äußerst geringe, sie reducirt sich fast
auf Null für denjenigen, welcher die Vorsicht gebraucht, sich während des
Gewitters womöglich in sitzender oder liegender Stellung in einem trockenen Raum nicht unmittelbar unter dem Dach und nicht in unmittelbarer
Nähe einer Wand oder größerer Metallmassen aufzuhalten. Es besteht
also auch in dieser Hinsicht kein Bedürfniß, etwa von Amtswegen für
eine Vermehrung der Blitzableiter auf Wohngebäuden einzutreten.

Vom moralischen Standpunkt aus erscheint es geboten, das alles ehrlich zu sagen, statt den Leuten, wie dies leider vielfach geschieht, Angst einzujagen, nur damit sie sich um theures Geld einen Blitzableiter machen lassen. Wenn aber trotzdem ängstliche Gemüther und solche, die übriges Geld haben, sich den Luxus eines kostspieligen Blitzableiters gestatten wollen, so ist das vom wirthschaftlichen Standpunkt aus ebensowenig zu bedauern, wie die Anfertigung von Luxusartikeln jeder Art, wodurch Arbeit geschaffen wird und Geld unter die Leute kommt. Es soll nun damit aber keineswegs gesagt sein, daß die Anbringung rationeller Blitz= ableiter auf Wohnhäusern überhaupt überflüssig ist. Es giebt gewisse Orte, die den Blitzschlägen offenbar mehr ausgesetzt sind als andere. In solchen Fällen, und wenn es sich um den Schutz werthvoller Kunst= werke handelt, deren Verlust oder Beschädigung durch Blitzschlag dem Besitzer mit Geld nicht ersetzt werden kann, ist die Anbringung von Blitzableitern wohl berechtigt. Es ist ferner nicht zu leugnen, daß, wenn auch die Gefahr, durch den Blitz in einem Wohnhaus an Leben und Gesundheit geschädigt zu werden verschwindend klein ist, schon die Angst, in welche kranke oder nervöse Personen durch ein Gewitter versetzt werden, ihren Zustand zu verschlechtern geeignet ist, während das Be= wußtsein, in einem mit einem guten Blitzableiter bewaffneten Haus zu wohnen, beruhigend wirkt, wenn es draußen blitzt und donnert. Diese letzteren Gründe sprechen sogar dafür, daß die Anwendung des später von mir in Vorschlag zu bringenden einfachen und billigen, aber doch hin= länglich wirksamen Blitzschutzes bei der Neuaufführung eines jeden Wohn= hauses ins Auge gefaßt werden sollte.

Das Vorhandensein eines Blitzableiters bei der Bemessung des Feuer= versicherungsbeitrags zu berücksichtigen, ist am begründetsten bei Kirchen und Fabrikschornsteinen, weil hier die Blitzschläge fast die einzige Schadens= ursache bilden. Die Blitzgefahr bei Kirchen mit Kirchthürmen ist mehr als 20 mal größer als bei den gewöhnlichen Wohngebäuden. Eine andere Frage ist die, ob es auch vom wirthschaftlichen Standpunkt aus begründet ist, jede Kirche und jeden Fabrikschornstein mit einem Blitzableiter der üblichen Konstruktion zu versehen.

Diese Frage ist wenigstens nach der württembergischen Statistik zu verneinen. Es beträgt z. B. der an sämmtlichen 1100 nicht mit Blitz= ableitern versehenen Kirchen des Landes jährlich entstehende Blitzschaden im Ganzen durchschnittlich nur 1800 M. Elfhundert Kirchenblitzableiter der üblichen Konstruktion würden wenigstens 400 000 M. kosten, was einer jährlichen Verzinsung und Amortisation von wenigstens 18 000 M. ent=

sprechen würde, also einer 10 mal größeren Summe, als was im besten Fall damit gerettet werden könnte.

Da aber durch die Ersparniß an Feuerversicherungsbeitrag bei Kirchen mit Blitzableitern die Kosten der letzteren gewöhnlich ganz verzinst und amortisirt werden, so erscheint es vom Standpunkt der Gemeindeverwaltungen aus unverantwortlich, auf einen Blitzschutz zu verzichten, insbesondere bei solchen Kirchen, welche werthvolle Kunstwerke oder Alterthümer bergen, für welche im Falle ihrer Zerstörung durch Blitzschlag die Feuerversicherung einen genügenden Ersatz nicht bietet.[1]

Bei Fabriken ist das durch den Blitz entstehende Risiko im Vergleich zu allen anderen Brandursachen so klein, daß eine Bevorzugung von Fabriken mit Blitzableitern bei der Bemessung des Feuerversicherungsbeitrags im allgemeinen nicht angezeigt ist. Aus dem gleichen Grund besteht auch kein Bedürfniß, die Anbringung von Blitzableitern auf Fabrikgebäuden polizeilich vorzuschreiben, mit Ausnahme etwa von solchen Fabrikgebäuden, welche zur Lagerung und Verarbeitung großer Mengen leicht entzündlicher und explosiver Stoffe dienen.

Sache des Fabrikbesitzers ist es, im einzelnen Fall zu erwägen, ob durch den Blitzschlag ein größerer Brand und damit eine längere Betriebsunterbrechung entstehen kann, welch' letztere bekanntlich durch die Feuerversicherung nicht entschädigt wird. Zutreffenden Falls thut er gut daran, seine Fabrikgebäude mit Blitzableitern zu versehen.

Bei allen öffentlichen, nicht in feuergefährlicher Weise benützten Gebäuden liegen die Verhältnisse ähnlich wie bei den Wohngebäuden.

Der Staat bezahlt z. B. in Württemberg jahraus jahrein so ungeheuer viel für Gebäude- und Mobiliarversicherung und bekommt bei der verhältnißmäßig geringen Feuersgefahr der Staatsgebäude so wenig Brandentschädigung dafür, daß es unökonomisch wäre, dieselben auch noch einer Doppelversicherung durch Anbringung kostspieliger und kostspielig zu unterhaltender Blitzableiter zu unterwerfen. Die Verzinsung der Kosten für deren Herstellung und Unterhaltung würde mehr als den 100 fachen Betrag des Blitzschadens betragen, der im besten Fall damit verhütet würde und der überdies von der Feuerversicherung entschädigt wird.

---

[1] Der bekannte Vorkämpfer auf dem Gebiete des Blitzableiterwesens, Dr. Leonhard Weber, Professor der Physik 2c. an der K. Universität Kiel, welchem das Manuskript dieser Schrift vor dem Druck zur Einsicht vorlag, machte hier folgende Randbemerkung:

„Die Gemeinden müssen gezwungen werden, ihre Kirchen mit Blitzableitern zu versehen, es ist Gotteslästerung, dies nicht zu thun."

Leider ist unter Mißachtung dieser Thatsachen im Staat Württemberg und wohl auch anderwärts schon viel Geld unnöthiger Weise für Blitzableiterzwecke ausgegeben worden, abgesehen von den zahlreichen verfehlten und überflüssigen Blitzableiteranlagen z. B. an vorzugsweise oder ganz aus Eisen konstruirten Gebäuden, deren Eisenmassen erfahrungsgemäß an und für sich schon die besten Blitzableiter bilden.

In Preußen ist man allerdings seit einiger Zeit zu einer besseren Erkenntniß gelangt. Es ist dort aus den im Jahr 1886 gemachten statistischen Erhebungen der Schluß gezogen worden, daß ein Bedürfniß zur Vermehrung der Blitzableiter auf fiskalischen Gebäuden nicht vorliege, weil der durch Blitz verursachte Schaden in keinem Verhältniß zu den Kosten stehe, welche die Herstellung und Unterhaltung so vieler Blitzableiter erfordern würde, es wird aber nach wie vor und mit Recht von Fall zu Fall entschieden, ob in Anbetracht der örtlichen Verhältnisse, der Bauart und Bestimmung der Gebäude die Anlage von Blitzableitern sich empfiehlt oder nicht.

Eines Blitzschutzes sollten keinenfalls entbehren Schulhäuser, Krankenhäuser und alle Gebäude, welche zu großen Menschenansammlungen bestimmt sind, also z. B. auch Kirchen und Theater.

Was nun die landwirthschaftlichen Gebäude betrifft, so beträgt der an denselben jährlich anfallende Blitzschaden in Württemberg ca. 100 000 M. $= 90\,\%$ des gesammten Blitzschadens und $10\,\%$ des an dieser Gebäudekategorie anfallenden allgemeinen Brandschadens.[1]

Dieses ungünstige Verhältniß hat darin seinen Grund, daß der Blitz, der in gefüllte Scheuern schlägt, gewöhnlich zündet und einen Brand verursacht, welchem außer dem getroffenen Gebäude oft auch das unmittelbar daran anstoßende oder damit verbundene Wohnhaus, manchmal auch noch mehrere Nachbargebäude oder ganze Ortstheile zum Opfer fallen. Verhältnißmäßig häufig nimmt der Blitz seinen Weg durch feuchte Ställe und tötet die dort befindlichen Thiere, weßhalb es sich für Menschen nicht empfiehlt, während eines Gewitters in den Stallräumen ungeschützter Gebäude sich aufzuhalten.

Würde nun z. B. die ganze zu 200 000 geschätzte Zahl der landwirthschaftlichen Gebäude Württembergs mit Blitzableitern der üblichen Konstruktion versehen und rechnet man die Kosten eines solchen durchschnittlich

---

[1] Es sind bei dieser Statistik alle unmittelbar an Scheuern und Ställe angebauten oder mit denselben vereinigten Wohnhäuser, deren Dachräume oft auch zur Lagerung leicht entzündlicher Stoffe benützt werden, als landwirthschaftliche Gebäude mitgezählt worden.

nur zu 100 M., so würde das einen Kostenaufwand von 20 Millionen Mark verursachen. Die jährliche Verzinsung und Amortisation dieser Summe würde ca. 1 Million Mark betragen, also zehnmal mehr, als was im besten Fall damit gerettet werden könnte. Zu obigen 100 000 M. Gebäudeschaden kommen allerdings noch circa 60 000 M. Mobiliarschaden, wodurch sich der Blitzableiteraufwand auf annähernd das sechsfache des Blitzschadens vermindert. Berücksichtigt man, daß eine Ermäßigung des Feuerversicherungsbeitrags für landwirthschaftliche Gebäude mit Blitzableitern naturgemäß eine Vermehrung der Blitzableiter in den blitzschlagreicheren Gegenden zur Folge hätte, so kann man annehmen, daß durch diese dichtere Vertheilung der Blitzableiter in den blitzschlagreicheren Gegenden obiger den zu verhütenden Blitzschaden sechsmal übersteigende Blitzableiteraufwand, auf etwa die Hälfte vermindert würde.

Wenn nun die vom Blitz am meisten geängstigten und geschädigten Bauern Geld genug hätten, so wäre vom wirthschaftlichen Standpunkte aus nichts dagegen einzuwenden, wenn jedes Bauernhaus in den blitzschlagreicheren Gegenden mit einem Blitzableiter der üblichen Konstruktion versehen und ein dreimal größerer Aufwand auf die Herstellung und Unterhaltung dieser Blitzableiter gemacht würde, als was im besten Fall damit gerettet werden könnte. Es würde dadurch auch wieder Arbeit geschaffen und das übrige Geld der Bauern käme unter andere Leute, nämlich die Blitzableitersetzer, Eisenhändler, Fabrikbesitzer, Fabrik und Bergwerksarbeiter. Da aber die Mehrzahl der Bauern derzeit kein übriges Geld besitzt, so wäre es vom rein wirthschaftlichen Standpunkte aus nicht gerechtfertigt, für eine umfassende Vermehrung der Blitzableiter auf dem Lande einzutreten, wenn es nicht gelänge, obige Verhältnißzahl, welcher der durchschnittliche Kostenbetrag von 100 M. für einen Blitzableiter zu Grunde liegt, noch weiter herabzudrücken.

Es soll nun in der Folge nachgewiesen werden, daß es möglich ist, ohne der Wirksamkeit der Blitzableiter den geringsten Eintrag zu thun, die Kosten für deren Anlage und Unterhaltung so weit zu ermäßigen, daß der Blitzschutz der landwirthschaftlichen Gebäude weniger kostet, als der Ersatz der Blitzschäden, die andernfalls an den ungeschützten Gebäuden entstehen würden, und daß es daher wirthschaftlich wohl begründet ist, eine allgemeine Einführung der Blitzableiter auf dem Lande anzustreben. Dafür sprechen übrigens noch die weiteren gewichtigen Gründe, welche hinten im XII. Kapitel angeführt werden.

II. Beispiele von Blitzschlägen in Gebäude.

Wer sich ein einigermaßen selbstständiges Urtheil in der Blitzableiter=
frage bilden will, wird es als ein Hauptbedürfniß empfinden, über die
thatsächlichen Vorgänge bei Blitzschlägen in Gebäude mit und ohne Blitz=
ableitern möglichst zuverlässige Anhaltspunkte zu erhalten. Bei der großen
Verschiedenheit in der Art und Stärke der Blitzschläge selbst und bei dem
bedeutenden Einfluß der besonderen örtlichen Verhältnisse, der Größe, Form,
Konstruktion und Benutzungsweise der getroffenen Gebäude auf die Blitz=
schlagwirkungen ist es nun aber nicht rathsam, nur aus einzelnen wenigen
zufällig bekannt gewordenen Blitzschlägen allgemeine Schlüsse zu ziehen.
Man würde hierbei ebenso leicht auf Irrwege gerathen, als wenn man
glauben wollte, die ganze Blitzableiterfrage ausschließlich mit theoretischen
Betrachtungen und Laboratoriumsversuchen lösen zu können. Es müssen
vielseitige genaue Beobachtungen der Vorgänge bei Blitzschlägen in Ge=
bäude, Statistik, praktische Erfahrungen über die Wirksamkeit und Halt=
barkeit der verschiedenen Arten von Blitzableitern, theoretische Untersuchungen
und Laboratoriumsversuche Hand in Hand mit einander gehen und sich
gegenseitig ergänzen. Von diesem Gesichtspunkte aus hat denn auch der
internationale Kongreß der Elektrotechniker in Paris im Jahre 1881 den
Wunsch ausgesprochen, es möchte unter sämmtlichen Kulturstaaten eine
Vereinbarung getroffen werden, um die Elemente einer Statistik über die
Wirksamkeit der gebräuchlichen Blitzableiter zu sammeln. Dieser Wunsch
scheint aber bis jetzt ein frommer geblieben zu sein, und wird es wohl
auch in Zukunft bleiben. In allen Staaten, in welchen die Immobiliar= und
Mobiliarversicherung in den Händen von Privatgesellschaften liegt, und wo kein
allgemeiner Versicherungszwang besteht, wie dies in den meisten Staaten
der Fall ist, ist eine rationelle Blitzschlagstatistik kaum durchführbar. Es
ist nun aber auch nicht nöthig, daß die Statistik auf ein so weites Gebiet,

wie es der Pariser Kongreß im Auge hatte, ausgedehnt wird. Es genügt vielmehr, wenn sich dieselbe nur auf einzelne Länder, wenn auch kleineren Umfangs, erstreckt, die aber vermöge ihrer besonderen Einrichtungen leicht in der Lage sind, das erforderliche Beobachtungsmaterial zu beschaffen. So hat sich das kleine Land Württemberg mit seinen ca. 600,000 Häusern bereits als ein ziemlich fruchtbares Beobachtungsgebiet erwiesen.

Die hier bestehende staatliche Gebäudebrandversicherungsanstalt bekommt Kenntniß von sämmtlichen Blitzschlägen in Gebäude, die einen Schaden angerichtet haben, weil alle diese Schäden, auch wenn sie durch nichtzünden=den Blitzschlag verursacht wurden, vergütet werden, und die Gebäudebesitzer also ein Interesse daran haben, jeden solchen Blitzschlag zur Anzeige zu bringen. Die Art und Weise des durch den Blitz angerichteten Schadens wird in jedem einzelnen Fall von zuverlässigen beeidigten Technikern genau beschrieben, und auf Grund dieser Beschreibung die Schadensberechnung angefertigt. Bei der Aufstellung der oben S. 2 erwähnten 20jährigen Statistik für die Jahre 1874—1893 hatten die 64 Bezirksbautechniker des Landes specielle Aeußerungen über die von ihnen gemachten Erfahrungen bei Blitz=schlägen in Gebäude abzugeben, und sind hierauf von einzelnen älteren, erfahreneren Technikern sehr werthvolle Mittheilungen gemacht worden. Ob=wohl nun dieses Material schon an und für sich eine ziemlich sichere Grund=lage für die Konstruktion einfacher und zweckmäßiger Blitzableiter gebildet hätte, so hielt ich es doch bei der großen Bedeutung der Sache und eines gründlicheren Beweises halber für angezeigt, dahin zu wirken, daß noch weitere genauere Erhebungen angestellt wurden. Dem einsichtsvollen Ent=gegenkommen des Kgl. Verwaltungsrathes der württembergischen Gebäude=brandversicherungsanstalt, insbesondere dessen derzeitigem Vorstand, dem Herrn Präsidenten von Bockshammer ist es zu danken, daß auch dieser Anregung stattgegeben wurde, und daß nun ein für die Klärung der Blitzableiterfrage höchst wichtiges Beobachtungsmaterial fortlaufend beschafft wird. Es müssen jetzt durch die Bezirkstechniker gelegentlich der Vornahme der Blitzschadensschätzungen eine Reihe vorgedruckter Fragen über Standort, Größe, Bauart, Inhalt der vom Blitz getroffenen Ge=bäude, Einschlagstelle und Blitzweg nach Art des am Ende des XII. Kapitels abgedruckten Formulars beantwortet und die Angaben über die Blitzeinschlag=stelle und den Blitzweg durch Zeichnungen erläutert werden. In besonders wichtigen Fällen, oder da, wo es zur Ergänzung der gemachten Angaben nöthig erscheint, wird ein Augenschein an Ort und Stelle durch mich vor=genommen. So liegen bis jetzt die ausführlichen Beschriebe der in den Jahren 1896 und 1897 zur Anzeige gekommenen 273 Blitzschläge in

Gebäude vor. Aus diesen Beschrieben habe ich eine Reihe charakteristischer Beispiele herausgegriffen, und hoffe ich damit einem vielfach empfundenen Bedürfniß, über die Vorgänge bei Blitzschlägen in Gebäude mehr Klarheit zu bekommen, abzuhelfen und zugleich ein wichtiges Beweismaterial für meine in der Folge zu machenden Vereinfachungsvorschläge für die Herstellung von Blitzableitern zu liefern. Diese Beispiele bilden gleichsam das Ergebniß einer aufmerksamen Rekognoscirung über die Stärke und Schwäche unseres Gegners, des Blitzes, und wird es uns auf Grund dieser Beobachtungen nicht schwer werden, die erforderlichen Maßregeln für eine erfolgreiche Bekämpfung desselben zu treffen. Von besonderem Werth für den vorliegenden Zweck sind die Angaben über die Blitzeinschlagstelle und den Blitzweg, sowie über die Art und Größe der Zerstörung, und habe ich der Kürze und Uebersichtlichkeit halber nur diesen Theil der Blitzschlagbeschreibungen in Folgendem aufgenommen.

Es kann sich bei diesen Beispielen natürlich im Wesentlichen nur um die Beschreibung nicht zündender Blitzschläge handeln, weil bei zündenden die Spuren der Einschlagstelle und des Blitzweges durch den Brand gewöhnlich sofort verwischt werden, und die Mittheilungen von Augenzeugen, welche das Einschlagen des Blitzes gesehen haben wollen, erfahrungsgemäß keinen Anspruch auf Zuverlässigkeit machen können.

Beispiele über den Einfluß metallener Dachverwahrungen, Dachrinnen und Abfallrohre auf den Blitzweg.[1])

1. Blitzschlag in Bernloch am 16. Juli 1896 (Fig. 1).

Der Blitz schlug in die südliche Giebelspitze eines Wohn- und Oekonomiegebäudes, nahm seinen Weg über die nasse Dachfläche zu der auf der westlichen Langseite befindlichen Dachrinne, folgte dieser auf ihre ganze Länge, sowie dem am Ende derselben angebrachten Abfallrohr, welches zu einer mit Wasser gefüllten, gemauerten Cisterne führt. Eine größere Anzahl Ziegelplatten wurde zertrümmert, ein Giebelsparren zersplittert, der Giebelsaum und die Dachrinne, die letztere durch herabgefallene Ziegelplatten, beschädigt; das Abfallrohr blieb unbeschädigt, obgleich dessen ein-

---

[1]) Es ist zwar nicht ganz richtig, den Blitz einfach als einen von den Wolken zur Erde niedergehenden Funken oder Strahl anzusehen; da es jedoch für den vorliegenden Zweck von untergeordneter Bedeutung ist, wie man sich die zeitliche Folge der Blitzwirkungen denkt, ob durch eine von oben nach unten oder von unten nach oben wirkende Kraft oder durch gleichzeitig von beiden Seiten wirkende Kräfte verursacht, so glaubte ich des besseren allgemeinen Verständnisses halber, die Blitzschlagbeschreibungen der ersteren volksthümlichen Anschauungsweise anpassen zu sollen und dieselben im Wesentlichen gerade so wiederzugeben, wie sie gemeldet worden sind.

zelne Theile nicht mit einander verlöthet, sondern je nur einige Centimeter in einander gesteckt waren.

An der hölzernen Cisternenabdeckung wurde eine Leiste weggerissen und ein eisernes Band verbogen, so daß es keinem Zweifel unterliegt, welchen Weg der Blitz von der Einschlagstelle an bis zur Erde genommen hat. Der gesammte Gebäudeschaden beträgt 62 M.[1]

Die Dachrinne und das Abfallrohr hatten je einen Querschnitts=umfang von 280 mm und bestanden aus mit Oelfarbe gestrichenem XX Weißblech (verzinntem Eisenblech 0,42 mm dick), sie dientem offenbar als natürliche Blitzableiter, durch welche ein größerer Schaden verhütet wurde.

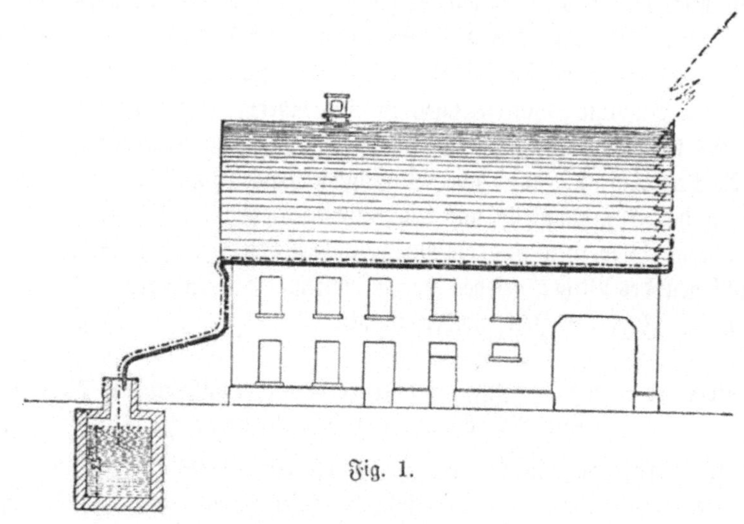

Fig. 1.

Zeichenerklärung:

——————— gute Leiter der Elektricität, z. B metallene Dachrinnen, Regenabfallrohre, First=, Grat=, Ortgang=, Kehlbleche und Blitzableiter.

— · — · — · Blitzweg.

2. Blitzschlag in Altdorf am 8. Juli 1896 (Fig. 2 u. 3).

Der Blitz schlug in die Spitze des südwestlichen Giebels. Ein Strahl folgte dem nassen Fachwerksgiebel senkrecht zur Erde, einen Holzpfosten zersplitternd und den Wandputz beschädigend. Ein zweiter Strahl lief dem Ortgangbrett entlang, dieses und die anstoßenden Ziegelplatten zer=störend, bis zur vorderen Dachrinne aus XX Weißblech, folgte dieser auf ihre ganze Länge und dem am entgegengesetzten Ende angebrachten Abfall=

---

[1] Unter den angegebenen Schadenssummen ist immer nur der Gebäudeschaden ohne den Mobiliarschaden verstanden.

rohr zur Erde. Dachrinne und Abfallrohr blieben vollständig intakt, obwohl auch hier die einzelnen Rohrstücke ohne Löthung in einander griffen. Der entstandenen Gebäudeschaden beträgt 41 M.

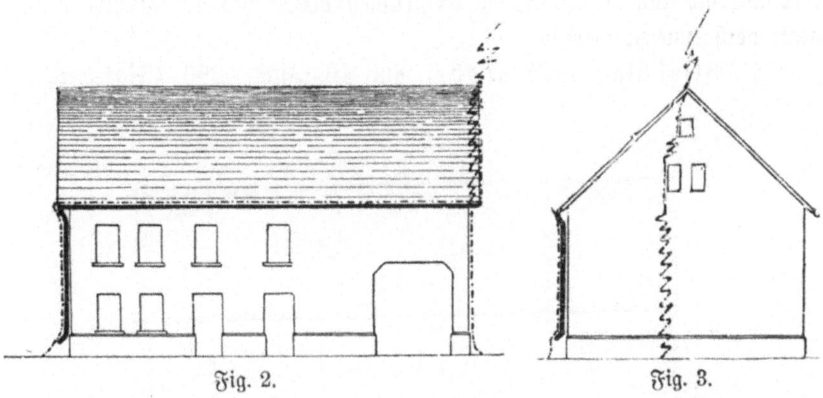

Fig. 2.   Fig. 3.

3. Blitzschlag in ein Wohn= und Oekonomiegebäude in Geisingen am 21. Juli 1896 (Fig. 4).

Der Blitz schlug in einen den Gebäudefirst um 60 cm überragenden Schornstein, nahm den kürzesten Weg über die nasse Dachfläche zu der auf der vorderen Gebäudeseite angebrachten, mit Oelfarbe gestrichenen

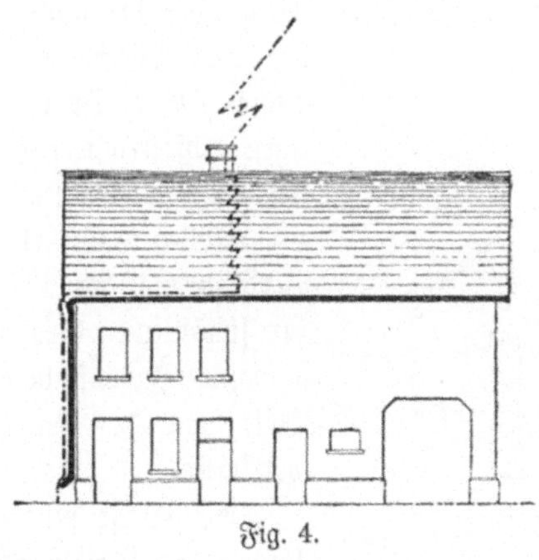

Fig. 4.

Dachrinne aus XX Weißblech, folgte dieser und dem an der südlichen Gebäudeecke angebrachten, ebenfalls aus Weißblech bestehenden Abfallrohr. Dasselbe endigte 40 cm über dem Boden, der Wasserstrahl des Ausgusses vermittelte den Uebergang des Blitzes zur Erde.

Beschädigt wurden nur der Schornsteinkopf, die Dachbedeckung, der

Wandputz in der Nähe des Abfallrohrs und das letztere selbst an seinem unteren Ende. Die Dachrinne blieb unbeschädigt.

Der ganze Schaden beträgt 50 M. Die Ortswasserleitung führt im Gebäude bis zum 1. Stock, ein Abspringen des Blitzes auf dieselbe konnte nicht nachgewiesen werden.

4. Blitzschlag in Nußdorf am 16. Juni 1896 (Fig. 5 u. 6).

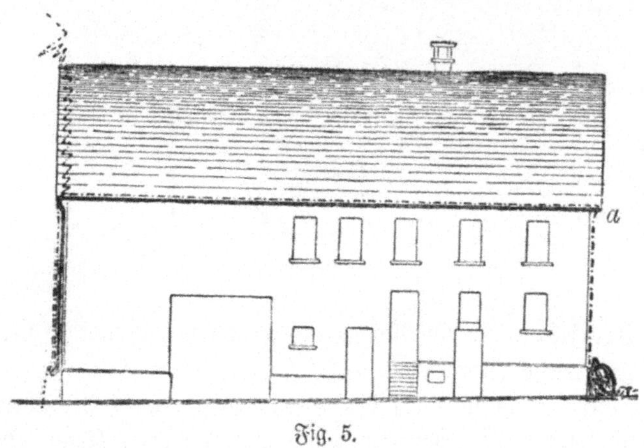

Fig. 5.

Der Blitz schlug in die nördliche Giebelspitze eines Wohn= und Oekonomiegebäudes, nahm seinen Weg über die nasse Ziegelbedachung zu der aus Weißblech bestehenden Dach=rinne. Ein Strahl ging an dem dor=tigen Abfallrohr zur Erde, ein zweiter lief der ganzen Dachrinne entlang bis zum südlichen Giebel, dort folgte er der Verdrahtung des äußeren Verputzes bis zur südöstlichen Gebäudeecke, wo er ver=schwand. Daselbst lagerten größere Eisen=theile von der benachbarten Schmiede=werkstätte.

Beschädigt wurden die Ziegelbeda=chung, die Dachrinne und der äußere Verputz. Schaden 23 M. Die Be=schädigung der Dachrinne bestand darin,

Fig. 6.

daß an deren südlichem Ende bei *a*, wo sich kein Abfallrohr befand, ein 3 cm großes Loch durchgeschlagen wurde. Im Uebrigen wurde die Dach=rinne durch einige herabgefallene Ziegelplatten leicht beschädigt.

5. Blitzschlag in Ludwigsburg am 9. September 1896 (Fig. 7)

Der Blitz schlug in die metallene Spitze des mit glasirten Ziegeln gedeckten Erkerdachs eines Wohnhauses, er folgte den Dachflächen des Erkers bis zur Dachrinne, von welcher aus er, ohne einen weiteren Schaden zu verursachen, in die Regenabfallrohre geleitet wurde, die unter dem Boden in die Thonröhren der Hausentwässerung mündeten. Fast sämmtliche Ziegel des Erkerdachs wurden zertrümmert, dessen Dachverschalung

Fig. 7.

und Dachsparren zersplittert. Die aus verbleitem Eisenblech Nr. 22 bestehenden Dachrinnen und die aus Zinkblech Nr. 11 bestehenden Abfallrohre, welch' letztere ohne Löthung in einander gefügt waren, blieben unversehrt. Im Innern des Gebäudes fand eine unbedeutende Beschädigung der Leitungsdrähte des elektrischen Läutewerks statt. Gas- und Wasserleitung befanden sich im Gebäude, doch blieben dieselben vom Blitzschlag unberührt.

Der Gebäudeschaden beträgt 260 M. Wären die Gräte des Erkerdachs mit genügend starkem Blech statt mit Ziegeln verwahrt gewesen, so wäre sehr wahrscheinlich keinerlei Schaden am Gebäude entstanden.

6. **Blitzschlag in ein Wohn= und Oekonomiegebäude in Böhringen am 2. Juni 1896 (Fig. 8).**

Der Blitz schlug in den ersten Firstziegel am nördlichen Giebel, folgte der nassen Dachfläche und dem zweiten Sparren bis zu der aus Weißblech bestehenden Dachrinne an der vorderen Gebäudeseite. Obwohl diese durch ein Vordach zweimal unterbrochen war, folgte der Blitz derselben doch auf 13 m Länge bis zum Regenabfallrohr, dann diesem. Das Abfallrohr hörte 30 cm über dem Boden auf. Ein Sparren wurde zerschmettert,

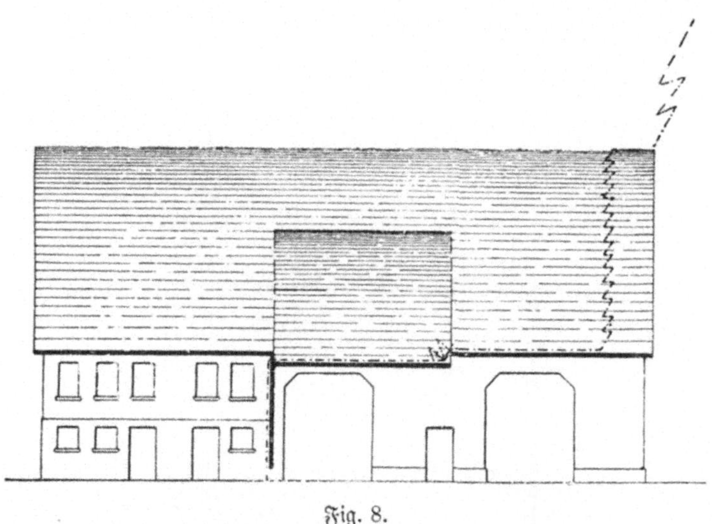

Fig. 8.

eine größere Anzahl Dachplatten zertrümmert, die Dachrinnen und das Abfallrohr blieben unversehrt. Schaden 54 M.

7. **Blitzschlag in ein Wohnhaus in Baienfurt am 17. Juni 1896 (Fig. 9).**

Der Blitz schlug in einen, den First überragenden Schornstein, sprang von da auf die Kehlverwahrungen des vorderen Querhausgiebels, welche aus XX Weißblech bestanden, er folgte sodann diesen Kehlblechen, sowie den ebenfalls aus dünnem Weißblech bestehenden Dachrinnen und Abfall=rohren zur Erde. Beschädigt wurde nur der Schornsteinkopf und einige Dachplatten sammt Latten in der Richtung gegen die Kehlbleche des Querhausgiebels.

Schaden 30 M. Die Kehlbleche, Dachrinnen und Abfallrohre blieben unbeschädigt. Zwischen den Kehlblechen des Querhausgiebels und den Dachrinnen bestand ein Abstand von mehreren Centimetern; trotzdem sprang der Blitz daselbst über, ohne jede Beschädigung zu verursachen. Der berichtende Oberamtsbaumeister erklärt dies damit, daß durch den Gewitterregen Kehlen, Dachrinnen und Abfallrohre mit Wasser gefüllt waren, welches die mangelnden Verbindungen in den metallischen Leitern überbrückte und in Verbindung mit den letzteren dem Blitz den Weg zur Erde wies.

8. Blitzschlag in ein Wohn= und Oekonomiegebäude in Betzweiler am 9. August 1896 (Fig. 10).

Der Blitz schlug in einen den First überragenden Schornstein, sprang von da auf die Firstverwahrung aus Schwarzblech über, folgte dieser, sich in zwei Strahlen theilend, auf die ganze Länge des Gebäudes bis zum östlichen und westlichen Fachwerks=

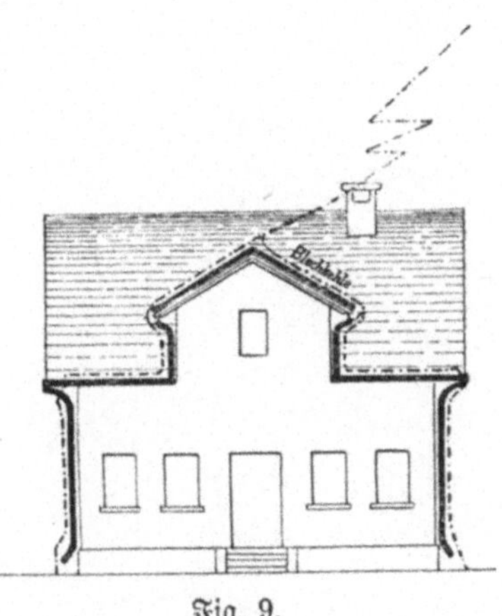

Fig. 9.

giebel, wo mehrere Hölzer zerschmettert und herausgerissen, und die Riegel= ausmauerung beschädigt wurden. Schaden 100 M.

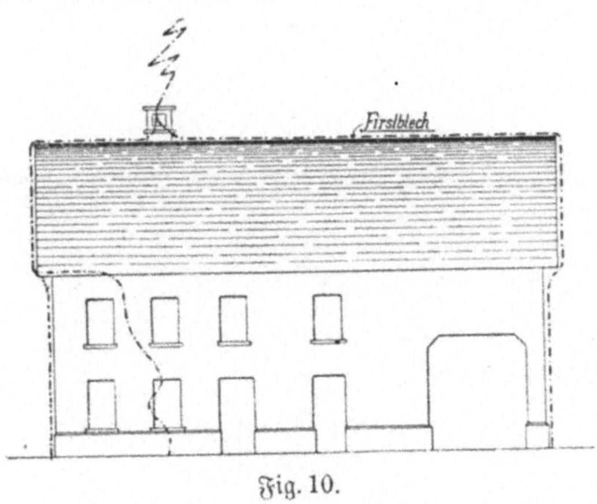

Fig. 10.

Dachrinnen und Abfallrohre befanden sich nicht an diesem Gebäude. An dem mit Oelfarbe gestrichenen Firstblech war, wie ich mich selbst überzeugte, nicht die geringste Spur von Beschädigung bemerkbar, obwohl die einzelnen je 1 m langen Blechtafeln nur 10 cm übereinander griffen und durch die Oelfarbschichten von einander getrennt waren.

Der Dachraum des Gebäudes war mit Heu angefüllt; das Firstblech, welches also den Blitz von der Einschlagstelle an bis zu den Giebelseiten des Gebäudes weiter leitete, hat offenbar verhindert, daß der Blitz mit dem Heu in Berührung kam und dasselbe entzündete.

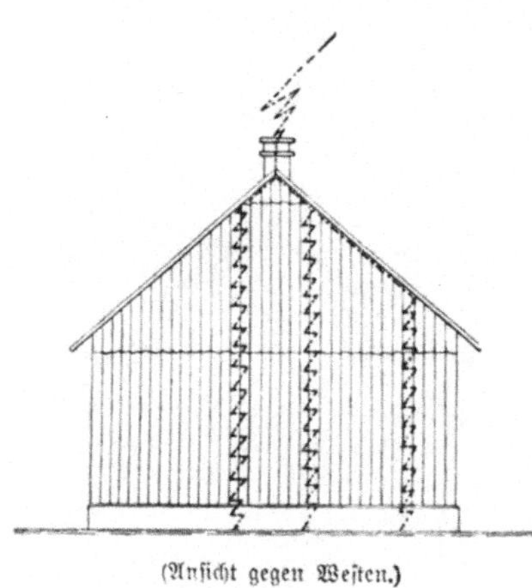

(Ansicht gegen Westen.)

9. Blitzschlag in ein Wohn- und Oekonomiegebäude in Eisenharz am 15. Juli 1897 (Fig. 11 u. 12).

Der Blitz schlug in einen den First um circa 70 cm überragenden Schornstein, theilte sich sofort in zwei Strahlen, der eine drang durch's Innere des Schornsteins zur Küche im Erdgeschoß und verschwand nach einigen Wandputzbeschädigungen in einem daneben befindlichen Zimmer bei zwei Bodenbretternägeln. Der zweite Strahl lief dem Firstblech 15 m entlang bis zum westlichen Giebel. Dort theilte er sich, den Giebelsäumen theilweise folgend, in drei Strahlen,

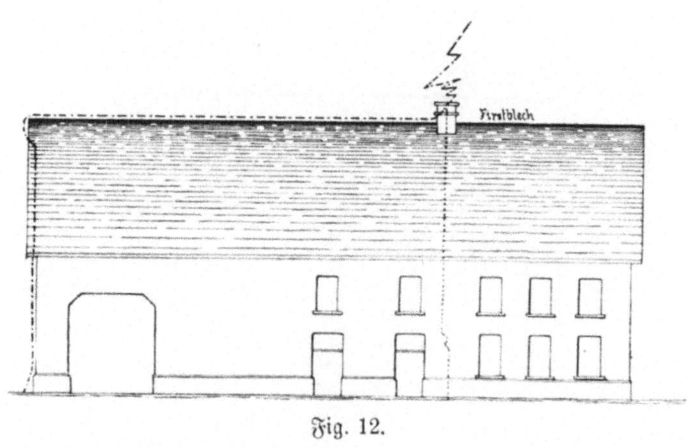

Fig. 12.

von welchen jeder den Nägeln der Brettervertäfelung entlang genau senkrecht zur Erde ging, die Bretter wurden an diesen Stellen mehr oder weniger stark zersplittert. Der entstandene Schaden beträgt 16 M. Das

Firstblech besteht aus mit Oelfarbe gestrichenem Schwarzblech Nr. 23 (von 0,56 mm Dicke), die einzelnen Tafeln sind je 2 m lang und 25 cm breit, sie greifen ohne jede Verbindung nur 5 cm über einander. An diesen Firstblechen und den anstoßenden Dachplatten war bei wiederholten genauen Untersuchungen keine Spur von Beschädigung ersichtlich. Die sonst vorhandenen Blitzspuren weisen aber unzweifelhaft darauf hin, daß der Hauptstrahl des Blitzes vom Schornstein bis zum westlichen Giebel diesen Firstblechen gefolgt ist.

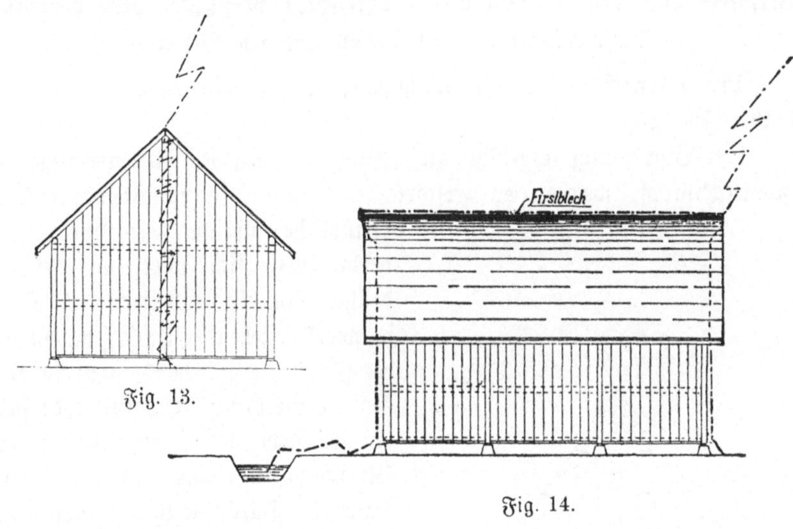

Fig. 13.

Fig. 14.

10. Blitzschlag in eine Feldscheuer in Wohlmuthausen am 27. Juni 1897 (Fig. 13 u. 14).

Der Blitz schlug vermuthlich in den First an der westlichen Giebel= spitze und theilte sich dort sofort in zwei Strahlen; der eine ging von der Einschlagstelle an am Mittelpfosten des mit Brettern vertäfelten höl= zernen Fachwerksgiebels zur Erde, der andere folgte der Eisenblech= verwahrung des Firstes auf dessen ganze Länge bis zum östlichen Giebel, an welchem er in gleicher Weise wie am westlichen zur Erde ging. Die beiden Mittelpfosten der Giebelwände wurden zersplittert, derjenige des westlichen Giebels derart, daß er erneuert, derjenige des östlichen Giebels derart, daß er verstärkt werden mußte. Außerdem wurde die Brettervertäfelung in der Umgebung jener Pfosten beschädigt. Schaden 54 M.

Die Firstblechverwahrung sowie die anstoßenden Dachplatten und die Steinpostamente unter den Holzpfosten blieben vollständig unversehrt.

Es fand sich nirgends eine Spur, wo der Blitz in den Boden gedrungen ist.

Wenn das Firstblech an beiden Giebeln metallische nur bis zur Erdoberfläche reichende Ableitungen gehabt hätte, so wäre höchst wahrscheinlich keinerlei Schaden am Gebäude entstanden.

Beispiele über den Einfluß des Drahtwerkes verputzter oder vergipster Fachwerkswände und Decken auf den Blitzweg.

11. Blitzschlag in ein Wohnhaus in Maichingen am 16. Juni 1896 (Fig. 15).

Der Blitz schlug angeblich gleichzeitig in einen den First überragenden Schornsteinkopf, welchen er zerstörte, und in die in unmittelbarer Nähe befindliche südliche Giebelspitze. Er verbreitete sich über die Verputzdrähte sämmtlicher vier aus Holzfachwerk bestehender Umfassungswände des Gebäudes, fast den ganzen äußeren Verputz loslösend. Das Gebäude steht auf feuchtem, lehmigem Grunde, der Blitzschlag war mit starkem Regen begleitet. Durch die theils glühend gewordenen, theils geschmolzenen Drähte wurde das Holzwerk an vielen Stellen geschwärzt, eine förmliche Entzündung desselben fand jedoch nicht statt. Schaden 494 M.

12. Blitzschlag in ein Wohn- und Oekonomiegebäude in Drackenstein am 20. Juni 1896 (Fig. 16 u. 17).

Der Blitz schlug in einen den First überragenden Schornstein, sprang von hier auf die Scheidewand zwischen Wohnhaus und Scheuer, welche aus vergipstem Holzfachwerk besteht. — Der Schornsteinkopf außerhalb des Daches, sowie eine größere Anzahl Dachplatten zwischen dem Schornstein und der Scheidewand wurden zerstört. Der Blitz verbreitete

Fig. 15.

sich über die Gipserdrähte des Scheidegiebels und beschädigte die Vergipsung fast in ihrer ganzen Ausdehnung; die Beschädigungen nahmen aber

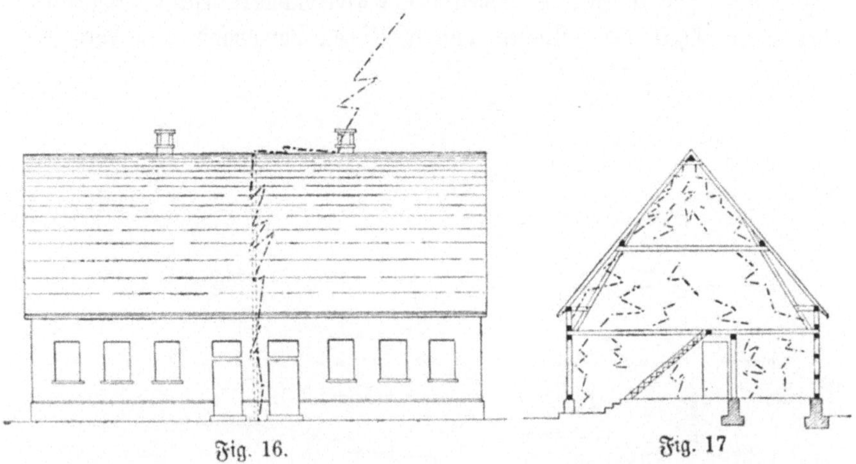

Fig. 16.   Fig. 17

von oben nach unten allmählich ab, und war keine Stelle bemerkbar, wo der Blitz in den Boden gedrungen ist.

Fig. 18.

13. Blitzschlag in ein Wohnhaus in Zaberfeld am 11. August 1896 (Fig. 18, 19 u. 20).

Der Blitz schlug unter Zertrümmerung einiger Firstziegel in die nördliche Giebelspitze, verbreitete sich über die Verdrahtung des äußeren Verputzes dieses ganzen Giebels, soweit er aus Holzfachwerk besteht, desgleichen über einen Theil der östlichen und westlichen Langwand, den Weg zur

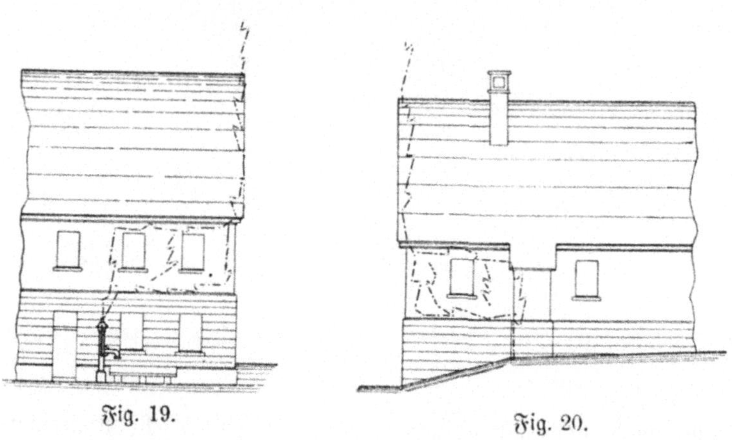

Fig. 19.   Fig. 20.

Erde am Pumpbrunnen und der Abortgrube nehmend. Der eiserne Brunnenstock war etwa 1,6 m über dem Boden mit zwei starken Eisenbändern an der Hauswand befestigt. Gebäudeschaden 70 M. — Das durch den starken Gewitterregen durchnäßte Mauerwerk des unteren Theiles der Umfassungswände blieb unversehrt.

Beispiele über den Einfluß einzelner Metalltheile auf den Blitzweg.

14. Blitzschlag in eine Scheuer in Effringen am 2. Juni 1896 (Fig. 21).

Dieser Blitzschlag war ausnahmsweise nicht mit Regen begleitet.

Der Blitz schlug in den First, 3 m vom nördlichen Giebel entfernt, ein, folgte dem dortigen Sparren, denselben zersplitternd und die darüber befindlichen Dachplatten zerschmetternd, zersetzte ein Stück des hölzernen Dachgesimses, wurde sodann vom eisernen Stangenriegel des Scheuerthors angezogen und tötete einen daselbst stehenden jungen Mann. Die Stelle, wo der Blitz in den Boden drang, ist kaum bemerkbar an einer Fuge zwischen der Thorschwelle und dem steinernen Plattenboden der Tenne. Gebäudeschaden 45 M.

15. Blitzschlag in die Kirche in Laufen a./K. am 3. Juni 1896 (Fig. 22).

Der Blitz schlug in das eiserne Thurmkreuz, folgte den Gratblechen der mit Schiefer gedeckten Thurmpyramide, riß am untern Ende derselben den Knopf einer steinernen Kreuzblume ab, drang sodann in's Innere, wo er einen Balken des Dachgebälks und den Bretterboden des obersten Stockgebälks zersplitterte, von da an folgte er der senkrechten 12 mm starken Uhrentransmissionsstange, welche unbeschädigt blieb, bis zur Uhr, welche leicht beschädigt wurde. Der Blitz nahm sodann durch einen eisernen Anker seinen Weg wieder nach außen, sprang auf die Blechverwahrung am Anstoß des Kirchenschiffs über und folgte dieser, der Dachrinne und dem Regenabfallrohr zur Erde. Schaden 30 M.

16. **Blitzschlag in zwei an einander gebaute Wohngebäude in Cleversulzbach am 16. Juni 1896.**

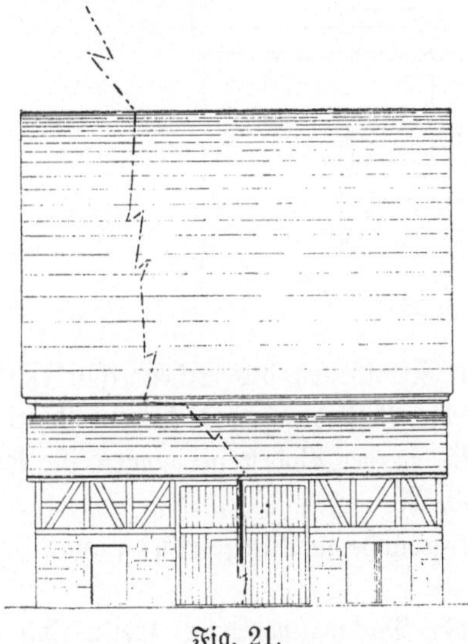

Fig. 21.

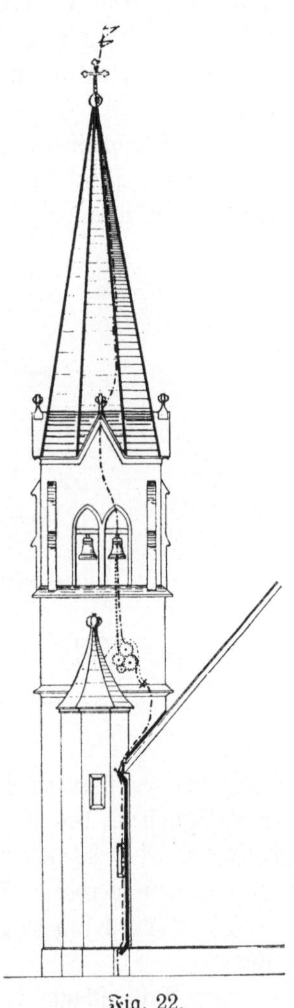

Fig. 22.

Der Blitz schlug in die östliche Giebelspitze des Gebäudes Nr. 89, zerstörte 10 Dachziegel und den Verputz oben am Giebel, folgte auf etwa 2 m Länge den beiden Ortgängen, sprang sodann an der Decke des Dachstocks nach dem angebauten Nachbarhaus Nr. 88 einem Ofenrohr zu, ging diesem und dem eisernen Ofen entlang durch ein eisernes Bodenblech, dieses durchlöchernd, in die darunter befindliche Küche, hier wieder einem Ofenrohr entlang, den Bogen des Rohrs durchlöchernd, zum eisernen Ofen in der Wohnstube und von diesem in das Souterrain, wo sich die Spuren verloren. Es befindet sich daselbst eine Böttcherwerkstätte, in welcher viele eiserne Faßreifen an den Wänden hingen. Der im Gebäude befindliche feuchte Stall blieb vom Blitzschlag unberührt. Schaden 25 M.

17. Blitzschlag in eine Scheuer in Altensteig am 17. Juni 1896 (Fig. 23).

Die Einschlagstelle befindet sich in der Mitte des Firsts; von hier an nahm der Blitz seinen Weg einem Sparren entlang, welchen er zersplitterte, zu einem eisernen Träger der aus Holz bestehenden Dachrinne,

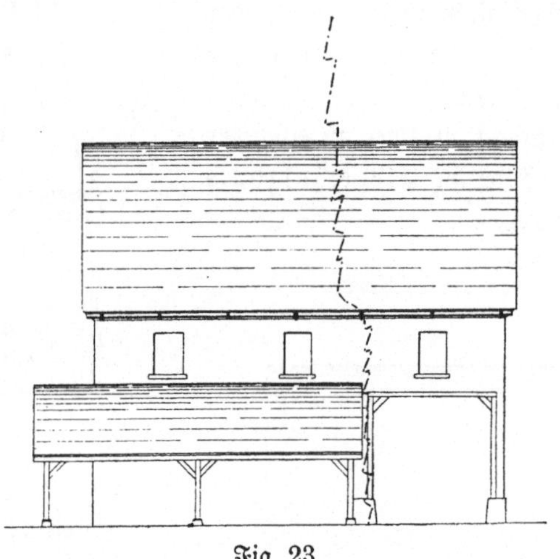

Fig. 23.

sprang von da über zu den kleinen Eisentheilen des Scheuerthorbeschlägs, den Holzpfosten, das Futter und die Bekleidung des Scheuerthors beschädigend. Eine Stelle, wo der Blitz in den Boden gedrungen ist, konnte nicht ermittelt werden. Schaden 30 M.

18. Blitzschlag in ein Scheuergebäude in Langenburg am 28. Juli 1896.

Der Blitz schlug in die östliche Dachwalmenspitze, theilte sich dort in zwei Strahlen, der eine ging an der östlichen Giebelseite, der andere an der nördlichen Langseite zur Erde, wo er zweifellos von dem dortigen eisernen Anker angezogen worden ist. Eine große Anzahl Dachplatten wurde hierbei zerschmettert, einige Dachsparren zersplittert, außerdem entstanden kleinere Beschädigungen am Fachwerksgiebel und der massiven Mauer der Langseite. Schaden 195 M.

19. **Blitzschlag in die Kirche in Eglofs am 6. Juni 1897 (Fig. 24).**

Der Blitz schlug in die Wetterfahne am nördlichen Thurmgiebel, beschädigte das Dach und die nördliche Thurmgiebelmauer. Ein Theil der Entladung scheint durch das frei aus der Thurmrinne abfließende Wasser abgeführt worden zu sein, der Hauptschlag aber drang in's Innere, dort ging er der aus 10 mm starken Eisenstangen bestehenden Uhrentransmission nach, welche leicht verbogen wurde; er beschädigte die im Thurme befindliche Uhr, folgte sodann der Uhrentransmission bis zu der im Chorbogen befindlichen Kirchenuhr und schwärzte die Vergoldung des Zifferblattes; von dort an lief er dem Chorbogen beiderseits entlang und an den Seitenaltären herab bis zu den steinernen Tischplatten, wo sich die Spuren der Beschädigung verloren. Schaden 732 M.

20. **Blitzschlag in die Gemeindekelter in Binswangen am 6. Juni 1897 (Fig. 25).**

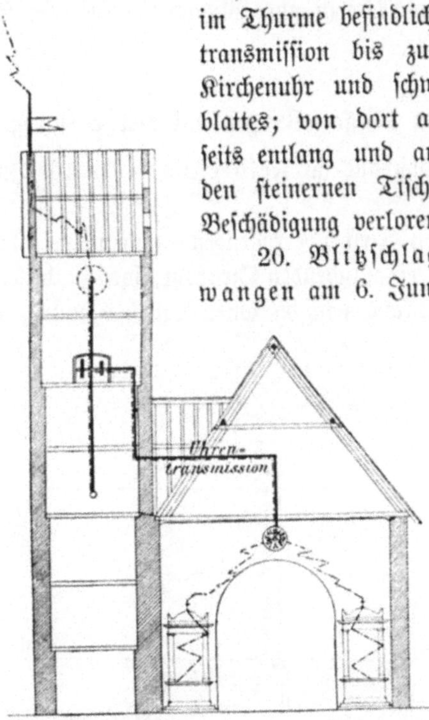

Fig. 24.

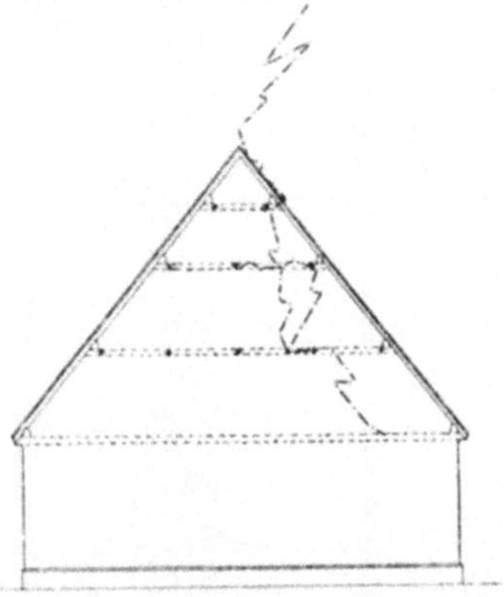

Fig. 25.

Der Blitz schlug in die westliche Giebelspitze und wurde von den eisernen Schlaudern, mittelst welcher die Fachwerkshölzer des Giebeldreiecks mit den Gebälken verbunden sind, angezogen. Diese Schlaudern sind je ca. 1,3 m lang und aus Bandeisen hergestellt. Auf dem Weg von einer Schlauder zur andern wurden die Fachwerkshölzer zersplittert; an dem durch den Gewitterregen stark durchnäßt gewesenen massiven unteren Theil der Giebelwand war keinerlei Beschädigung sichtbar.

21. **Blitzschlag in ein Wohnhaus in Matzenbach am 29. Juni 1897.**

Der Blitz schlug in einen in der Nähe des Firsts befindlichen Schorn=
stein, und es wurde ausdrücklich bemerkt, daß sich die Einschlagstelle nicht
etwa in der Schornsteindeckplatte, sondern an der mit Zinkblech verwahrten
Dachdurchdringung befand.   Die Schornsteinwände wurden leicht be=
schädigt.   In der Zimmerdecke des Erdgeschosses wurde ein Loch durch=
geschlagen, welches einem kunstgerechten Bohrloch glich, von hier an kenn=
zeichnete sich der weitere Weg durch einen 1 cm breiten rußigen Streifen
an der Zimmerwand, welcher sich nach abwärts allmählich verlor. Schaden
12 M. — Die Kirche mit hohem Thurm und Blitzableiter befindet sich
in einer Entfernung von ca. 50 m.

Beispiele über den Einfluß von Wasserleitungen auf den Blitzweg.

22. Blitzschlag in ein Wohnhaus in Feldrennach am 10. Juli
1896 (Fig. 26).

Der Blitz schlug in einen den First überragenden Schornstein, folgte
diesem bis zu einem im Dachstock einmündenden Ofenrohr, sodann diesem,
und dem eisernen Ofen daselbst, sprang von da unter Durchschlagung der

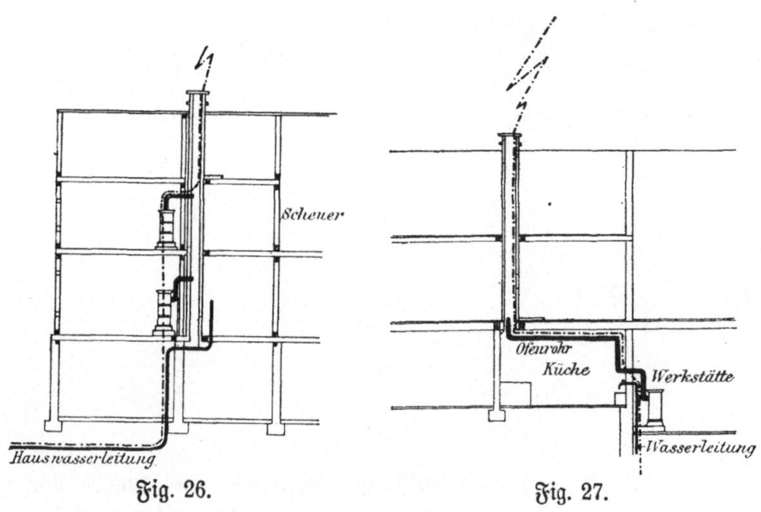

Fig. 26.   Fig. 27.

Zimmerdecke auf den eisernen Ofen im ersten Stock und dann auf die
unmittelbar darunter im Erdgeschoß befindliche Wasserleitung, wo sich
seine Spur verlor. Beschädigt wurden der Schornsteinkopf, die Gipsung
innerhalb des Daches neben dem Schornsteinreinigungsthürchen, die Decken=
gipsungen im Erdgeschoß und ersten Stock. Schaden 11 M. Die Oefen
sammt Ofenrohren und die Wasserleitung blieben unbeschädigt.

23. Blitzschlag in ein Wohn= und Oekonomiegebäude in Wilsingen am 4. August 1896 (Fig. 27).

Der Blitz schlug in einen den First überragenden Schornstein, folgte demselben bis zu seinem unteren Ende, sodann einem daselbst einmündenden Ofenrohr und sprang von diesem auf die in unmittelbarer Nähe befindliche Wasserleitung.

Beschädigt wurden der Schornstein und die Dachbedeckung in der Umgebung des letzteren, sowie das Ofenrohr. Schaden 44 M. Die Wasserleitung blieb unbeschädigt.

Beispiele von Blitzschlägen, bei welchen die Beschädigungen von der Einschlagstelle nach abwärts allmählich abnahmen und verschwanden.

24. Blitzschlag in das Rathhaus in Gundershofen am 16. Juli 1896 (Fig. 28).

Der Blitz schlug in die eiserne Windfahne über der nördlichen Giebelspitze, folgte eine Strecke weit einem der beiden Giebelsparren, sprang von da auf das Eisenbeschläg eines Fensterladens. Ein Theil des Giebelsparrens wurde zersplittert, 15 anstoßende Ziegelplatten wurden theils zerschlagen, theils nur von der Stelle gerückt, die Beschlägtheile des Fensterladens wurden gelockert, die Fensterverkleidung und der Pfosten daselbst leicht zersplittert. Schaden 5 Mk. — Von dem beschädigten Fensterpfosten abwärts ist keinerlei Blitzspur mehr zu erkennen.

25. Blitzschlag in ein Wohn= und Oekonomiegebäude in Iggingen am 5. Juni 1897 (Fig. 29).

Der Blitz schlug in einen den First überragenden Schornstein in der Nähe des östlichen Giebels, zertrümmerte den Schornstein von oben herab auf eine

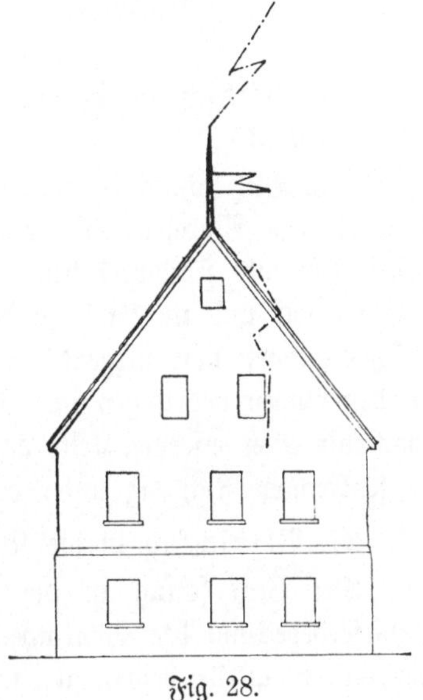

Fig. 28.

Höhe von 5 m, zersplitterte den daneben befindlichen Dachsparren, drang sodann in die Wohn= und Schlafstube, den Gipserdrähten an Decken und Wänden folgend und die Gipsung mehr oder weniger beschädigend.

In dem darunter befindlichen Stall wurde ein Stier getödtet, ohne daß ein weiterer Schaden dort verursacht wurde, und war insbesondere keine Stelle zu finden, wo der Blitz in den Boden gedrungen ist.

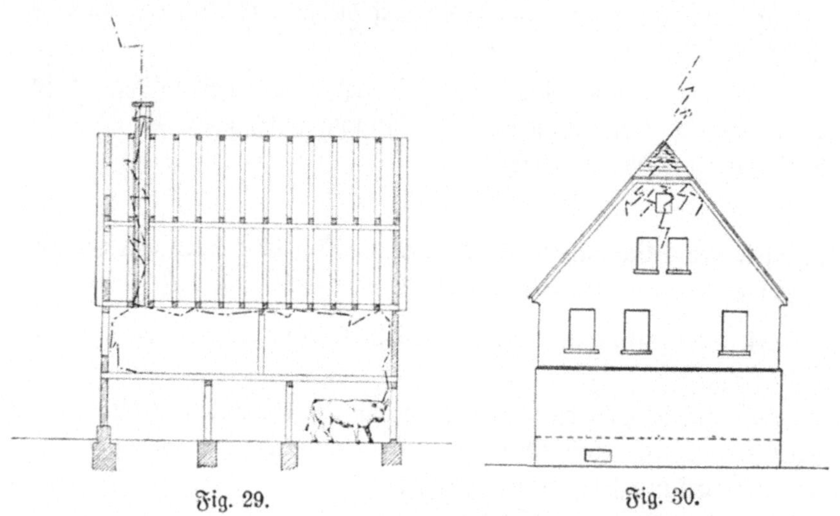

Fig. 29.   Fig. 30.

26. **Blitzschlag in ein Wohnhaus in Jagsthausen am 6. Juni 1897 (Fig. 30).**

Der Blitz schlug in die Walmenspitze am südlichen Giebel, beschädigte den kleinen Walmen, die angrenzenden Dachflächen und den obersten Theil der aus Fachwerk bestehenden Giebelwand außen und innen. Im ersten Stock und im Stall fanden sich vereinzelte ganz geringe Wandputzbeschädigungen vor, nirgends war aber eine Stelle zu finden, wo der Blitz in den Boden gedrungen ist. Im Stall wurde ein Kalb getödtet; dasselbe war mit einer eisernen Kette an einen hölzernen Trog gebunden und stand in senkrechter Richtung unter der vom Blitz getroffenen Walmenspitze.

27. **Blitzschlag in die Kirche in Schlierbach am 27. Juni 1897.**

Der Blitz schlug in die eiserne Thurmspitze. Es wurde nur die Schieferbedeckung des Thurmhelms und die Dachverschalung in der Nähe der Einschlagstelle beschädigt, weiter abwärts war keine Spur von Beschädigung am Gebäude mehr zu finden. Schaden 95 M. Zwei Knaben, welche die Glocken läuteten, wurden durch den Blitzschlag vorübergehend betäubt. Der Blitzschlag war mit starkem Regen begleitet.

Beispiele von Blitzschlägen, bei welchen kein bestimmter Blitzweg zu erkennen war.

28. Blitzschlag in ein Wohn= und Oekonomiegebäude in Nord=
stetten am 21. Juli 1896.

Der Blitz schlug gleichzeitig in die kleine Windfahne am Westgiebel
und in die im First gelegene Schornsteinverwahrung aus Eisenblech. Es
wurden eine Anzahl Dachplatten zerstört und ein Windbrett, eine Zahnleiste,
zwei Dachläden in der Giebelwand, sowie die Giebelmauer an zwei Stellen
beschädigt. Ein zusammenhängender Blitzweg war nicht festzustellen, und
konnte insbesondere keine Stelle ermittelt werden, wo der Blitz in den
Boden gedrungen ist. Der berichtende Bezirksbautechniker sagt: „Es
scheint, als ob die Zerstörungen durch
eine von unten nach oben wirkende Kraft
verursacht worden sind. Die Splitter
der durchschlagenen Holzläden hingen nach
außen, und die Durchbrüche der massiven
Giebelmauer sahen aus, als wäre an
diesen Stellen der Blitz von innen nach
außen gedrungen; die durch den wolken=
bruchartigen Regen durchnäßten massiven
Umfassungswände haben die Erdelektri=
cität nach oben geleitet. Eine geringe
elektrische Spannung wurde an der
massiven Innenwand zwischen Stall und
Scheuertenne bemerkt. Es erhielt näm=
lich der Sohn des Besitzers, welcher
ein dort befindliches, mit Blech be=

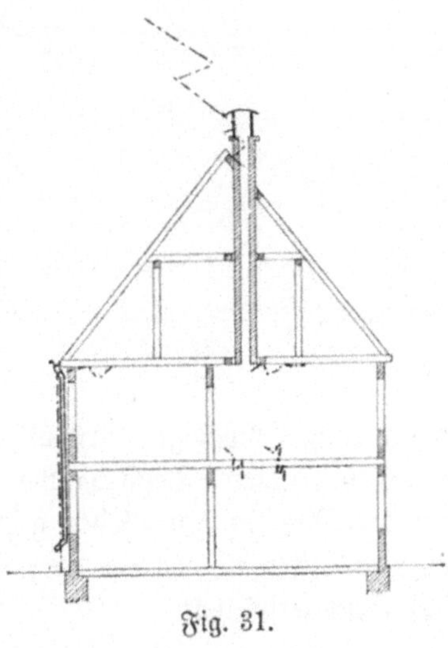

Fig. 31.

schlagenes Futterlädchen berührte, einen heftigen Schlag, durch welchen
er einige Zeit lang an der Hand gelähmt war."

29. Blitzschlag in ein Wohnhaus in Weil im Dorf am 19.
Mai 1897 (Fig. 31).

Der Blitz schlug in einen den First überragenden Schornstein mit
eisernem Deckel. Es wurde der obere gemauerte Theil des Schornsteins
beschädigt und die Deckengipsung in der Küche neben dem Schornstein ab=
geschlagen. In der seitlichen Umfassungswand des Gebäudes in unmittel=
barer Nähe der metallenen Dachrinne befanden sich 2 kleine Löcher, wie von
einem Schuß verursacht, und scheint demnach ein Theil der Entladung durch
die Dachrinne und das Abfallrohr abgeführt worden zu sein. Ferner fanden

sich am Deckenputz des Erdgeschoßvorplatzes 4 kleine Löcher vor. Weitere Spuren, insbesondere auch längere Risse, welche einen bestimmten Blitzweg andeuteten, waren nicht bemerkbar, und konnte auch nicht wahrgenommen werden, daß der Blitz an irgend einer Stelle in den Boden gedrungen ist. Schaden 14 M.

30. **Blitzschlag in ein Wohn= und Wirthschaftsgebäude in Jettenburg am 19. August 1897 (Fig. 32).**

Am Querhausgiebel ist eine Telephonleitung mittelst eines eisernen Trägers befestigt.

Der Blitz schlug an einer Stelle außerhalb des Orts in die Telephonleitung und wurde durch letztere dem Haus zugeführt. Ein

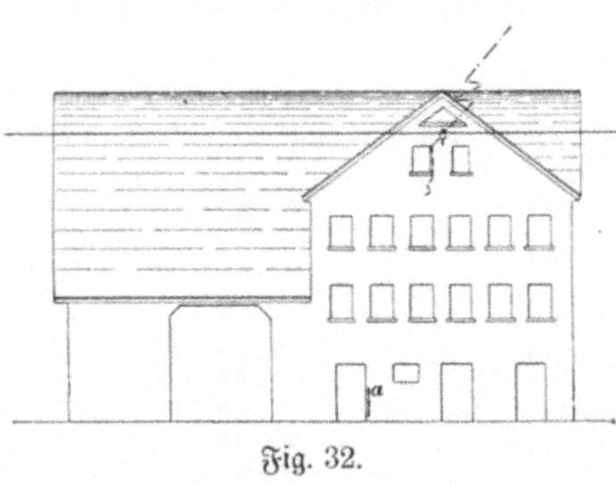

Fig. 32.

kleines Fenster in unmittelbarer Nähe des Leitungsträgers wurde zertrümmert, die Verdrahtung des äußeren Wandputzes unterhalb des Trägers auf eine Höhe von 1,3 m und eine Breite von 25 cm verbrannt, und der Verputz losgelöst; außerdem wurde nur noch der Verputz an der Stallthüre am Fuß des Gebäudes bei *a* leicht beschädigt. Es besteht keinerlei Zusammenhang zwischen der oberen und unteren Beschädigung, auch konnte keine Stelle ermittelt werden, wo der Blitz in den Boden gedrungen ist. Schaden 52 M. Durch den gleichen Blitzschlag wurden drei Telephonstangen an der Straße außerhalb des Orts zersplittert.

Beispiele von getheilten Blitzschlägen.

31. **Blitzschlag in zwei Gebäude in Böckingen am 16. Juni 1896 (Fig. 33).**

Der Blitz schlug gleichzeitig in den First des Gebäudes Nr. 47b und in die Giebelspitze des $7\frac{1}{2}$ m davon entfernten gleich hohen Gebäudes Nr. 47c. In beiden Fällen wurden die Dachbedeckung und die Dachsparren beschädigt. Der Blitzstrahl muß sich schon in der Luft getheilt haben, weil nicht die leiseste Spur zu finden war, die der Blitz bei seinem Weg von einem zum andern Gebäude zurückgelassen hätte. Schaden an Nr. 47b 20 M., an Nr. 47c 81 M.

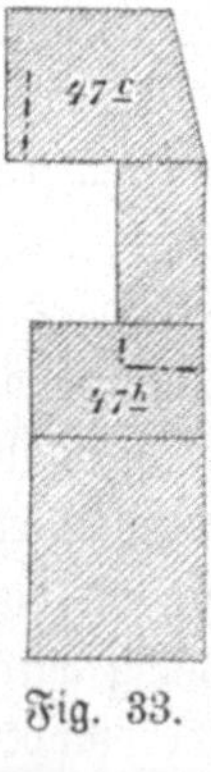

Fig. 33.

32. **Blitzschlag in drei Gebäude in Hengstfeld am 5. Juni 1897** (Fig. 34 u. 35).

Der Blitz schlug gleichzeitig in die Giebelspitzen der 30 m von einander entfernten Gebäude Nr. 45 und 67, der Nr. 45 treffende Strahl

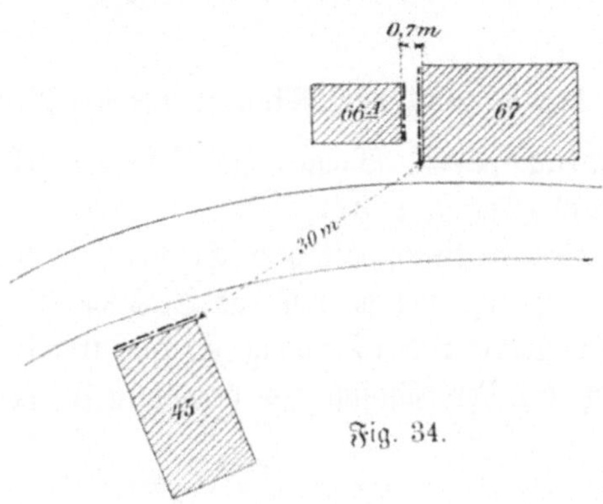

Fig. 34.

ging an der dortigen Giebelwand zur Erde, der Nr. 67 treffende Strahl theilte sich, ein Theil verbreitete sich über die Giebelwand desselben Ge

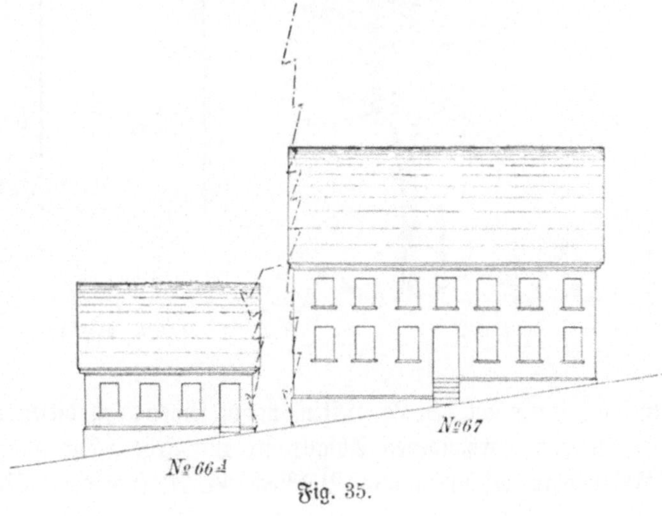

Fig. 35.

bäudes, ein anderer sprang auf die niederere Giebelspitze des in unmittelbarer Nähe befindlichen Gebäudes Nr. 66 und nahm seinen Weg an der dortigen Giebelwand zur Erde. Beschädigt wurden die Dachbedeckungen, der äußere

Wandverputz und einige Fenster, durch deren Beschlägtheile der Blitz angezogen worden war.

$$\text{Schaden an Nr. 45} = 45 \text{ M.}$$
$$\text{\guillemotright\ an Nr. 67} = 30 \text{ M.}$$
$$\text{\guillemotright\ an Nr. 66A} = 10 \text{ M.}$$

Beispiele über den Einfluß von Bäumen auf die Blitzeinschlagstelle.

33. Blitzschlag in ein Wohn= und Oekonomiegebäude in Aichach am 16. Juni 1896 (Fig. 36 u. 37).

Der Blitz schlug in einen, mit dem Stamm 2 m vom Gebäude entfernten Birnbaum, sprang von da auf das Gebäude über an einer Stelle, wo ein Zweig des Baumes den Ortgang (Giebelsaum) berührte. Von da an folgte der Blitz der Verdrahtung des verputzten Fachwerkgiebels bis zu

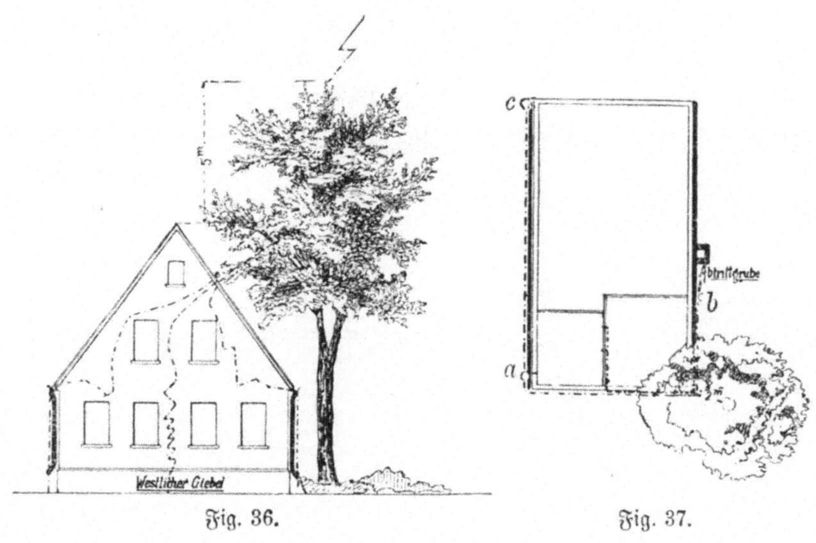

Fig. 36.　　　　Fig. 37.

den beiden Dachrinnen an den Langseiten, nahm seinen Weg diesen entlang und durch die drei vorhandenen Abfallrohre zur Erde. Die Dachrinnen und die Abfallrohre bestanden aus Zinkblech Nr. 10 (mit einer Dicke von 0,5 mm).

Beschädigt wurden der westliche Giebelsaum an der Einschlagstelle, der Wandverputz, die Dachrinnen und die Abfallrohre b und c; das Abfallrohr a blieb unbeschädigt; die Dachrinnen waren an einigen Stellen durch den Blitz durchlöchert, desgleichen die beiden Abfallrohre b und c

an ihren unteren Enden; dort aber, wo die Rohrstücke ohne Löthung in einander gefügt waren, fand keine Beschädigung statt. Der gesammte Gebäudeschaden beträgt 27 Mark.

34. Blitzschlag in ein Wohn= und Oekonomiegebäude in Nellingen am 10. Juli 1896 (Fig. 38).

Der Blitz schlug in eine ca. 1 m von der nordwestlichen Gebäudeecke entfernte Tanne, von welcher ein Zweig auf der metallenen Dachrinne des

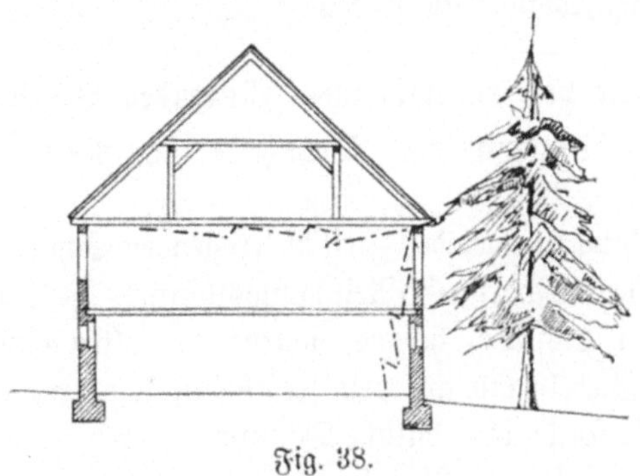

Fig. 38.

Gebäudes auflag; er sprang an jener Stelle auf die Dachrinne, welche kein Abfallrohr besaß, über, folgte derselben bis zu einer Stelle, wo sie vom Regen überfloß, und sprang von da in's Innere des Gebäudes, dort verbreitete er sich im Wohnungsvorplatz, in der Küche und dem Wohnzimmer,

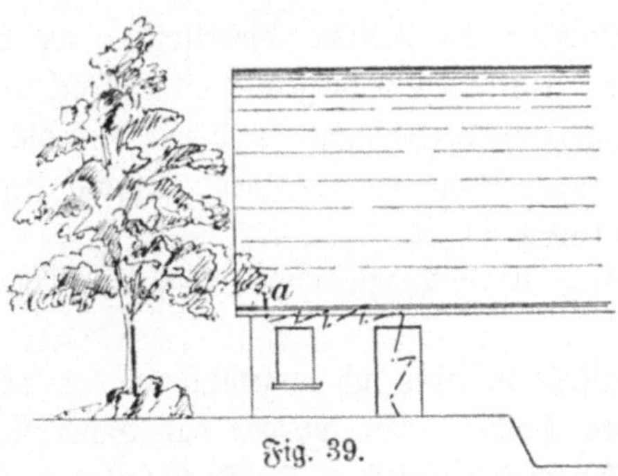

Fig. 39.

stellenweise die Gipsung und Tapezirung loßreißend. Ein Theil des Strahls drang sodann an der nordöstlichen Ecke des Hauses in den zwischen Eisen= balken überwölbten Stall und tödtete ein daselbst stehendes Pferd. Gebäude= schaden 20 M.

35. Blitzschlag in ein Wohn= und Oekonomiegebäude in Roth am 20. Juli 1897 (Fig. 39).

Der Blitz schlug in einen an der nordwestlichen Gebäudeecke stehenden Birnbaum, von welchem ein starker Ast auf das Dach des Hauses bei *a* hereinragte. An dieser Stelle ist der Blitz unter Zertrümmerung mehrerer Dachplatten in's Innere des Gebäudes gedrungen. Er verbreitete sich daselbst über die Gipsdecken der Wohngelasse. Die Blitzspuren verloren sich im Erdgeschoß, und es war keine Stelle zu entdecken, wo der Blitz in den Boden gedrungen ist. Gebäudeschaden 30 M. — An dem Baume war keinerlei Beschädigung zu finden.

Beispiele von ungefährlichen zündenden Blitzschlägen.

36. **Blitzschlag** in ein Wohnhaus in Neuravensburg am 21. Juli 1896.

Der Blitz schlug in einen den First überragenden Schornstein, drang durch denselben bis zu dem Schornstein-Reinigungsthürchen im Dachraum und riß den Schließkloben desselben heraus, wurde von alten Eisenstücken, welche an der östlichen Giebelwand auf dem Kehlboden lagerten, angezogen, drang von da durch die Decke in's östliche Dachzimmer, wo er von einem an der Wand hängenden eisernen Lineal angezogen wurde, entzündete den daneben befindlichen Fenstervorhang, der aber sofort gelöscht werden konnte. Von da an nahm der Blitz seinen Weg der eisernen Veranda zu, wo sich seine Spur verlor. Gebäudeschaden 43 M.

37. **Blitzschlag** in ein Wohn- und Oekonomiegebäude in Jagstzell am 28. Juli 1896.

Der Blitz schlug in die südliche Giebelspitze. Es wurde der äußere und innere Verputz dieses Giebels losgelöst, einige Fachwerkshölzer wurden zersplittert, mehrere Fenster zerschlagen und ein Regenschirm, eine an der Wand hängende Mütze, sowie ein in einem Schrank liegendes Buch entzündet. Gebäudeschaden 44 M.

38. **Blitzschlag** in ein Wohn- und Oekonomiegebäude in Mietingen am 9. Juni 1897.

Die Einschlagstelle befindet sich angeblich an der metallenen Schornsteinverwahrung des Daches. Es wurden das Schornsteinmauerwerk beschädigt, zwei Dachsparren zersplittert, 70 Dachplatten zerschmettert und auf dem Dachboden liegende Reißigbündel aus Tannenholz entzündet; der Blitz sprang von da über auf die metallene Dachrinne und wurde von dieser und dem Abfallrohr, ohne daß ein weiterer Schaden verursacht wurde, zur Erde geleitet. Gebäudeschaden 20 M.

39. **Blitzschlag** in ein Wohnhaus in Beihingen am 1. Juli 1897.

Der Blitz schlug in den First über dem östlichen Giebel. Der Dach-

firſt wurde aus einander geriſſen, ein Windbrett ſammt anſtoßender Ziegel=
reihe losgelöſt, einige Giebelhölzer wurden zerſplittert, die Riegelfelder
gelockert, im Dachraum hängende Kleider und Säcke entzündet, in der Wohn=
ſtube Tapeten abgeriſſen und entzündet, zwei Fenſterſcheiben zertrümmert,
im Schlafzimmer Wände und Decken beſchädigt, und ein Loch durch die
Küchenwand geſchlagen. Der Blitz verlor ſich in der Wohnſtube, und
war keine Stelle zu finden, wo er in den Boden gedrungen iſt. Gebäude=
ſchaden 56 M.

Beiſpiele von gefährlichen zündenden Blitzſchlägen.

40. Blitzſchlag in ein Scheuergebäude in Hauſen am 20. Juni 1896.

Die Einſchlagſtelle des Blitzes und der Blitzweg konnten nicht an=
gegeben werden, weil die Scheuer ſofort in ihrer ganzen Ausdehnung in
Flammen ſtand. Dieſelbe iſt vollſtändig abgebrannt. Es lagerten große
Vorräthe von Heu und Stroh in dem Gebäude, welche faſt in ihrem ganzen
Umfang gleichzeitig vom Blitz entzündet worden ſein ſollen. Gebäude=
ſchaden 10 000 M.

41. Blitzſchlag in ein Wohn= und Oekonomiegebäude in Berk=
heim am 10. Juli 1896.

Alle näheren Anhaltspunkte über die Blitzeinſchlagſtelle und den Blitz=
weg fehlen, weil der ganze Dachſtuhl der Scheuer alsbald in Flammen
ſtand, und das Gebäude ſammt Anbau bis auf die Stockmauern nieder=
gebrannt iſt. Es lagerten ca. 12 000 kg Heu in der Scheuer, welches
unzweifelhaft die Entzündungsurſache bildete. Gebäudeſchaden 8450 M.

42. Blitzſchlag in ein Scheuer= und Stallgebäude in Nellings=
heim am 5. September 1896.

Der Blitz ſoll bei der über dem weſtlichen Giebel befindlichen Wetter=
fahne eingeſchlagen haben, der weitere Blitzweg konnte nicht ermittelt
werden, weil ſofort das ganze Gebäude in Flammen ſtand. Es lagerten
große Vorräthe von Heu, Garben und Stroh in dem Gebäude. Das
ganze Gebäude wurde zerſtört. Gebäudeſchaden 4020 M.

Beiſpiele von — nach den üblichen Begriffen — mangelhaften Blitz= ableitern, welche doch einen ausreichenden Schutz gewährten.

43. Blitzſchlag in die Kirche in Zell am 22. Juli 1896 (Fig. 40,
S. 36).

Der Blitz ſchlug in die Auffangſtange des Blitzableiters auf dem
Thurm und folgte dem Blitzableiter bis zur Erde. Einige Tragſtifte des

Blitzableiters wurden gelockert, und vom hölzernen Schutzkästchen am Boden ein Stück losgelöst. Schaden 8 M. (welcher von der Feuerversicherung ersetzt wurde). Mit Ausnahme des Blitzableiters befinden sich keine größeren Metalltheile am Gebäude. Die Luftleitung besteht aus 15 mm starken vierkantigen Eisenstangen mit Bleizwischenlagen an den verrosteten Stößen. Die vorhandene einzige Erdleitung besteht aus einem kurzen in trockenen sandigen Boden verlegten Bleistreifen.

44. Blitzschlag in ein Wohn= und Bierbrauereigebäude in Trossingen (Fig. 41).

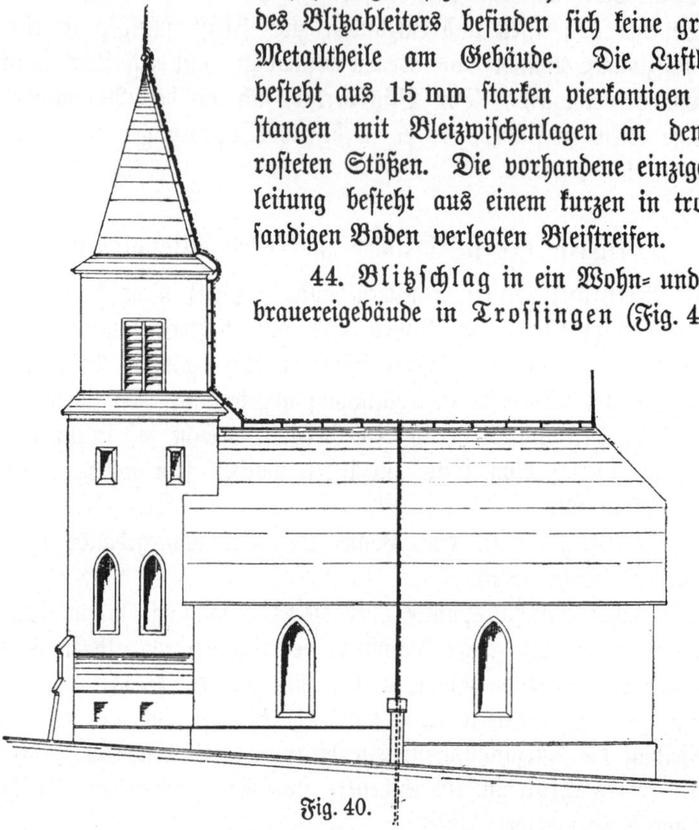

Fig. 40.

Auf dem Gebäude befindet sich ein vor zwei Jahren neu aufgestellter Blitzableiter. Die Luftleitung besteht aus 9 mm starkem Kupferdraht und ist mit den Dachrinnen metallisch verbunden, die einzige vorhandene Erdleitung besteht aus einer 0,2 qm großen Kupferplatte, welche nur circa 1 m tief in Lehmboden versenkt ist. Es befindet sich eine Pumpe im Haus, welcher das Wasser durch eine unterirdische eiserne Leitung von einem im Hofe befindlichen Brunnen zugeführt wird. Diese in der Nähe der Blitzableitererdleitung vorbeiführende Wasserleitung, die Pumpe und der Brunnenschacht sind bei der Blitzableiteranlage unberücksichtigt geblieben.

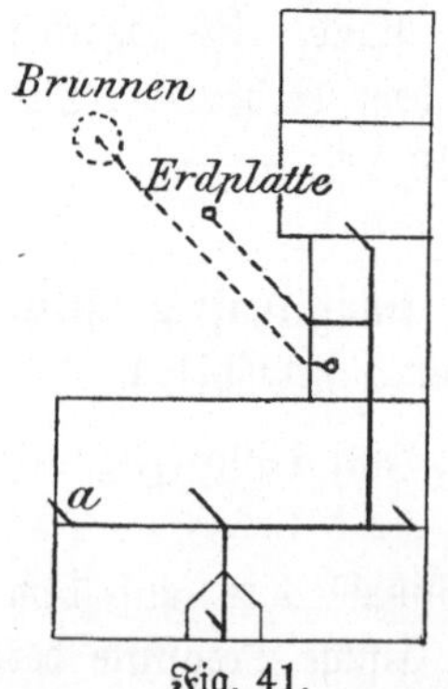

Fig. 41.

Der Blitz schlug in den am südwestlichen Giebel bei *a* befindlichen Ausläufer des Blitzableiters, schwärzte die Vergoldung der mit einem Platinstift versehenen Kupferspitze und folgte ausschließlich dem Blitzableiter bis zur Erde. Es wurden nur die Auffangspitze beschädigt und einige Blitzableiterstützen gelockert. Wiederherstellungskosten 16 M. Am Gebäude selbst wurde keinerlei Schaden verursacht.

Beispiele von Blitzschlägen in Gebäude mit Blitzableitern, welche die Gebäude nur theilweise geschützt haben.

45. Blitzschlag in eine Scheuer im Ruhethal bei Ulm im Jahr 1890.

Der Blitzableiter bestand aus verschraubtem Bandeisen 6×17 mm stark und war mit zwei auf den Giebelsparren befestigten Auffangstangen versehen. Es war nur eine Erdableitung am westlichen Giebel vorhanden. Die Erdleitung war in wasserreichen Boden versenkt. Bei der sofort nach dem Blitzschlag vorgenommenen galvanischen Prüfung wurde sowohl die Luft= als die Erdleitung in gutem Zustand befunden. Der Blitz traf die über dem östlichen Giebel befindliche Auffangstange. Ein Theil der Entladung mag der Firstleitung und der Ableitnng am entgegengesetzten Giebel gefolgt sein, ein anderer Theil aber sprang vom Fuß der Auffangstange zwischen dem Giebelsparren und Windbrett hindurch und den Verputzdrähten der östlichen Giebelwand entlang zur Erde. Schaden 42 M.

46. Blitzschlag in ein Wohnhaus in Ehingen im Jahr 1890 (Fig. 42, S. 38).

Der Blitzableiter bestand aus verschraubten Eisenstangen, die Erdplatte war in feuchten Boden versenkt. Ein Anschluß an die metallenen Dach= rinnen und an die im Gebäude befindliche Wasserleitung war nicht vor= handen.

Der Blitz schlug in die Auffangstange. Ein Theil der Entladung folgte dem Blitzableiter bis zum Punkt *A*, wo er unter Durchschlagung des Mauerwerks der Umfassungswand in das Innere des Gebäudes drang, dort beschädigte er die Gipsung an Decken und Wänden und sprang auf die Wasserleitung über, welche selbst unbeschädigt blieb.

Ein anderer Theil des Blitzes drang bei einem der beiden Ausläufer des Blitzableiters, die Dachbedeckung beschädigend, in's Innere, verbreitete sich im Wohnzimmer und in der Küche und verschwand dort ebenfalls bei der

Wasserleitung. Schaden 41 M. Der Blitzableiter wurde am Tag nach dem Blitzschlag mit dem Galvanometer untersucht, und wurden hierbei Luft= und Erdleitung für gut befunden. In einer Entfernung von 40 m befindet sich der mit einem Blitzableiter versehene Kirchthurm, dessen 1¹/₂facher Schutzraum nicht hinreichte, dieses Gebäude zu schützen. Die beiden Beispiele Nr. 45 und 46 sind insofern von besonderer Bedeutung, als daraus ersichtlich ist, daß

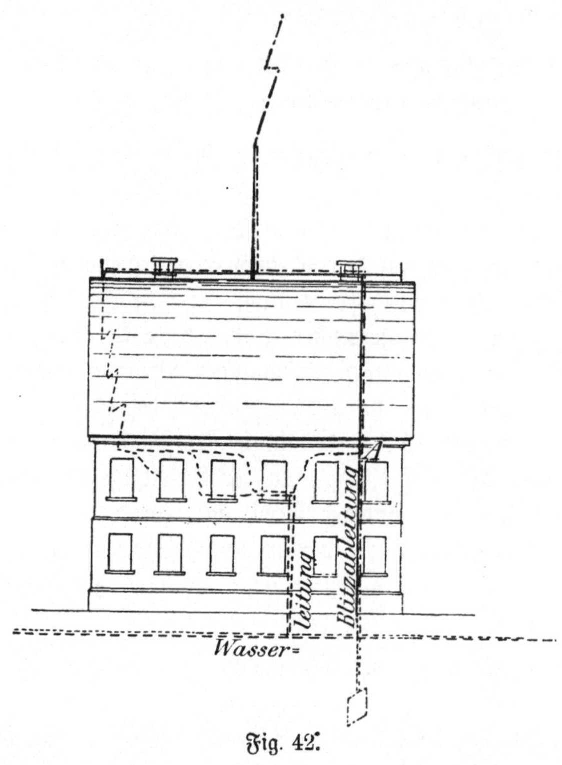

Fig. 42.

Blitzableiter, welche nicht an beiden Enden der Firstleitung Ableitungen zur Erde besitzen, unzureichend sind.

47. Blitzschlag in ein mit einem Blitzableiter versehenes Wohnhaus in Ulm im Jahr 1890.

Der Blitzableiter bestand aus zusammengeschraubten Eisenstangen von quadratischem Querschnitt 14×14 mm stark; es befand sich nur eine Auffangstange in der Mitte des Firsts, von welcher aus eine Ab= leitung direkt zur Erde führte. Die sofort nach dem Blitzschlag vor= genommene galvanometrische Prüfung ergab, daß die Luftleitung gut, die Erdleitung aber schlecht war. Der Blitz folgte zunächst dem Blitz=

ableiter, sprang dann aber von der Ableitung in halber Wandhöhe ab, schlug circa 40 cm von der Ableitung entfernt ein Loch von halber Backsteingröße durch die Mauer, fuhr über die mit Zinkblech beschlagene Spül-

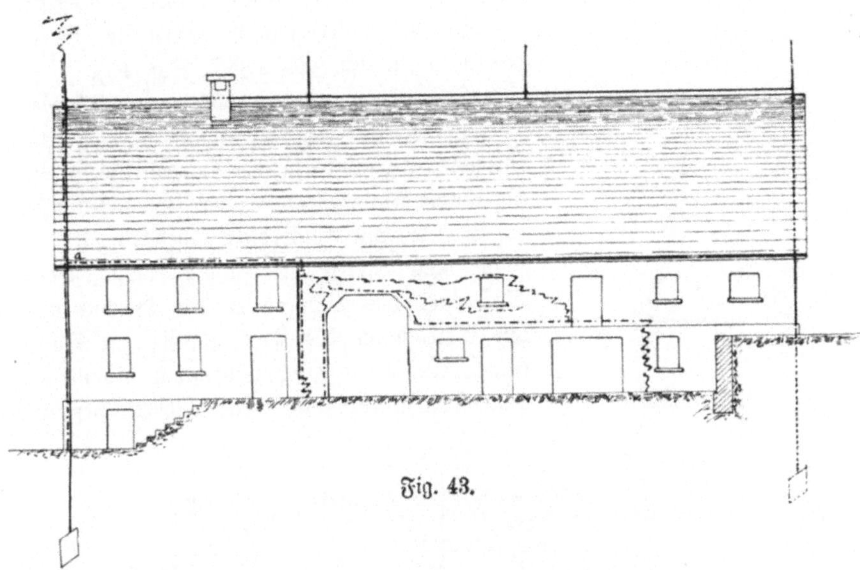

Fig. 43.

bank zur Wasserleitung, wo er spurlos verschwand. Es war also lediglich die vorhandene Wasserleitung der Grund des Abspringens des Blitzes vom Blitzableiter, und es kann angenommen werden, daß wenn diese nicht vorhanden gewesen wäre, der Blitz dem Blitzableiter bis zur Erde gefolgt wäre trotz der vorhandenen schlechten Erdleitung.

48. Blitzschlag in Waldsee im Jahre 1893 (Fig. 43 u. 44).

Der Blitz schlug in die am westlichen Giebel befindliche Auffangstange des Blitzableiters. Ein Strahl folgte der an der dortigen Gebäudeecke herabführenden Ableitung, ein zweiter Strahl, wie es scheint, der stärkere, sprang bei a (Fig. 43 u. 44),

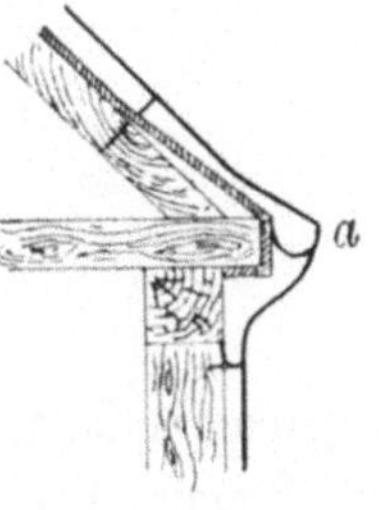

Fig. 44.

wo der Blitzableiter die Dachrinne berührte, auf diese über, folgte derselben bis zum eisernen Glockenzugdraht bei der Hausthüre, wo eine mehrfache Verzweigung stattfand. Ein Theil des Blitzes ging am Glockenzugdraht herab. Dieser $1\frac{1}{2}$ mm dicke Draht wurde abgerissen, angeblich aber nicht geschmolzen; verschiedene andere Strahlen verbreiteten sich über die Verdrahtung des äußeren Verputzes und die Fachwerkshölzer, diese theilweise zersplitternd. Gesammtschaden 39 M. Die Dachrinne bestand aus XX Weißblech, Abfallrohre befanden sich nicht am Gebäude. Die Erdplatten des Blitzableiters waren in dauernd feuchten Grund versenkt.

49. Blitzschlag in Geislingen, Oberamt Balingen, im Jahr 1887 (Fig. 45).

Der Blitz schlug in das eiserne Thurmkreuz der Kirche, ein kleiner Theil mag dem Blitzableiter gefolgt sein, der Hauptstrahl sprang jedoch vom Kupferblechdach der Thurmpyramide auf einen der mit Kupferblech abgedeckten Uebergänge vom Viereck ins Achteck, nahm seinen Weg über das Mauerwerk des Thurms und den Giebelsaum des Kirchenschiffs zur Dachrinne, ein Theil ging sofort am Abfallrohr beim Thurm zur Erde, ein anderer lief der

Fig. 45.

Dachrinne entlang, sprang an deren anderem Ende, wo sich kein Abfallrohr befand, in's Innere der Kirche und richtete dort verschiedene Zerstörungen an Decke und Wänden an.

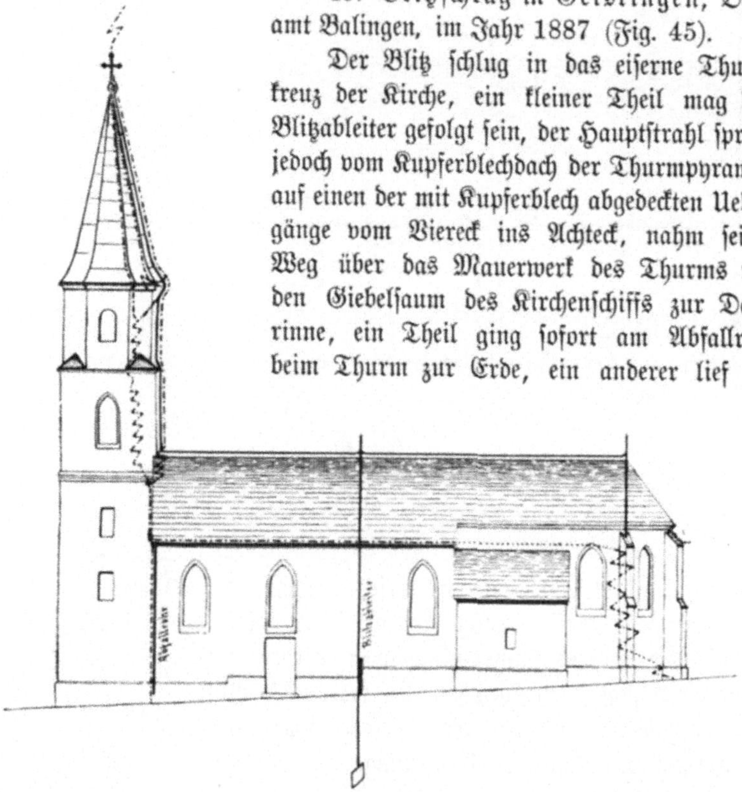

Das Abfallrohr, an dem ein Theil des Blitzes zur Erde ging, war das einzige auf jener Seite, dasselbe reichte nicht bis zum Boden. Die verhältnißmäßig starke Verdrahtung, sowie die vielen und großen Nägel des in der Nähe der Dachrinne verlaufenden inneren Deckengesimses aus Stuck haben den Blitz, welcher diesem Gesims auf eine Länge von 20 m ausschließlich gefolgt ist, in's Innere gezogen. Schaden 247 M.

Längs der eisernen zusammengeschraubten Blitzableitung war zu deren Verbesserung ein 6 mm dicker Kupferdraht gezogen; der Blitz verschmähte aber diesen Weg und bevorzugte das Kupferblechdach des Thurmes, die isolierte Kupferblechabdeckung weiter unten, die Dachrinne, das nicht mit der Erde in Verbindung stehende Abfallrohr und die Deckenputzdrähte im Innern der Kirche.

50. Blitzschlag in ein mit einem Blitzableiter versehenes Wohn- und Oekonomiegebäude in Neckarsulm am 17. Februar 1898 (Fig. 46). Der Blitzableiter ist im Jahr 1897 neu hergestellt worden. Die Luft- leitung besteht aus 8 mm starkem Kupferdraht, die Erdleitung aus einem 6 m langen Kupferband mit 0,30 qm großer Kupfer- platte, welche in 4 m Tiefe in dauernd feuchten Grund versenkt ist. Die Leitung befand sich un- mittelbar vor dem Blitzschlag in angeblich vollkommen gutem Zu- stand. Eine metallische Verbin- dung bei A zwischen der Ablei- tung und der 15 cm davon

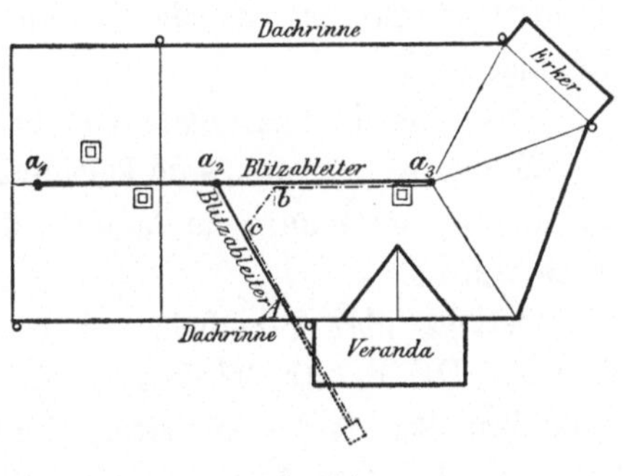

Fig. 46.

abstehenden metallenen Dachrinne fand nicht statt. Die 4 Regenabfall- rohre führen in 10 cm unter dem Trottoir, bezw. der Terrainoberfläche liegende gußeiserne Rohre, welche in den Straßenkandel (die Gosse) münden. 1,2 m von der einzigen Wandableitung entfernt befindet sich ein metallenes Küchenausgußrohr aus Zinkblech, die Dachrinnen und Abfallrohre bestehen aus XX Weißblech. Die Gräte der Dachabwalmungen waren mit Schiefern bedeckt. Der Blitz schlug in die nördliche 1,35 m hohe Auffangstange a_3, schmolz die Platinspitze und schwärzte die Vergoldung des Kupferkegels; er folgte sodann der Firstleitung auf ca. 9 m Länge, sprang von da unter Zertrümmerung einer größeren Anzahl Ziegelplatten auf die einen spitzen Winkel mit der Firstleitung bildende Dachableitung und folgte dieser, wahrscheinlich auch der Dachrinne und den Abfallrohren, ohne einen wei- teren Schaden zu verursachen. Die Stützen desjenigen Theils der First- leitung, welchem der Blitz gefolgt ist, wurden stark seitwärts gebogen und die daselbst befindlichen Firstziegel vollständig aus dem Verbande und dem Mörtel gehoben. An den Dachrinnen, Abfallrohren und dem Küchen- ausgußrohr war keinerlei Beschädigung bemerkbar. Der am Gebäude und dem Blitzableiter verursachte Schaden beträgt 47 M.

Weitere Blitzschlagbeschreibungen siehe:

Blitzgefahr Nr. 2, herausgegeben im Auftrag des Elektrotechnischen Vereins von Professor Dr. Fr. Neesen (Berlin, Jul. Springer).

Elektrotechn. Zeitschrift 1889, S. 147,

    „   „   1891, S. 694—697,

    „   „   1892, S. 544,

    „   „   1897, S. 465—467.

Geschichte des Blitzableiters von Professor Dr. Meidinger (Karlsruhe, Braun'sche Hofbuchdruckerei).

Ueber Blitzableiter und Blitzschläge in Gebäude, welche mit Blitzableitern versehen waren, von G. Karsten (Kiel, Druck von Schmidt und Klaunig, 1877).

Bulletins de l'académie royale de Belgique, 1874, p. 427—436.

Mémoires couronnés de l'académie royale, Bruxelles 1875, Notice sur le coup de foudre de la gare d'Anvers du 10. Juillet 1865, par M. Melsens.

Berichte über Blitzschläge in der Provinz Schleswig-Holstein, von Professor Dr. Leonh. Weber in Kiel in den Schriften des naturwissenschaftlichen Vereins für Schleswig-Holstein. Bd. III, Heft 2, S. 99 bis 124; Bd. IV, Heft 1, S. 3—70; Bd. IV, Heft 2, S. 47—116 und Bd. V, Heft 2.

III. Erfahrungssätze über die Vorgänge bei Blitzschlägen in Gebäude.

Die bei den beobachteten Blitzschlägen gemachten Erfahrungen lassen sich etwa in folgende Hauptsätze zusammenfassen:

1. Der Blitz schlägt in der Regel in die höchsten Stellen der Gebäude, hauptsächlich in die den First überragenden Schornsteine, Thürme u. drgl. In Ermangelung solcher hervorragender Gebäudetheile wird der First, und zwar vorzugsweise in einer Giebelspitze, seltener an irgend einer anderen Stelle getroffen.

In seltenen Fällen, wenn z. B. ein Baum mit seinen Zweigen die Dachfläche berührt, oder derselben nahe kommt, oder wenn sich größere Metallmassen an einer bestimmten Stelle in oder unmittelbar unter der Dachfläche befinden, kann dort der Einschlag stattfinden. Einen wesentlichen Einfluß auf die Einschlagstelle bildet das Baumaterial. Der Blitz schlug wiederholt in eiserne Schornsteinaufsätze welche niedriger als der First des Gebäudes waren.

Bei flachen Dächern, z. B. Holzcementdächern, können in Ermangelung von Schornsteinen oder anderen das Dach überragenden Gebäudetheilen auch die Giebel- und Traufkanten die Blitzeinschlagstellen bilden.

Der Einschlag findet naturgemäß am häufigsten in der Nähe der der Hauptanzugsrichtung der Gewitter zugekehrten Gebäudeseite statt.

2. Der Blitz folgt von der Einschlagstelle an vorzugsweise den vorhandenen besten Leitern der Elektricität, den Metallen. Eine Bevorzugung der einen Metallart vor der anderen scheint nicht stattzufinden.

Durch ununterbrochene metallische und genügend starke Leitungen kann der Blitz vollkommen unschädlich zur Erde geleitet werden, selbst wenn er hierbei einen großen Umweg zurückzulegen hat, und wenn die Leitung auch nicht zu der nach den üblichen Begriffen besten Entladungsstelle der Erde, z. B. zu irgend einer Stelle des Grundwassers, einer anderen dauernd feuchten Stelle oder einer Gas- oder Wasserleitung führt.

3. Auch unterbrochene, von der Erde isolirte kleinere Metallmassen, z. B. Fenster- und Thürbeschläge, Schrauben, Nägel u. drgl., üben oft einen bedeutenden Einfluß auf den Blitzweg aus. Der Blitz springt von einer Metallmasse zur anderen, schlechte dazwischen befindliche Leiter je nach ihrem Material zertrümmernd oder entzündend und die Metalle, so weit sie dem Durchgang des Blitzes keinen genügenden Querschnitt darbieten, schmelzend oder zerstäubend.

4. Befinden sich in der Nähe eines ununterbrochenen metallischen Leitungsweges andere Metallmassen, so kann der Blitz von ersterem auf die letzteren überspringen, wenn er hierbei auch einen viel größeren elektrischen Leitungswiderstand als denjenigen, welchen er auf dem ersten Wege fände, zu überwinden hat. Findet der Blitz mehrere metallische Wege vor, so sucht er sich in denselben zu verzweigen, doch geschieht dies nicht wie beim galvanischen Strom genau im umgekehrten Verhältniß der vorhandenen Leitungswiderstände.

5. Besonders beliebte Blitzwege scheinen diejenigen metallenen Gebäudetheile zu bilden, welche bei hinlänglichem Zusammenhang eine verhältnißmäßig große Oberfläche besitzen, wie z. B. bei hartgedeckten Dächern die Blechverwahrungen der Dachkanten, die First-, Ortgang-, Grat-, Kehlbleche, Dachrinnen und Abfallrohre, oder solche metallene Gebäudetheile, in welchen der Blitz Gelegenheit hat, sich mehrfach zu verzweigen, wie z. B. die Verdrahtungen der gegipsten oder verputzten Decken und Fachwerkswände im Innern und am Aeußern der Gebäude. Diese gewöhnlich nur 0,8 mm dicken Drähte schmelzen oder zerstäuben zwar häufig, insbesondere da, wo sie um die zu ihrer Befestigung dienenden Nägel gewunden sind (diese letzteren, sowie die Drähte selbst, so weit sie nicht schmelzen, werden glühend), und doch folgt ihnen der Blitz auf weite Strecken, wobei der Verputz theils ganz, theils nur an den Nagelköpfen der Verdrahtung abgelöst wird. In der Umgebung der erhitzten Drähte und ihrer Befestigungsnägel bleiben am Holzwerk schwarze Brandspuren zurück, eine Entzündung oder Entflammung des Gebäudes findet jedoch auf diese Weise nicht statt.

6. In Ermangelung metallischer Leiter folgt der Blitz von der Einschlagstelle an in der Richtung zur Erde den sogenannten Halbleitern und unter diesen mehr denjenigen, deren Leitungsvermögen durch den Gewitterregen oder durch sonst erzeugte Feuchtigkeit erhöht worden ist. Mit

Vorliebe strebt der Blitz feuchten Stallräumen zu. Holz wird vor Mauer= werk, Eichenholz vor Tannenholz bevorzugt.

In trockenen Räumen folgt der Blitz fast ausschließlich Decken und Wänden und verschont in der Regel die in der Mitte der Räume befind= lichen Menschen und Gegenstände.

7. Wenn der Blitz mit leicht entzündlichen Stoffen, wie Heu, Stroh u. drgl. in Berührung kommt, so findet gewöhnlich eine Zündung statt. Trifft dies bei gefüllten Scheuern zu, so steht nach übereinstimmenden Angaben in der Regel das Gebäude sofort in seiner ganzen Ausdehnung in Flammen, sodaß ein Löschen nicht möglich ist.

Die Gefahr einer Entzündung leicht entzündlicher Stoffe ist am größten bei unmittelbarer Berührung derselben mit geschmolzenen oder glühend gewordenen Metalltheilen, sowie auch da, wo der Blitz beim Ab= springen von größeren Metallmassen mit leicht entzündlichen Stoffen in Berührung kommt. Dagegen ist die Gefahr einer Entzündung von Holz= theilen durch glühend gewordene oder geschmolzene Metalltheile eine äußerst geringe, und insbesondere ist auch die Entzündungsgefahr bei zu schwachen Blitzleitungen eine verschwindend kleine.

8. Hölzerne Gebäudetheile werden auch an der Einschlagstelle nur zersplittert oder zerschmettert, aber höchst selten entzündet. Die Be= schädigungen an dem besser leitenden Eichenholz sind geringer als an Tannenholz. Wenn in solchen Fällen je eine Zündung eintritt, so ist sie gewöhnlich von so geringer Ausdehnung, daß schon der Gewitterregen oder die Bemühungen der Hausbewohner hinreichen, um den Brand im Ent= stehen zu löschen. Dasselbe ist der Fall, wenn nur geringe Mengen leicht entzündlicher Stoffe in Brand gerathen.

9. Die bei kalten Blitzschlägen beobachteten Zerstörungen an den Gebäu= den sind um so geringer, je geringer der Widerstand ist, welchen der Blitz auf seinem Weg von der Einschlagstelle an bis zur Erde zu überwinden hat. Seine zerstörende Wirkung ist eine größere, wo er in ungetheiltem kon= centrirten Strom gezwungen ist, Halbleitern, z. B. Hölzern von geringem Querschnitt uud geringer Oberfläche zu folgen, oder an Stellen, wo er von, bezw. zu Metallen abspringt.

An großflächigem, nassem Mauerwerk mit dichten Fugen und ohne Eisenbestandtheile gleitet er gewöhnlich, ohne einen Schaden anzurichten, ab.

Niemals wurde gemeldet, daß Kellermauern oder Fundamente durch einen Blitzschlag unmittelbar Beschädigungen erlitten haben.

In dem Maaße der Verzweigung des Entladungsstromes und der Möglichkeit seiner Ausbreitung über größere Flächen, wird seine Energie geschwächt. Es nimmt daher die Größe der Zerstörung in der Regel von der Einschlagstelle an nach unten ab. Die Blitzspuren verlieren sich im unteren Theil der Gebäude meist ganz, und fast niemals ist eine Stelle zu finden, wo der Blitz in den Boden gedrungen ist.

Bei schwachen Blitzschlägen werden häufig nur an der Einschlagstelle und in unmittelbarer Nähe derselben Beschädigungen verursacht, während sonst am ganzen Gebäude keine Spur von Beschädigung mehr sichtbar ist. Nicht selten liegen aber auch die Blitzspuren weit auseinander und reichen unter Umständen bis in die unteren Theile der Gebäude hinab.

10. Außer den eigentlichen Blitzschlägen kommen sogenannte Rück= schläge vor; es sind das blitzartige Erscheinungen, welche entweder in un= mittelbarer Nähe eines niedergehenden Blitzes oder weit ab davon oder unter der Einwirkung einer zwischen zwei Wolken stattfindenden elektrischen Entladung zu Stande kommen. Hierunter haben hauptsächlich Telegraphen= und Telephonanlagen, elektrische Licht= und Kraftanlagen zu leiden, wäh= rend die durch jene sekundären Blitzwirkungen an den Gebäuden selbst verursachten Beschädigungen gewöhnlich von geringer Bedeutung sind. Es können die Rückschläge immerhin aber auch so stark werden, daß Menschen und Thiere dadurch getödtet, gelähmt oder sonst an ihrer Ge= sundheit geschädigt werden.

11. Die eingelaufenen Berichte über die Gefahr des Blitzeinschlags in die einzelnen Gebäude je nach ihrer örtlichen Lage, Bauart, Höhe u. s. w. sind so widersprechende, daß ein sichererer Schluß daraus bis jetzt nicht ge= zogen werden kann, als der, daß kein Gebäude ganz sicher vor Blitz= schlag ist, mag es stehen, wo es will, auf dem Berg oder im Thal, auf trockenem, feuchtem, felsigem, sandigem oder lehmigem Grund, sei es hoch oder niedrig. Oft schlug der Blitz unmittelbar neben einem hohen Kirchthurm in ein ganz niederes Gebäude. Aus den angefertigten Blitz= karten geht hervor, daß die Nähe von Flüssen keinen merklichen, und die größere oder geringere Bewaldung einer Gegend überhaupt keinen Einfluß auf die Blitzschlaghäufigkeit ausüben, während es andererseits doch wieder erwiesen ist, daß einzelne Orte und Gegenden mehr, andere weniger von Blitzschlägen heimgesucht werden. Merkwürdig ist die Erscheinung, daß der Blitz nicht blos im gleichen Ort, sondern sogar in das gleiche Haus und genau an derselben Stelle oft nach Jahren wiederholt einschlug. Es wird vielleicht, wenn das statistische Material weiter angewachsen ist, nach Verlauf einiger Jahre möglich werden, die wahren Gründe für jene Er= scheinung anzugeben, sowie überhaupt über die Größe der Blitzgefahr der einzelnen Gebäude je nach ihrer Lage und Beschaffenheit näheren Auf=

schluß zu geben. Vorläufig lassen sich in dieser Beziehung mit einiger Sicherheit nur folgende Sätze aufstellen:

12. Isolirt liegende Gebäude werden vom Blitz verhältnißmäßig leichter getroffen, als solche in geschlossenen Ortschaften, und die in der Ebene oder auf einer Hochebene gelegenen mehr als solche in hügeligem Terrain.[1])

Niedere Gebäude in engen tief eingeschnittenen Thälern sind verhältnißmäßig am sichersten vor Blitzschlag.

13. Höhere Gebäude sind den Blitzschlägen mehr ausgesetzt als niedere, Kirchen mit Kirchthürmen z. B. zwanzigmal mehr als andere Gebäude, weshalb die in unmittelbarer Nähe von Kirchthürmen befindlichen Gebäude etwas sicherer vor Blitzschlag sind, als die weiter davon entfernten.

14. Obwohl Metallmassen eine bedeutende Anziehung auf den Blitz ausüben, so hat sich diese doch nicht als so groß erwiesen, daß Gebäude mit größeren Metallmassen, z. B. solchen mit Metalldächern, eisernen Dachkonstruktionen, oder ganz eiserne Gebäude vom Blitz häufiger getroffen werden, als andere Gebäude.

Metallmassen vermögen den Blitz nur auf eine gewisse ziemlich beschränkte Entfernung im Bereich des ohnehin getroffenen Gebäudes auf sich abzulenken.

15. Bäume, welche in unmittelbarer Nähe eines Gebäudes stehen, insbesondere solche, welche dem Dach des Hauses mit ihren Zweigen sehr nahe kommen oder dasselbe berühren, erhöhen die Blitzgefahr für das Haus. Die Schutzwirkung weiter entfernter Bäume ist eine zweifelhafte.

16. Bei den Leitungsdrähten für die Zwecke der Telegraphie, Telephonie, elektrischen Beleuchtung und Kraftübertragung, welche über die Gebäude hinweggehen, überwiegt im Allgemeinen deren schützende Wirkung. Dagegen findet eine Gefährdung durch dieselben statt, wenn sie ins Innere der Gebäude führen oder an den Gebäuden befestigt sind, ohne mit Blitzschutzvorrichtungen versehen zu sein; und zwar wird die Gefahr erhöht, wenn in dem Gebäude Gas= oder Wasserleitungen in der Nähe der elektrischen Leitungen vorüberführen.

---

[1]) Vergl. auch Blitzgefahr Nr. 1, S. 11 u. 12.

IV. Allgemeines über die Anlage der Blitzableiter.

Obwohl über die Ursachen und das Wesen der Gewitterelektricität die Ansichten der Gelehrten noch ziemlich aus einander gehen, so sind doch die Grundlagen für die Konstruktion wirksamer Blitzableiter durch die Erfahrung und Wissenschaft hinlänglich genau bestimmt.

Nach der einen Theorie hätte man sich die Entstehung der Gewitter=elektricität etwa in folgender Weise zu erklären: Es strömt bezw. strahlt ununterbrochen Elektricität aus dem Innern der Erde in den Weltenraum aus. Da nun das elektrische Leitungsvermögen der Luft bedeutend ge=ringer ist, als dasjenige der Erde, so erfährt die elektrische Strömung in der Luft eine merkliche Verzögerung, und zwar ist diese Verzögerung in den höheren, schlechter leitenden Luftschichten mit ihrem geringeren Wasser=dampfgehalte eine viel größere als in den unteren wasserdampfreicheren Schichten. Durch diese elektrische Strömung finden in den einzelnen Luftschichten bestimmte elektrische Spannungen statt. Diese Spannungen nehmen mit der Höhe verhältnißmäßig rasch ab, weil die oberen Luft=schichten ein wesentlich geringeres Leitungsvermögen besitzen als die unteren. Durch Abkühlung der Luft wird der in derselben enthaltene Wasserdampf in Wassertropfen, d. h. in Wolken verwandelt, die Luft selbst zwischen den einzelnen Wassertröpfchen wird dadurch trockener und ihr Leitungsvermögen geringer. Findet nun eine rasche und starke Wolkenbildung statt, so fallen die kondensirten Wassertropfen als Regen zur Erde; damit werden große Luftmengen aus den höheren Regionen mitgerissen, und die geringen elektrischen Spannungen der oberen Luftschichten der Erdoberfläche mit ihrer höheren Spannung unter Umständen so weit genähert, daß ein ge=waltsamer Ausgleich der vorhandenen Spannungsdifferenz in Gestalt eines

Blitzes stattfinden kann.[1] Je wärmer die Luft ist, um so wasserdampf=
reicher ist sie im allgemeinen, und um so stärker kann bei entsprechender
Luftabkühlung die Dampfkondensation zu Wolken werden, deshalb sind
auch die Gewitter im Sommer häufiger und heftiger als im Winter. —
Die Entstehung, sowie die Eigenschaften und Wirkungen der Blitze werden
nun aber für den vorliegenden praktischen Zweck am verständlichsten nach
den bekannten Gesetzen der Spannungselektricität, und entsprechend den
bei zahlreichen Blitzschlägen gemachten Erfahrungen in der seither üblichen
Weise erklärt wie folgt:[2]

Die durch irgend eine Ursache in den Gewitterwolken angehäufte freie
Elektricität wirkt auf die darunter befindlichen Theile der Erde und die
sich darüber erhebenden Gegenstände derart ein, daß in denselben die der
Wolke gleichnamige Elektricität gegen das Erdinnere abgestoßen, die un=
gleichnamige aber angezogen wird.

In Folge dieser Influenz der Wolkenelektricität findet die verhältniß=
mäßig größte Elektricitätsansammlung in den der Gewitterwolke zunächst
gelegenen Theilen der Erde, bezw. den höchsten Stellen der sich darüber
erhebenden Gegenstände, Häuser, Bäume 2c. statt, und da nach einem
Gesetze der Spannungselektricität bei unregelmäßig gekrümmten Ober=
flächen die kleineren Krümmungen mehr Elektricität auf die Flächeneinheit
aufnehmen, als die größeren, so herrscht auch (abgesehen von den durch
die verschiedene Leitungsfähigkeit der Baumaterialien bedingten Abweichungen)
die größte Elektricitätsdichte in den höchstgelegenen Spitzen, Ecken und
Kanten der Gebäude. Die Kraft, mit welcher die beiden entgegengesetzten
Elektricitäten der Wolke und Erde auf einander einwirken, ist dem Pro=
dukt ihrer Mengen direkt und dem Quadrat ihrer Entfernung umgekehrt
proportional. Hat nun unter der Einwirkung einer Gewitterwolke die
elektrische Ladung des darunter befindlichen Theiles der Erde und der über
letztere sich erhebenden Gegenstände dasjenige Maaß erreicht, bei welchem
der Widerstand der zwischenliegenden Luftschichten nicht mehr im Stande
ist, den plötzlichen Spannungsausgleich aufzuhalten, so findet eine gewalt=

---

[1] Näheres hierüber siehe in der Brochüre „Die Entstehung der Gewitter 2c."
von Dr. W. A. Nippoldt (Frankfurt a. M. 1897, Knauer).

[2] Es können hier nicht alle in Betracht kommenden Gesetze der Spannungs=
elektricität ausführlich erklärt werden, und empfiehlt es sich deshalb für diejenigen,
welche ein Bedürfniß nach weiterer Belehrung in dieser Beziehung empfinden, irgend
ein kleineres Werk über Spannungselektricität zu lesen, z. B. „Spannungselektricität"
von Prof. W. Weiler (Polytechn. Bibliothek, II. Th., Magdeburg, A. u. R. Faber);
„Lehrbuch der Physik" von Weiler-Bänitz (Bielefeld, Velhagen); „Lehrbuch der Elektri=
cität und des Magnetismus" von Dr. J. G. Wallentin (Stuttgart 1897, Enke).

same Vereinigung der beiden entgegengesetzten Elektricitäten in Gestalt eines Blitzes statt. Die Einschlagstelle des Blitzes befindet sich dort, wo unmittelbar vor dem Blitzschlag die verhältnißmäßig größte elektrische Spannung und Elektricitätsdichte herrschte, d. h. also bei Gebäuden in der Regel in einer höchstgelegenen Spitze, Ecke oder Kante.

Da bei hohen und hochgelegenen Gebäuden während eines Gewitters eine besonders starke Elektricitätsansammlung an deren obersten Punkten stattfindet, und hier eine kleinere Luftstrecke zu durchschlagen ist, als bei niederen und tief gelegenen Gebäuden, so kann auch bei ersteren ein Blitzschlag leichter zu Stande kommen, als bei letzteren, woraus sich die schon früher erwähnte Thatsache erklärt, daß bei Kirchthürmen die Gefahr des Blitzeinschlages circa zwanzig Mal größer ist als bei anderen Gebäuden.

Liegen zwischen der Blitzeinschlagstelle und den elektrisch erregten Massen der Erde, bezw. der sich über letztere erhebenden Gegenstände schlechte Leiter oder sogenannte Halbleiter der Elektricität, so wird bei dem Durchgang des Blitzes durch dieselben ein Theil seiner elektrischen Energie in Wärme oder mechanische Arbeit umgesetzt, was sich in der Entzündung leicht brennbarer Stoffe, dem Erglühen oder Schmelzen von Metallen, dem Zersprengen und Zerschmettern von Stein und Holz äußert.

Findet aber der Blitz, von seiner Einschlagstelle in ein Gebäude an, eine oder mehrere ununterbrochene, hinlänglich starke und mit der Erde in Verbindung stehende metallische Leitungen vor, welche ihm einen geringen Widerstand darbieten, so kann er durch dieselben gefahrlos zur Erde abfließen, und das Gebäude sammt dessen Inhalt wird vor Schaden bewahrt. Hierauf beruht die schützende Wirkung der Blitzableiter.

Am gesichertsten gegen Blitzschaden sind Häuser, welche ganz aus Eisen bestehen. Weil hier der Entladungsstrom des Blitzes von der Einschlagstelle an Gelegenheit hat, sich sofort widerstandslos nach allen Richtungen zu vertheilen, und er an unendlich vielen Stellen zur Erde abfließen kann, so kann ein Blitzschaden an einem solchen Gebäude in der Regel nicht entstehen, auch wenn keinerlei Erdleitung im gewöhnlichen Sinne des Wortes an demselben vorhanden wäre.

Vom Blitze getroffen bliebe die metallische Hülle des Hauses auf kurze Zeit elektrostatisch geladen; eine Person, welche außerhalb des Hauses auf nicht isolirter Unterlage stünde und im Augenblicke des Blitzschlags zufällig die metallische Wand berührte, würde wohl einen gefährlichen Schlag erhalten, aber das Innere des Gebäudes bliebe vor Schaden bewahrt, denn nach den Netzversuchen des englischen Physikers Faraday kann keinerlei elektrische Wirkung auf einen Körper ausgeübt werden, welcher sich ganz innerhalb einer metallischen Hülle befindet. Es ist also auch nicht nöthig, Metallmassen, welche sich ganz innerhalb eines solchen Hauses befinden, zum Schutze gegen Seitenentladungen oder gefährliche Induktions= wirkungen in leitende Verbindung mit der metallischen Hülle zu bringen. (Vergl. die Abhandlung von Clerk Maxwell: „On the protection of buildings from lightning". Nature XIV, 1876, p. 479.)

Die österreichische Instruktion über die Herstellung von Blitzableitern auf Militärgebäuden spricht sich über diese Art von Blitzschutz folgender= maßen aus:

„Ein Wellblechschuppen, ein Gebäude in Eisenkonstruktion mit metallener Dach= und Wandbekleidung, Panzerthürme und sonstige ganz in Eisen ausgeführte Bauten gewähren einen fast absoluten Schutz gegen Blitzschlag für alle im Innern derselben befindlichen Gegenstände, und sind selbst ohne Auffangstangen und bei mangelhaften Erdableitungen weit besser geschützt, als hölzerne oder gemauerte, mit den besten und zahlreichsten Blitzableitern versehene Gebäude, wie dies durch zahlreiche, zum Theil auch von Seite des österreichischen technischen Militär=Comités ausgeführte Versuche erwiesen ist."

Und an anderer Stelle ist daselbst gesagt:

„Der allerbeste und vorzüglichste Blitzschutz für Dachflächen wird natürlich durch eine Bedachung mit verzinktem Eisenblech oder Wellblech erreicht."

Wenn aber ein guter Leiter der Elektricität, z. B. ein Telegraphen=, Telephon= oder irgend ein anderer elektrischer Leitungsdraht, oder eine Gas= oder Wasserleitung von außen her in ein mit einer metallischen Hülle umgebenes Haus tritt, oder wenn das Innere eines solchen Ge= bäudes auf irgend eine Weise, etwa durch eine eiserne Pumpe mit dem Grundwasser in gut leitender Verbindung steht, so kann ein zur Funken= bildung Veranlassung gebender elektrischer Spannungsunterschied zwischen jenen Leitungen oder der mit dem Grundwasser in Verbindung stehenden Pumpe und der Metallhülle des Hauses entstehen. Diese Gefahr wird bei Gas= und Wasserleitungen beseitigt, sobald dieselben in metallische Ver= bindung mit der Umhüllung des Hauses gebracht werden. Bei elektrischen Leitungen, wo eine solche unmittelbare Verbindung unthunlich ist, wird die Blitzgefahr aufgehoben oder wenigstens vermindert durch Anbringung künstlicher Blitzschutzvorrichtungen, welche als nothwendige Bestandtheile jener Anlagen gleichzeitig mit denselben zur Ausführung zu kommen haben und deshalb nicht Gegenstand der vorliegenden Betrachtungen sein sollen. (Vgl. übrigens hierüber: Elektr. Zeitschrift 1890 S. 676; 1893 S. 319, 333, 665; 1896 S. 375 u. 511; 1897 Heft 26; 1898 Heft 14, 23 u. 24; sowie hinten S. 60.)

Es ist nun aber nicht unbedingt nöthig, das Dach und die Umfassungswände eines Hauses ganz aus Metall herzustellen, um zu verhindern, daß außen und im Innern desselben gefährliche Blitzwirkungen zu Stande kommen. Es genügt schon, wenn ein im wesentlichen aus Stein und Holz erbautes Haus mit einem bloßen Netz von Drähten umgeben, und wenn unter der Erdoberfläche eine mit diesem Netzwerk in Verbindung stehende metallische Leitung rings um das Gebäude geführt wird. Die Richtigkeit dieser Thatsache ist durch vom österreichischen technischen Militär-Comité wiederholt angestellte Versuche nachgewiesen und nach den vom Verfasser bei diesem Comité eingezogenen Erkundigungen durch den schadlosen Verlauf von Blitzschlägen, die so geschützte Gebäude getroffen haben, auch bestätigt worden. Wie groß die Maschenweite des Netzwerks zu nehmen ist, hängt davon ab, ob der Inhalt des Gebäudes zu Seitenentladungen, gefährlichen Rückschlägen und Entzündungen Anlaß geben kann, und ob ein Anschluß der im Innern befindlichen Metallmassen an den Blitzableiter durchführbar ist oder nicht. Handelt es sich z. B. um den Schutz eines Pulver- oder Munitionsmagazins mit Stein- oder Holzwänden, bei welchem ein Anschluß der inneren beweglichen Metallmassen an den Blitzableiter unthunlich ist, und wo der geringste Induktionsfunke zu einer gefährlichen Explosion Veranlassung geben könnte, wird man das Netzwerk des Blitzableiters engmaschiger gestalten, und empfiehlt es sich in diesem Fall, die Maschenweite so zu wählen, daß auf eine über dem Dach liegende Masche und eine Ableitung höchstens 50 qm überbaute Grundfläche entfallen. Hierbei sind die Leitungsdrähte jedenfalls über alle wahrscheinlichen Blitzeinschlagstellen, also längs aller höchst gelegenen Dachkanten, d. h. längs der Firste, der Ortgänge oder Giebelsäume, bei Zelt- oder Walmendächern auch längs der Gräte und bei flachen, unter weniger als 30° gegen den Horizont geneigten Dächern, auch längs der Traufkanten hinwegzuführen (Fig. 47 u. 48).

Falls die Dachflächen überragende Gebäudetheile, z. B. Schornsteinköpfe und Thurmaufbauten vorhanden sind, oder wenn sich größere Metallmassen an irgend einer Stelle des Daches oder unmittelbar unter demselben befinden, so sind auch über diese Stellen die Leitungen hinwegzuführen, oder es sind dieselben durch Auffangstangen zu schützen, ebenso ist zu verfahren an Stellen, wo ein Baum mit seinen Zweigen der Dachfläche nahe kommt oder dieselbe berührt, falls man nicht vorzieht, den ganzen die Blitzgefahr erhöhenden Baum, oder wenigstens die gefährlichen Aeste desselben zu beseitigen.

Die sämmtlichen Ableitungen sind in geringer Tiefe von wenigen

Decimetern unter der Erdoberfläche durch einen das ganze Gebäude um=
schließenden metallischen Leitungsring untereinander zu verbinden und von
da an womöglich zu dauernd feuchten Stellen der Erde oder dem Grund=
wasser, sofern dieses leicht erreichbar ist, zu führen, andernfalls empfiehlt
sich zur Verbesserung der Erdleitung die Anordnung mehrerer ebenfalls
in geringer Tiefe unter der Erdoberfläche fortgeführter Ausläufer *a*
(Fig. 48).

Bei einem so geschützten Hause kann angenommen werden, daß der
Blitz nicht etwa in die zwischen den Leitungen befindlichen Dachflächen,

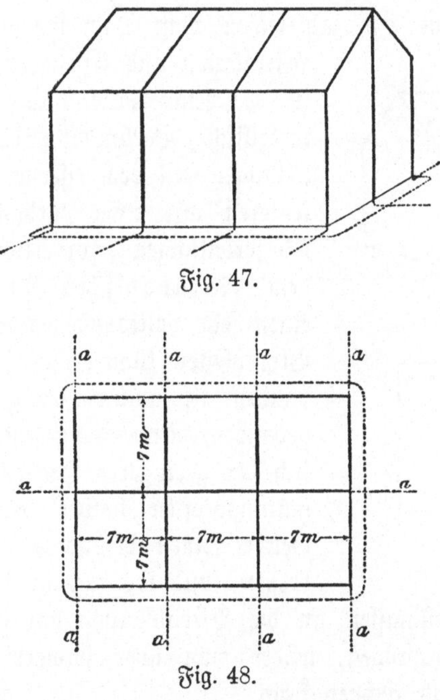

Fig. 47.

Fig. 48.

sondern in die die erfahrungsmäßigen Einschlagstellen deckenden Metall=
leitungen schlägt und durch dieselben bei entsprechendem Leitungsquerschnitt
und gutem Zusammenhang unschädlich zur Erde abgeführt wird. Die Ent=
ladung wird sich hierbei auf das ganze Leitungsnetz vertheilen, und der in der
Erde liegende Leitungsring, welcher sich in großflächiger und räumlich
ausgedehnter Berührung mit der Erde befindet, wird einen hinreichend
widerstandslosen Uebergang des Entladungsstromes zur Erde bezw. von
derselben vermitteln, auch wenn die Bodenverhältnisse derart wären, daß
dauernd feuchte Stellen oder das Grundwasser nicht erreicht werden können.
Daß der Blitz sich über das ganze Leitungsnetz annähernd gleichmäßig

vertheilt, und daß er nicht etwa bloß der kürzesten Leitung zu einer zu= fällig vorhandenen widerstandslosesten Erdübergangsstelle folgt, folgt aus den Gesetzen der Stromvertheilung, und ist längst experimentell von dem belgischen Physiker Melsens nachgewiesen worden, vgl. Bulletins de l'académie royale de Belgique 1865, p. 15—34 et 1875, p. 831—853.

Bei Fabrikgebäuden mit leicht entzündlichem Inhalt, z. B. Baum= wollspinnereien, und bei solchen mit vielen eisernen Maschinen und Trans= missionen im Innern, deren Anschluß an den Blitzableiter unthunlich ist, empfiehlt es sich, den Blitzableiter wie bei Pulver= und Munitionsmagazinen nach dem Princip des Faraday'schen Käfigschutzes anzuordnen, wenn nicht ein eiserner Einbau mit zahlreichen vom Dach bis zur Erde reichenden

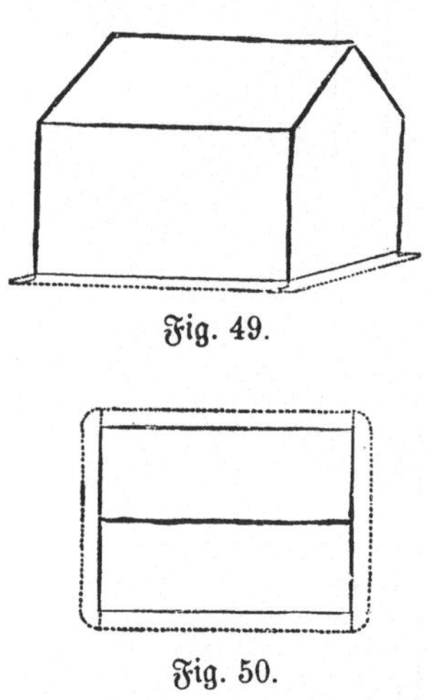

Fig. 49.

Fig. 50.

Eisensäulen und Eisengebälken vorhanden ist, in welchem Falle nichts weiter als eine metallische Verbindung der äußeren Fang= leitungen mit dem eisernen Einbau und dieses letzteren mit etwa vorhandenen Gas= und Wasserleitungen erforderlich ist. — Die nach dem Faraday'schen Princip konstruirten, einen sehr vollkommenen Schutz gewährenden Blitzableiter können bei jeder Art von Ge= bäuden, also auch bei den gewöhnlichen Wohn= gebäuden, Anwendung finden, doch wird man sich der geringeren Herstellungs= und Unter= haltungskosten halber bei allen Gebäuden, welche keinen besonders gefährlichen Inhalt bergen, und wo zugleich die Möglichkeit be= steht, innere Metallmassen an die Blitzableitung anzuschließen, mit ein= facheren Mitteln begnügen, wobei man aber immerhin noch auf einen ausreichenden Schutz rechnen kann.

Bei den Wohngebäuden und landwirthschaftlichen Gebäuden gewöhn= licher Größe genügt es, wenn der Dachfirst und sonstige etwa vorhandene Anziehungsstellen Auffangleitungen erhalten, von diesen im Ganzen vier Ableitungen längs der Giebelsäume und Gebäudeecken herabgeführt, und die Erdleitung mit einem Erdleitungsring in gleicher Weise wie oben S. 52 u. 53 beschrieben angeordnet werden (Fig. 49 u. 50). Auch bei einer solchen Anordnung findet nach den Untersuchungen von K. W. Zenger, ehem. Professor der Physik an der technischen Hochschule zu Prag, und den Versuchen des K. K. österreichischen technischen Militär=Comités (vgl. die Wiener Zeitschrift für Elektrotechnik 1884, S. 407 rc., die

Berliner Elektrotechnische Zeitschrift 1891, S. 696 und Mittheilungen über Gegenstände des österreichischen Artillerie- und Geniewesens, Bd. XX, 1889, S. 547—567) noch ein Faraday'scher Käfigschutz wenigstens bis zu einem gewissen Grad statt, so daß die sonst zu Funkenbildungen und Seitenentladungen Veranlassung gebenden elektrischen Wirkungen auf im Innern von Gebäuden befindliche Metallmassen, auch wenn deren Anschluß an den Blitzableiter versäumt würde, auf ein ungefährliches Maaß reducirt werden.

Bei Neubauten mit harter Dachung, wo man es in der Hand hat, den First und die Giebelsäume mit Blechverwahrungen zu versehen, welche in Verbindung mit den Regenabfallrohren an den Gebäudeecken unmittelbar als Blitzleitungen benützt werden können, läßt sich eine solche Blitzableiteranlage mit verhältnißmäßig geringen Kosten ausführen.

Bei Gebäuden von mehr als 20 m Länge sollte auf je 10 m Mehrlänge wenigstens eine weitere Ableitung angebracht werden.

Kirchen sollten ebenfalls wenigstens 4 Ableitungen erhalten, wovon auf den Thurm und das Schiff je 2 entfallen.

Die Anordnung von wenigstens 4 Ableitungen erscheint ferner bei Gebäuden mit Strohdächern, welche mit Eisendraht gebunden sind angezeigt, denn bei dieser dem Käfigschutz sich nähernden und den Blitzstrom mehrfach theilenden, denselben schwächenden Anordnung wird die Gefahr der Bildung von Uebergangsfunken zwischen den unter sich nicht metallisch zusammenhängenden Befestigungsdrähten des Strohdachs wesentlich vermindert und damit eine Entzündung des letzteren verhütet.

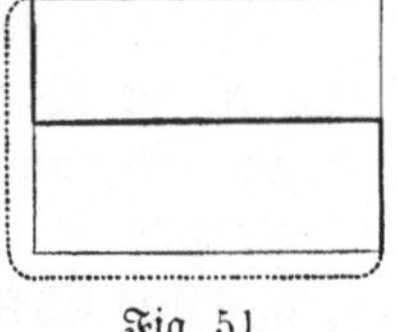

Fig. 51.

Bei bestehenden Gebäuden mit harter Dachung, welche eine Metallverwahrung der Dachkanten nicht besitzen, kann man sich der Sparsamkeit halber auch mit nur 2 Ableitungen begnügen, die normalerweise von den Enden der Firstleitung den Giebelsäumen (Ortgängen) entlang an zwei sich diametral gegenüberliegenden Gebäudeecken herabgeführt werden, so daß sich als einfachste Blitzableiterform die in Fig. 51 im Grundriß schematisch dargestellte Anordnung ergiebt. Bei derselben ist nun allerdings bezüglich größerer Metallmassen, welche sich im Innern des zu schützenden Gebäudes befinden, erhöhte Vorsicht geboten. Denn von einem das Eindringen der Elektricität in's Innere verhindernden Netzschutz kann in diesem Falle kaum mehr die Rede sein.

Befinden sich außen an einem beliebigen Gebäude oder im Innern eines nicht nach dem Faraday'schen Princip geschützten Gebäudes Metallmassen, so wird durch Influenz einer darüber schwebenden, beispielsweise positiv geladenen Gewitterwolke eine entsprechende Menge negativer Elektricität an der Oberfläche der Metallmassen gebunden. Die positive Elektricität der letzteren findet während dieser langsam sich vollziehenden Vertheilung Zeit, zum Erdboden abzufließen, auch wenn keine gutleitende Verbindung mit demselben besteht. Die Metallmassen sind nun mit negativer Elektricität geladen, welche aber durch die Wolkenelektricität gebunden ist. Sobald eine elektrische Entladung zwischen den Wolken unter einander oder zwischen Wolke und Erde stattfindet, so hört die bindende Kraft für die negative Elektricität auf den Metallmassen auf, sie strebt plötzlich zum Erdboden abzuströmen; ist nun eine gut leitende Verbindung mit der Erde oder ein richtig angelegter Blitzableiter vorhanden, so kann dies ungehindert vor sich gehen. Sind die Metallmassen aber mehr oder weniger von der Erde isolirt, so besteht die Möglichkeit eines gewaltsamen Ausgleichs der vorhandenen Spannungs=unterschiede in Gestalt von Funken oder einer mechanischen Zerstörung unter Gefährdung der in der Nähe befindlichen Lebewesen. Solche Rückschläge können aber auch die Tödtung oder Lähmung von Menschen und Thieren zur Folge haben, ohne daß in deren unmittelbarer Umgebung sonst irgend welcher Gebäudeschaden angerichtet wird. Diese sekundären Blitzwirkungen äußern sich, wenn auch in geringerem Maaße, schon bei verhältnißmäßig kleinen Metallmassen; so verspürten nach einer Mittheilung des Professors Dr. Leonhard Weber in Kiel in der Elektrotechnischen Zeitschrift 1888, S. 289 bei dem Blitzschlag, welcher am 20. Juli 1881 einen Blitzableiter der Kaiserlichen Werft in Kiel traf, alle in der Nähe beschäftigten Arbeiter, welche eiserne Werkzeuge in der Hand hielten, heftige Schläge.

Die sich durch Influenz der Wolkenelektricität in Metallen viel schneller und deshalb in stärkerem Maaße als in andern weniger guten Leitern ansammelnden Elektricitätsmengen sind wesentlich von Einfluß auf die Ein=schlagstelle des Blitzes und die Blitzbahn, und ist hierbei die Größe der Leitungsfähigkeit der einzelnen Metallarten unter sich von untergeordneter Bedeutung. In ungeschützten Gebäuden springt der Blitz mehrere Meter weit von einem Eisentheil zum andern, wie dies die im II. Kapitel ange=führten Beispiele zeigen. Diese bedeutende Anziehung selbst kleiner Metall=theile auf den Blitz erklärt zum Theil das häufige Abspringen des Blitzes von Blitzableitern, die scheinbar richtig konstruirt sind.

Will man den ganzen Entladungsstrom des Blitzes von der Einschlag=stelle an zur Erde auf einem einzigen metallischen Weg ableiten, ohne daß er von demselben abspringt, so hat dies bei einem ganz aus Stein und Holz konstruirten Haus keine Schwierigkeit. Es ist nur nöthig, für eine einiger=maßen gute Erdleitung zu sorgen, und hat sich deshalb auch der seitherige

Franklin'sche oder Gay=Lussac'sche Blitzableiter bei den älteren in der Regel keine oder ganz geringe Metallmassen enthaltenden Gebäuden im Großen und Ganzen gut bewährt, während er bei Gebäuden mit Metallverwahrungen der Dächer und großen Metallmassen im Innern vielfach versagte. Ist von Metallmassen nichts weiter als eine Gas= oder Wasserleitung im Gebäude, und reicht dieselbe nicht bis unmittelbar unter das Dach, so wird auch hier zur Noth eine einzige äußere Ableitung genügen, wenn die erforderliche Erdleitung durch unteren Anschluß an die Gas= oder Wasserleitung hergestellt wird. Die Gefahr des Abspringens vom Blitz= ableiter, bezw. die Gefahr, daß der Blitz unter ganzer oder theilweiser Ver= schmähung des Blitzableiters trotz des vorhandenen unteren Anschlusses in das obere Ende der im Gebäude aufsteigenden Gas= oder Wasserleitung oder an sonst einer Stelle in dieselbe schlägt, wächst in dem Maaße, als sich jene Leitungen dem Dach des Gebäudes oder dem Blitzableiter nähern und geringeren Leitungswiderstand als letzterer besitzen.

Es ist daher in solchen Fällen außer dem unteren Anschluß auch noch ein oberer zu empfehlen. Wird aber nun einmal ein solcher oberer An= schluß nöthig, so liegt die Erwägung nahe, ob man die äußere Ableitung nicht ganz sparen und die Gas= oder Wasserleitung unmittelbar als Blitz= ableitung benützen kann, wobei diese also nur bis zu den unter allen Um= ständen erforderlichen Fangleitungen oder Auffangstangen fortzusetzen wäre; und in der That läßt sich gegen ein solches Vorgehen nichts sagen unter der Voraussetzung, daß sich sonst am Gebäude in unmittelbarer Nähe keine größeren von oben nach unten zusammenhängenden Metallmassen befinden, welche zu einem Abspringen des Blitzes von dieser einzigen Ableitung oder zu gefährlichen sekundären Blitzwirkungen Veranlassung geben könnten.

Melsens sagt in Bezug auf diese Art von Blitzschutz in den „Bulle- tins de l'académie de Belgique", 1874 T. 38, p. 346:

„Nichts scheint mir einfacher, als z. B. das Gebäude der Brüsseler Börse da= durch gegen Blitzschaden zu schützen, daß man die 4 innerhalb des Gebäudes bis zum Dach aufsteigenden Wasserleitungsröhren nach oben entsprechend ergänzt, unmittelbar als Blitzableiter benützt ohne jede weitere Ableitung und Erdleitung, und möchte ich die Hausbesitzer auf diese Art eines wirksamen Blitzschutzes ganz besonders auf= merksam machen."

Was die Befürchtungen von Gasexplosionen bei Benutzung schmiede= eiserner Gasleitungsröhren als Blitzableiter betrifft, so haben sich dieselben durch die gemachten Erfahrungen nicht als begründet erwiesen. Es sind wohl Fälle vorgekommen, wo der unter Durchschlagung von Wänden auf dünne Gasleitungsröhren übergesprungene Blitz dieselben beschädigte und das Gas entzündete. Diese Gefahr wird aber beseitigt durch metallischen Anschluß der Rohre an den Blitzableiter. Die von ersten Autoritäten wie Prof. Dr. Kohlrausch, Dr. Ulbricht u. a. verfaßte Denkschrift des Verbands deutscher Architekten- und Ingenieurvereine über den Anschluß der Gebäudeblitzableiter an Gas- und Wasserleitungen (Berlin, Ernst und Sohn 1892), giebt in dieser Beziehung auf S. 31 folgende beruhigende Versicherung:

„Für Blitzableiter von Eisen wird Rundeisen von 8 mm für verzweigte, 10 mm für unverzweigte Leitungen, also Querschnitte von bezw. 50 und 80 qmm als genügend angesehen. Diesen Querschnitt weisen schon schmiedeeiserne Röhren von 10 mm innerem Durchmesser, sogenannte $^3/_8$zöllige Röhren auf, welche in vielen Städten als kleinstes Maaß vorgeschrieben, als Zuleitung für mehr als 2 Flammen selten verwendet werden; es ist deshalb die Gasleitung fast überall in einem zur Blitzableitung ausreichenden Querschnitt vorhanden."

In manchen Orten sind für Hauswasserleitungen Bleiröhren statt galvanisirter Eisenröhren im Gebrauch. Diese sollten wegen ihrer leichten Schmelzbarkeit der Sicherheit halber als einfache Ableitungen nie und als Zweigleitungen nur dann benützt werden, wenn sie einen Querschnitt von wenigstens 150 qmm und besonders gute Berührungsflächen der einzelnen Rohrstücke aufweisen. Können dünnere Bleirohre als die hiernach zulässigen wegen der Nähe anderer Metallleitungen nicht außer Acht gelassen werden, so ist ein Zweigdraht längs derselben und in möglichster Berührung mit ihnen bis zu der im Boden befindlichen aus Eisen bestehenden Rohrleitung herabzuführen.

Die unmittelbare Berührung der Gas- und Wasserleitungsröhren durch Menschen während eines nahen Gewitters ist thunlichst zu vermeiden, mag das Gebäude einen Blitzableiter mit Anschluß der Gas- und Wasserleitung besitzen oder nicht, denn in beiden Fällen bilden diese Rohrleitungen bevorzugte primäre oder sekundäre Wege für den einschlagenden Blitz, und ihre unmittelbare Berührung kann Lebewesen Schaden bringen.

Befinden sich größere Metallmassen, z. B. metallene Dachbedeckungen oder Dachverwahrungen, Dachrinnen und Regenabfallrohre am Gebäude, welche einer als einziger Blitzableiter benutzten Gas- oder Wasserleitung, oder deren Auffangvorrichtungen auf weniger als 3 m nahe kommen, so besteht die Gefahr, daß der Blitz zum Theil wenigstens jenen anderen Metallmassen folgt, und ist es deshalb, wenn ein vollkommener Blitzschutz beansprucht wird, geraten, auch die letzteren zu einem Blitzableiter zu ergänzen und mit unterem und oberem Anschluß an die Gas- oder Wasserleitung zu versehen. Ein gegenseitiges Ueberspringen des Blitzes zwischen Gas- und Wasserleitungen und dem Blitzableiter oder anderen metallischen Leitern wird begünstigt dadurch, daß gewisse Metallstücke im Innern der Gebäude.

wie z. B. eiserne Anker, das Drahtwerk der Vergipsungen, ja sogar einzelne Schrauben und Nägel oft verborgene Brücken zwischen jenen Leitungen bilden; außerdem bildet die oberste gewöhnlich durch den Gewitterregen befeuchtete und dadurch gutleitend gewordene Erdrinde, an welcher zugleich durch Influenz der Wolkenelektricität eine verhältnißmäßig größere Elektricitätsansammlung stattfindet, als in den tiefer liegenden Erdschichten, in Verbindung mit dem Ausguß der Regenabfallrohre häufig eine den Gas= und Wasserleitungen sogar überlegene Erdleitung, und darf diese wichtige Thatsache bei der Konstruktion guter Blitzableiter nicht außer Acht gelassen werden. Ein lehr= reiches Beispiel in dieser Beziehung bildet der Blitzschlag in die Kirche zu Preetz, beschrieben von Professor Dr. Leonhard Weber in der Elektrotechn. Zeitschr. 1891, S. 697 2c. Diese und zahlreiche andere Erfahrungen weisen darauf hin, allen in und an den Gebäuden zufällig vorhandenen Metallmassen von einigermaßen größerem Umfange bei der Konstruktion der Blitzableiter eine besondere Beachtung zu schenken, und ist es von größtem Werth, daß dies seitens der Hochbautechniker schon während der Aufführung der Gebäude geschieht, weil auf diese Weise nicht bloß die Herstellung rationellster sondern auch billigster Blitzableiter möglich ist.

Je weniger sich das Blitzableiternetz einem vollkommenen Faraday'schen Käfig nähert, desto mehr sind sekundäre Blitzwirkungen und Seitenent= ladungen zu fürchten, und ist für den Anschluß vorhandener größerer Metallmassen an die Blitzableitungen oder deren unmittelbare Einschaltung in letztere Sorge zu tragen. Wenn ein vollkommener Blitzschutz angestrebt wird, sind die in den Gebäuden befindlichen Gas= und Wasserleitungen und alle außerhalb verlaufenden größeren Metallmassen unter sich und mit dem Blitzableiter zu verbinden. Ganz im Innern befindliche und nicht von außen eintretende Metallmassen können, wie schon angegeben, bei Blitzableitern, welche nach dem Princip des Käfigschutzes angelegt sind, außer Beachtung bleiben; aber schon bei der vereinfachten Anordnung mit vier Eckableitungen (Fig. 49 u. 50) ist es, wenn die Gebäudelänge und =Breite mehr als 10 m beträgt, gerathen, größere innere, von der Erde isolirte Metallmassen, welche weniger als 3 m, und mit der Erde in gutleitender Verbindung stehende Metallmassen, z. B. Gas= und Wasserleitungen, welche weniger als 6 m von den Blitzableitungen entfernt sind, besonders, wenn sie in annähernd paralleler Richtung mit letzteren verlaufen, mit unterem und womöglich auch mit oberem Anschluß an den Blitzableiter zu versehen, bezw. als Zweigleitungen in dieselben einzuschalten. Hauptsächlich bei Kirchthürmen erweist es sich nothwendig, vom unteren Ende der oft tief in's Innere hinabreichenden eisernen Thurmkreuze eine Leitung zu dem

Glockenstuhl, der Uhrentransmission, dem Uhrengerüste, etwa vorhandenen metallenen Zifferblättern, den eisernen Thurmankern u. f. w. zu führen unter Beachtung des Grundsatzes, daß jeder an einem Ende in eine Metall= masse eintretende Strom am andern einen widerstandslosen Abfluß finden muß.

Bei allen Metallanschlüssen ist zu beachten, daß der obere Anschluß mittelst eines gegen den Blitzableiter aufsteigenden und der untere An= schluß mittelst eines absteigenden Astes zu erfolgen hat (Fig. 52).

Vereinzelte, weniger umfangreiche Metallgegenstände im Innern der Gebäude, solche die mehr in horizontaler als vertikaler Richtung verlaufen, und solche, welche mit der Erde in nicht gut leitender Verbindung stehen, z. B. auch eiserne Zimmeröfen und horizontale Eisenbalken können im Allge= meinen unbeachtet bleiben, nicht aber Eisensäulen, welche in Verbindung mit eisernen Unterzügen einen mehr oder weniger kontinuirlichen Metallweg von einem in der Nähe befindlichen Blitzableiter zur Erde bilden könnten. Bei ganz eisernem Einbau mit eiserner Dachkonstruktion und vielen eisernen Stützen können diese Metallmassen selbst als Hauptableitung benützt und besondere äußere Leitungen entbehrt werden. — Die auf den Gebäuden befindlichen Telephonständer sind an die be= treffenden Gebäudeblitzableiter anzuschließen oder in Ermange= lung solcher mit besonderen Blitzableitern zu versehen.

Einzelne an den Gebäuden vorbeiführende und an den= selben befestigte oder von außen her in's Innere der Gebäude führende Telegraphen= und Telephonleitungen, sowie elektrische Starkstromleitungen sind in jedem Fall mit besonderen, gleich= zeitig mit jenen Einrichtungen herzustellenden Blitzschutzvorrich= tungen zu versehen. Vortheilhaft ist es, außer den an den Apparaten befindlichen Blitzschutzvorrichtungen auch noch solche außen am Gebäude in den Zuleitungen anzubringen und un= mittelbar hinter denselben in den Betriebsleitungen Induktions= spulen einzuschalten.

Fig. 52.

Uebrigens ist von einem Blitzschlag in solche elektrische Leitungen meist kein großer Schaden für die Gebäude zu befürchten, sofern die elektrische Masse sich auf mehrere Drähte zugleich und in jedem Draht wieder nach zwei Richtungen vertheilt und weiter geschwächt, bezw. unge= fährlich gemacht wird durch die vielen natürlichen Ableitungen in den Unterstützungspunkten, sowie durch die große elektrostatische Kapacität des ganzen Leitungssystems.

Ganz im Innern von Gebäuden verlaufende Telephondrähte und die Drähte elektrischer Läutewerke bedürfen keiner weiteren Beachtung, als daß die unmittelbare Nähe von Gas= und Wasserleitungen, sofern keine Blitzschutzvorrichtungen angebracht werden, möglichst zu meiden ist.

Trotz aller Vorsicht werden aber, wenn man nicht einen vollkommenen engmaschigen Netzschutz anwendet, kleinere Störungen an solchen elektrischen Einrichtungen oder kleine Gebäudebeschädigungen in Folge von Induktions= oder Rückschlagwirkungen nie ganz vermieden werden können.

Diese sekundären Blitzwirkungen können unter Umständen auch bei Nichtvorhandensein von Metallmassen an ganz aus Stein und Holz bestehenden Gebäudetheilen auftreten, denn das ganze Gebäude ist unmittelbar vor dem Blitzschlag durch Influenz elektrostatisch geladen. Die Hauptmasse der Entladung wird wohl durch den Blitzableiter abgeführt, es ist aber auch das gestörte elektrische Gleichgewicht im Gebäude und seinen Theilen wieder herzustellen. Die durch die Wolkenelektricität gebunden gewesene, im Augenblick des Blitzschlags frei gewordene Erdelektricität sucht sich plötzlich mit der vorher von ihr gegen das Erdinnere abgestoßenen wieder zu vereinigen. Hierbei ist wegen des auftretenden Widerstandes der Halbleiter Holz, Stein 2c. eine mehr oder weniger große Arbeit zu verrichten, die sich unter Umständen wie beim direkten Blitzschlag, nur in geringerem Maaße, in der Zerstörung von Dachplatten, der Beschädigung des Wand= und Deckenputzes und dergleichen äußern kann. Oefter wurde beobachtet, daß gerade diejenigen Dachplatten, über welche der Blitzableiter in geringer Entfernung hinwegführte, zertrümmert wurden, was wenigstens zum Theil auf eine Induktionswirkung des den Ableiter passirenden Blitzstromes zurückzuführen sein wird, indem nämlich nach den Hertz'schen Versuchen „Ueber sehr schnelle elektrische Schwingungen" (Wiedemann's Annalen, Band 31, 1887, S. 421) bei blitzartigen Entladungen Induktionsströme auch .in zur primären Leitung parallelen, nicht geschlossenen Strombahnen zu Stande kommen können.

Alle diese Beschädigungen sind aber meist geringfügiger Natur. Da sie überdies von jeder Feuerversicherung entschädigt werden, liegt kein Grund vor, zu deren Vermeidung das verhältnißmäßig theurere und kostspielig zu unterhaltende Netzsystem in allen Fällen in Anwendung zu bringen. Bei den meisten Gebäuden und insbesondere auch bei den verhältnißmäßig am meisten gefährdeten landwirthschaftlichen Gebäuden ist doch der Hauptzweck der Blitzableiter, ein Eindringen des Blitzes in's Innere der Gebäude und eine Zündung zu verhüten, was sich gewöhnlich mit einfacheren Mitteln, d. h. mit einer geringeren Zahl von Ableitungen erreichen läßt.

Gleichwohl ist es nicht rathsam, die Zahl der Ableitungen auf weniger als zwei zu beschränken aus folgenden Gründen:

Man ging seither bei der Konstruktion der Blitzableiter fast allgemein davon aus, daß für den kurzen stoßartigen Entladungsstrom des Blitzes die gleichen Gesetze wie für einen kontinuirlichen galvanischen Gleichstrom gelten, und schrieb das bei Blitzableitern häufig vorkommende Abspringen des Blitzes theils mangelhaften Verbindungsstellen, welche den galvanischen Strom nicht durchließen, oder solchen Erdleitungen zu, welche bei der Prüfung mit dem Galvanometer oder der Meßbrücke einen großen Erd-Uebergangswiderstand aufwiesen. Der Umstand nun, daß häufig ein Abspringen des Blitzes von Blitzableitern vorkam, bei welchen alles das vollkommen in Ordnung war, hat den englischen Physiker Oliver Lodge, Professor an der Universität in Liverpool, nach gründlichen Untersuchungen dazu geführt, die große Neigung des Blitzes zu Seiten-entladungen in Uebereinstimmung mit den bei der Entladung von Leydener Flaschen gemachten Erfahrungen in erster Linie als eine Folge der beim Durchgang des Blitzes durch den Blitzableiter auftretenden Selbstinduktion zu erklären. — Läßt man dem gewöhnlichen galvanischen Gleichstrom die Wahl zwischen mehreren Wegen, so vertheilt er sich nach dem Ohm'schen Gesetz auf dieselben genau im umgekehrten Verhältniß der vorhandenen Leitungswiderstände. Anders verhält sich die Sache bei elektrischen Funken-entladungen, wie sie auch im Blitzableiter bei Blitzschlägen auftreten. Hier hat man es nicht mit kontinuirlichen Gleichströmen, sondern mit sehr kurzen, in kleinen Bruchtheilen von Sekunden verlaufenden elektrischen Stößen oder elektrischen Schwingungen mit ungeheuer raschem Wechsel in der Stromrichtung und Spannung zu thun. Ein elektrischer Strom er-zeugt nun aber bei seinem Anfang und Ende und bei jeder Aenderung seiner Stromrichtung und Stromstärke sowohl in benachbarten Leitern als auch in seinem eigenen Leitungswege durch Induktion eine ent-gegengesetzte elektromotorische Kraft. Die Induktion im eigenen Leitungs-weg nennt man Selbstinduktion. Dieselbe ist immer so gerichtet, daß sie die Stromänderung zu hemmen sucht, sie stellt sich also dar als eine Art Beharrungsvermögen oder Trägheit und erhöht den Widerstand der Lei-tung für solche veränderliche Ströme. Uebt man z. B. auf das in einer Röhre befindliche Wasser einen schnellen Stoß aus, um es in Bewegung zu setzen, so widersteht es fast wie ein fester Körper. Ist der Druck ein sehr rascher und heftiger, so kann die Röhre platzen. Analog verhält es sich bei dem kurzen elektrischen Stoß des Blitzes, den der Blitzableiter aufzunehmen hat. Die elektromotorische Kraft, welche nöthig ist, um die durch die Selbst-induktion erzeugte Verstopfung im Blitzableiter zu überwinden, kann so groß werden, daß der Blitz unter Umständen eher den ungeheuer großen

galvanischen Widerstand einer dicken Luftschicht überwindet, als daß er dem
kontinuirlichen Blitzleiter folgt. So kann es z. B. kommen, daß bei
einem Draht, der auf zwei Wegen zu einer unterirdischen Wasserleitung
führt, von denen der eine vollständig kontinuirlich, der andere bei B
und C (Fig. 53) unterbrochen ist, ein in A einschlagender Blitz lieber
durch den unterbrochenen Leiter $ABCD$ geht und bei B und C meter-
weit die Luft durchschlägt, als daß er dem kontinuirlichen Leiter AE folgt,
welcher in Folge der vorhandenen Drahtwindungen eine große Selbstinduktion besitzt. Dieses Abspringen des Blitzes vom Blitzableiter auf
größere Metallmassen kann auf sehr weite Strecken stattfinden, wenn z. B.
die Verdrahtung der Wand- und Deckengipsung an die Stelle des unterbrochenen Leiters BC tritt.

Durch die Selbstinduktion kann aber auch bewirkt werden, daß der
Blitz von Blitzableitern, welche eine vorzügliche Erdleitung besitzen, auf
andere in der Nähe befindliche gute Leiter mit we-
niger guter oder gar keiner Erdleitung überspringt.

Der Unterschied zwischen dem gewöhnlichen
galvanischen Leitungswiderstand und dem durch die
Selbstinduktion hervorgerufenen, sogenannten schein-
baren Widerstand besteht darin, daß durch den
ersteren die Energie des Stromes entsprechend dem
Joule'schen Gesetz in Wärme umgesetzt wird, während die letztere gleichsam eine Verstopfung, eine
Gegenkraft hervorruft, und so der Grund der
großen Tendenz des Blitzes zu einem Abspringen
von anscheinend guten Blitzableitern wird.

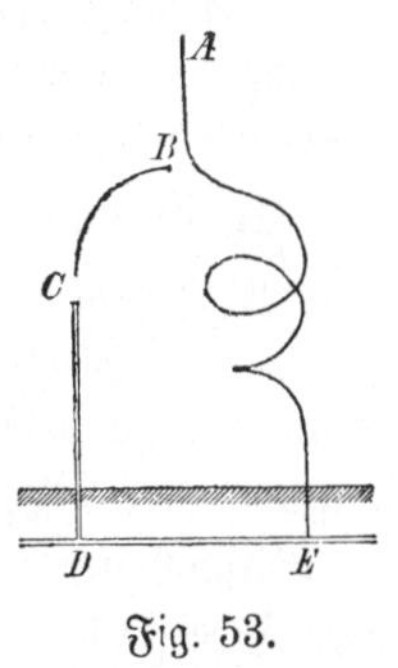

Fig. 53.

Die Ursache dieser Verstopfung ist die, daß die sehr rasch verlaufenden oscillirenden Wechselströme, wie sie bei den Funkenentladungen
von Leydener Flaschen oder von Funkeninduktorien in den Poldrähten
und sehr wahrscheinlich auch beim Durchgang des Blitzes durch den Blitzableiter auftreten, den Querschnitt der Leiter nicht gleichmäßig durchdringen, sondern vorzugsweise nur an der Oberfläche verlaufen, wie dies
durch die Hertz'schen Versuche über die Fortleitung elektrischer Wellen
durch Drähte festgestellt ist. (Wiedemann's Annalen, Bd. 37, 1889,
S. 395 und Gesammelte Werke von Heinrich Hertz, II. Bd., S. 171 ꝛc.)
Bei der Wichtigkeit der Sache dürften aus dem von Hertz Gesagten
wenigstens folgende Hauptsätze hier Platz finden:

„Fließt ein unveränderlicher elektrischer Strom in einem cylindrischen Drahte,
so erfüllt er jeden Theil des Querschnitts mit gleicher Stärke. Ist aber der Strom

veränderlich, so bewirkt die Selbstinduktion eine Abweichung von dieser einfachsten Vertheilung. Denn da die mittleren Theile des Drahtes von allen übrigen im Mittel weniger entfernt sind, als die Theile des Randes, so stellt sich die Induktion den Veränderungen des Stromes in der Mitte des Drahtes stärker entgegen als am Rande, und in Folge hiervon wird die Strömung die Randgebiete bevorzugen. Wenn der Strom seine Richtung einige Hundert Mal in der Sekunde wechselt, kann die Abweichung von der normalen Vertheilung schon nicht mehr unmerklich sein; diese Abweichung wächst schnell mit der Zahl der Stromwechsel, und wenn gar die Strömung ihre Richtung viele Millionen Mal in der Sekunde wechselt (wie dies bei gewissen Funkenentladungen der Fall ist), so muß fast das ganze Innere des Drahtes stromfrei erscheinen und die Strömung sich auf die nächste Umgebung der Grenze beschränken. Der Vorgang ist so aufzufassen, daß die elektrische Kraft, welche den Strom bedingt, sich überhaupt nicht in dem Drahte selber fortpflanzt, sondern unter allen Umständen von außen in den Draht eintritt und sich in dem Metall verhältnißmäßig langsam und nach ähnlichen Gesetzen ausbreitet, wie Temperaturänderungen in einem wärmeleitenden Körper. Es wird also, wenn die Kräfte in der Umgebung des Drahts die Richtung beständig ändern, die Wirkung dieser Kräfte sich nur auf eine sehr kleine Tiefe in das Metall hinein erstrecken; je langsamer die Schwankungen werden, desto tiefer wird die Wirkung eindringen, und wenn endlich die Aenderungen unendlich langsam erfolgen, hat die Kraft Zeit, das ganze Innere mit gleichmäßiger Stärke zu füllen."

Es ist nun zwar noch nicht allgemein anerkannt, daß die Blitze die gleichen Eigenschaften besitzen, wie die Entladungsfunken von Leydener Flaschen, es sprechen aber die Vorgänge bei zahlreichen Blitzschlägen, insbesondere die auffallende Bevorzugung großflächiger Leiter, die große Neigung des Blitzes zu Seitenentladungen bei spulenartigen Windungen im Blitzableiter, die Zersplitterung von Hölzern vorzugsweise nur an ihrer Oberfläche, die Schwärzung vergoldeter Blitzableiterspitzen und vergoldeter Kugeln von verhältnißmäßig großem Querschnitt dafür, daß wenigstens die gewöhnlichen knallartigen Zickzackblitze einen ähnlichen Charakter und ähnliche Eigenschaften besitzen, wie die künstlichen Kondensatorentladungen, während langandauernde Blitze, z. B. die still verlaufenden Flächenblitze, das Wetterleuchten und die Polarlichter elektrische Gleichströme sein mögen, wie sie ja auch bei der Entladung von Leydener Flaschen entstehen, wenn Flüssigkeitswiderstände in die Funkenstrecke eingeschaltet werden. Durch geeignete Wahl der elektrostatischen Kapacität der Blitzableiter und durch möglichste Stromtheilung, d. h. durch Anordnung mehrfacher großflächiger und möglichst geradlinig verlaufender Ableitungen, sowie durch den Anschluß aller in der Nähe befindlichen größeren Metallmassen an dieselben können sicherlich die Selbstinduktion und ihre gefährlichen Wirkungen und damit die Tendenz des Blitzes zu Seitenentladungen auf ein unschädliches Maaß zurückgeführt werden.

Es empfiehlt sich aus diesem Grunde bei Gebäudeblitzableitern die Leitungen so anzuordnen, daß der Blitz von jeder etwaigen Einschlagstelle an Gelegenheit hat, sich wenigstens nach zwei Richtungen zu verzweigen und sich bei mehrfachen Ableitungen über das ganze Leitungsnetz annähernd gleichmäßig zu vertheilen. Es ist hauptsächlich erforderlich, daß die Firstleitungen an beiden Enden eine Fortsetzung zur Erde finden, dort, wo dies nicht der Fall ist, besteht die Gefahr des Abspringens des Blitzes auf das Haus, wie die Beispiele Nr. 8, 10, 45 und 46 oben S. 17, 19, 37 u. 38 zeigen.

Leitungen, in welchen der Blitz Gelegenheit hat, sich zu verzweigen, haben zugleich den Vortheil, daß sie entsprechend schwächer gehalten werden können als einfache Ableitungen, wodurch die Montirung eine leichtere und billigere wird, und daß Mängel in der Erdleitung weniger nachtheilig wirken.

Nur bei Fabrikschornsteinen, wo die Gefahr des Abspringens eine geringere ist, und die Entzündungsgefahr ganz in Wegfall kommt, kann man sich zur Noth auch mit einer einzigen entsprechend großflächigen Ableitung bei Vorhandensein einer guten Erdleitung begnügen.

Die großflächigen band- und blechförmigen Leiter sind runden Massivdrähten gleichen Querschnitts vorzuziehen; z. B. die hohlen Regenabfallrohre aus Blech bieten dem Blitz einen fast ebenso geringen Widerstand dar, wie voll gegossene Metallstücke gleichen Durchmessers. Diese Annahme, von welcher auch die österreichische Instruktion über die Herstellung von Blitzableitern auf Militairgebäuden ausgeht, findet ihre Bestätigung in der thatsächlichen großen Bevorzugung der Regenabfallrohre als Blitzweg, und wie die Beispiele oben S. 11 u. s. w. beweisen, in der sehr häufigen unschädlichen Ableitung des Blitzes durch dieselben, auch wenn ein vollkommener metallischer Zusammenhang ihrer einzelnen Theile nicht besteht und keinerlei Erdleitung im gewöhnlichen Sinne des Wortes vorhanden ist.

An der Zahl der Ableitungen und damit an Kosten kann unbeschadet der Wirksamkeit der Blitzableiter gespart werden bei der komplex- bezw. gemeindeweisen Herstellung von Blitzableitern. Es können die Auffangleitungen hierbei ununterbrochen über ganze Häuserreihen hinweggeführt und jedes Haus nur mit einem Ableiter versehen werden. Unter Umständen kann auch, worauf Professor Dr. Koch in der Elektrotechnischen Zeitschrift 1897, S. 639 aufmerksam gemacht hat, bei elektrischen Centralen, welche nach dem Dreileitersystem angelegt sind, der

an Erde gelegte blanke Mittelleiter, über die wahrscheinlichen Einschlag=
stellen der Häuser hinweggeführt, als gemeinsamer Blitzableiter dienen,
wofern er genügenden Querschnitt besitzt. Es ist nicht erforderlich, daß
der Blitz von der Einschlagstelle an immer auf dem kürzesten Weg zur
Erde geleitet wird; die auf diese Weise bewirkte Verminderung des gal=
vanischen Leitungswiderstandes ist so gering, daß dieselbe für die Zwecke
der Blitzableitung außer Betracht bleiben kann, dagegen ist es wichtig, zu
scharfe Ecken, spitze Winkel, viele Krümmungen in der Leitung und ein
abwechslungsweises Auf= und Abführen derselben, ohne daß von der tiefsten
Stelle eine Ableitung zur Erde geht, möglichst zu vermeiden wegen der
hierdurch bedingten Erhöhung der Selbstinduktion.

Bei Draht= und Drahtseilleitungen sind Abbiegungen und Abzweig=
ungen thunlichst mit bogenförmigen Uebergängen mit Halbmessern von
wenigstens 5 cm zu versehen, dagegen sind rechtwinklige Abzweigungen bei
breiten band= und blechförmigen Leitern ungefährlich. Unter allen Um=
ständen sind spiralförmige oder schleifenartige Windungen, wie früher näher
begründet, in den Leitungen zu vermeiden. Es empfiehlt sich deshalb
auch, die Leitung über weit ausladende Gesimse nicht im Bogen, sondern
unter Durchbrechung derselben senkrecht durch sie hindurchzuführen. Wenn
Schornsteine, Thürmchen oder Dachreiter den First durchdringen, so darf
die Firstleitung nicht durch Auf= und Abwärtsbewegung über dieselben
hinweggeführt werden, sondern sie ist seitlich an denselben herumzuführen,
und sind zum Schutz der überhöhenden Gebäudetheile, falls sie nicht durch
Auffangstangen geschützt werden, besondere Leitungen von der Hauptleitung
abzuzweigen.

Bei komplicirten Dachformen mit verschieden hohen Dächern dürfen
die Fangleitungen der niederen Dächer nicht zu höheren aufsteigen, ohne
daß am untern Bruchpunkt eine Ableitung angebracht wird.

Befindet sich an einem Gebäude oder in unmittelbarer Nähe desselben
in der Erde irgend eine dauernd feuchte Stelle, oder sonst ein besonderer
Anziehungspunkt, eine feuchte Stallwand, Düngerstätte, Gas= oder Wasser=
leitung, so ist wenigstens eine der Ableitungen in unmittelbarer Nähe
jener Stelle herabzuführen, in Ermangelung einer solchen besonderen An=
ziehungsstelle ist wenigstens eine Ableitung an die Wetterseite zu legen.
Im Uebrigen sind die Ableitungen möglichst gleichmäßig auf die einzelnen
Gebäudeseiten zu vertheilen.

Die ganze Luftleitung ist so zu führen, daß sie dem Auge stets zugäng=
lich bleibt, so daß schadhafte Stellen leicht erkannt und reparirt werden

können. Es ist deshalb auch nicht rathsam, künstliche Leitungen in den Wandverputz einzubetten.

Das Wichtigste bei einer Blitzableiteranlage ist eine richtige Vertheilung und Führung der Leitungen, so daß sie eine große Oberfläche und möglichst wenig Selbstinduktion besitzen. Es ist deshalb für jeden, der sich mit der selbstständigen Ausführung von Blitzableitern befassen will, erforderlich, daß er sich mit den oben angegebenen Regeln möglichst vertraut macht.

V. Auffangvorrichtungen.

a. Allgemeiner Theil.

Die Einschlagstelle für den Blitz befindet sich, wie früher bemerkt, in der Regel in einer höchstgelegenen Spitze, Ecke oder Kante der Gebäude, weil dort unter der Einwirkung der Gewitterwolken die verhältnißmäßig größte Elektricitätsansammlung stattfindet und die Schlagweite am geringsten ist.

Bei ungeschützten Gebäuden bilden die über die Dachflächen sich erhebenden Schornsteinköpfe und Thurmspitzen und in Ermangelung solcher die Giebelspitzen und Firstkanten die beliebtesten Einschlagstellen. Es bedürfen deshalb diese Stellen in erster Linie eines Schutzes entweder durch über sie hinweggeführte metallische Leitungen oder durch Auffangstangen.

Der unmittelbare Schutz jener gefährdeten Stellen durch über sie hinweggeführte Leitungen oder durch in ihnen selbst errichtete Auffangstangen ist sicherer als derjenige durch entferntere Auffangstangen. Es sind wiederholt Fälle vorgekommen, daß Gebäudetheile, welche sich innerhalb des sogenannten einfachen Schutzraums einer Auffangstange befanden, vom Blitz getroffen worden sind.

Der Schutz der Auffangstangen versagt hauptsächlich bei großen Höhendifferenzen.

Unter dem Schutzraum einer Auffangstange versteht man einen kegelförmigen Raum, dessen Spitze mit der Blitzableiterspitze zusammenfällt. Je nachdem der Halbmesser der kreisförmigen Grundfläche des Kegels das Einfache, Doppelte oder Dreifache der Höhe des Kegels beträgt, spricht man von einem einfachen, doppelten oder dreifachen Schutzraum und wird gewöhnlich beansprucht, daß alle höchstgelegenen Gebäudeecken sich noch im einfachen, alle höchstgelegenen Kanten im doppelten und die Dach=

flächen noch im dreifachen Schutzraum einer Auffangstangenspitze be=
finden.

Diese Regeln bieten wohl den Blitzableitersetzern willkommene An=
haltspunkte, sie lassen sich aber weder durch die Wissenschaft, noch durch
die Erfahrung begründen. Ihre schablonenmäßige Anwendung müssen die
Gebäudebesitzer oft mit unverhältnißmäßig großen Kosten bezahlen, wäh=
rend sie auf andere einfachere Weise einen sichereren Schutz erhalten
würden.

Obige Regeln über den Schutzraum sind ungenügend, weil sie die
größere oder geringere Anziehungskraft der einzelnen Gebäudetheile für den
Blitz je nach ihrem Material, ihrer Masse und ihrer leitenden Verbindung
mit der Erde außer Acht lassen. Es ist ein großer Unterschied, ob eine Auf=
fangstange nur Gebäudetheile aus Stein, Holz oder Stroh, oder solche mit
größeren Eisenmassen zu schützen hat.

Keinesfalls ist eine Kegelfläche die richtige Begrenzung des Schutz=
raumes. In gleicher oder annähernd gleicher Höhe mit der Auffangspitze
kann dieselbe weniger gutleitende Gebäudetheile unter Umständen mehrere
Meter weit schützen, während sie entferntere, gutleitende Gebäudetheile,
auch wenn sie sich innerhalb des einfachen Schutzraumes befinden, nicht
sicher schützt.

Da bei nicht geschützten Gebäuden der Blitz gewöhnlich dort nicht ein=
schlagen würde, wo man die Auffangstangen nur des guten Aussehens und
der Symmetrie halber hinstellt, sondern in eine Giebelspitze oder in einen
Schornsteinkopf, und da es riskirt ist, diese gefährdetsten Stellen auch nur
dem einfachen Schutzraum einer entfernteren Auffangstange anzuvertrauen,
so ist es unter allen Umständen besser, diese Stellen durch über sie hinweg=
geführte Leitungen oder durch in ihnen errichtete Auffangstangen un=
mittelbar zu schützen. Neben den die Dachflächen überragenden Gebäude=
theilen, hauptsächlich den Schornsteinen, welche die Firstkanten überragen,
bilden die letzteren und insbesondere die Endpunkte derselben, die Giebel=
oder Walmenspitzen die beliebtesten Einschlagstellen, und sind deshalb auch
diese auf alle Fälle durch darüber hinweggeführte Leitungen oder in ihnen
errichtete Auffangstangen zu schützen. Es kann aber auch vorkommen, daß
die Traufkanten und die Giebelkanten die Einschlagstellen bilden. Diese
Möglichkeit ist bei in der Ebene stehenden Gebäuden in Betracht zu ziehen,
sobald der Winkel α (Fig. 54, S. 70), welchen die Dachflächen mit den Um=
fassungswänden bilden, gleich oder kleiner ist, als der Giebelwinkel β,
d. h. sobald der Dachneigungswinkel gleich oder kleiner als 30° ist, denn
es kann in diesem Fall die durch Influenz der von der Seite her kommenden

Gewitterwolken in der Traufkante erregte Elektricitätsmenge über diejenige in der Firstkante überwiegen, und wird daher durch schräg einfallende Blitze die Traufkante als Einschlagstelle vor der Firstkante bevorzugt werden

können, eine Möglichkeit, die zwar selten eintritt, aber überall da, wo ein voll= kommener Blitzschutz beansprucht wird, nicht außer Acht gelassen werden darf. Es sind also bei flacheren Dächern auch die Traufkanten durch längs derselben geführte Leitungen zu schützen, was sich

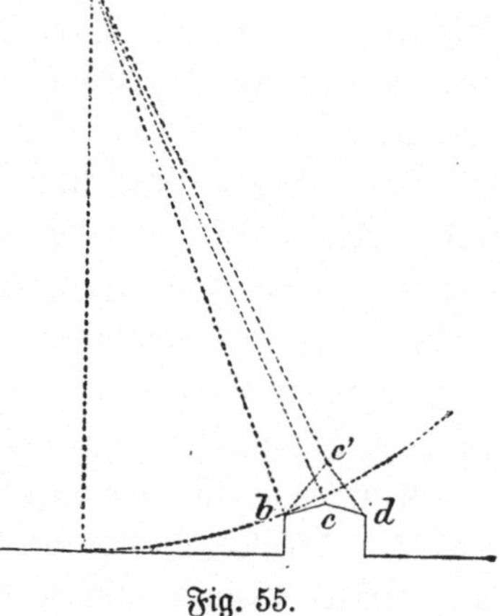

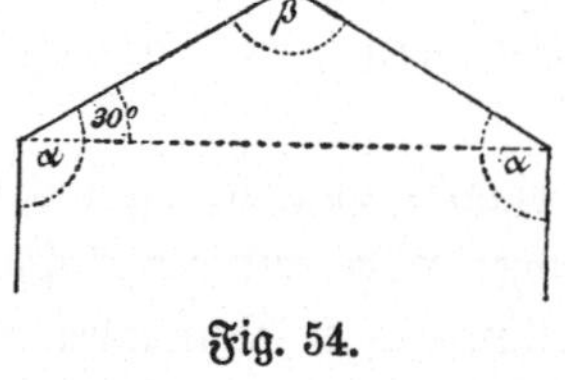

Fig. 54.

Fig. 55.

aber meist sehr einfach gestaltet, indem die dort gewöhnlich vorhandenen metallenen Dachrinnen die Anbringung einer besonderen künstlichen Leitung entbehrlich machen.

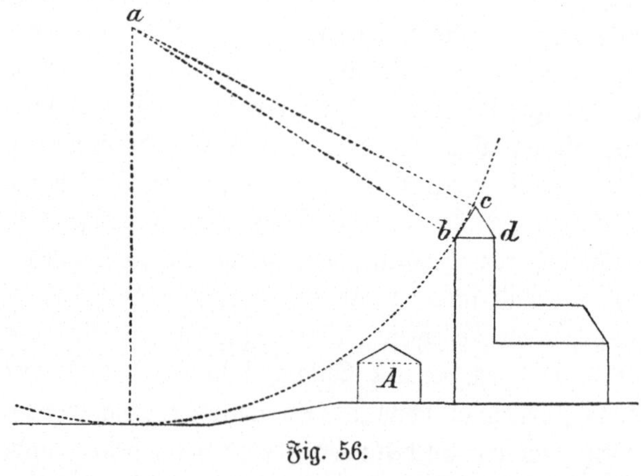

Fig. 56.

Bei flachen, unter weniger als 30° geneigten Dächern sind auch die Giebelkanten gefährdet und bedürfen deshalb auch diese eines besonderen Schutzes.

Diese Regeln gelten jedoch nur für gewöhnliche in der Ebene befindliche Gebäude von normaler Höhe. Bei hohen Gebäuden und Thürmen machen auch steilere als unter 30° (gegen den Horizont) geneigte Dach= flächen einen Trauf= und Giebelkantenschutz erforderlich. Man hat näm= lich mit der Möglichkeit zu rechnen, daß sich manche Gewitterwolken nicht viel höher als 100 m über der Erdoberfläche bewegen, und daß bei starkem Winde der Fall der Regentropfen und damit der Blitzweg durch die Luft von der senkrechten Richtung bedeutend abweicht.

Bei verhältnißmäßig niederen Gebäuden, wie in Fig. 55, ist die Mög= lichkeit, daß der Blitz ebenso leicht in b wie in c einschlägt, nur wenn sie flache Dächer besitzen, vorhanden, weil hier $ab =$ oder $< ac$ ist. Bei steilen Dächern ist der Blitzweg ac' kleiner als ab; da nun nach dem Cou= lomb'schen Gesetz die Anziehungskraft ungleichnamiger Elektricitätsmengen proportional ihrem Produkt und umgekehrt proportional dem Quadrat ihrer Entfernung ist, so wird unter sonst gleichen Verhältnissen die First= kante c' als Einschlagstelle vor der Traufkante b bevorzugt werden.

Anders verhält es sich bei hohen Gebäuden und bei niederem Stand der Gewitterwolken, wie in Fig. 56.

Hier ist auch bei steileren Dächern der Weg ab kleiner als ac, es liegt daher auch hier die Gefahr nahe, daß die Traufkante als Einschlag= stelle vor der Firstkante bevorzugt wird.

Dasselbe trifft zu, wenn ein niederes Gebäude auf einer Anhöhe steht (siehe Fig. 57 S. 72), und in erhöhtem Maaße ist dies der Fall, wenn ein hohes Gebäude auf einer Anhöhe in der Nähe des der herr= schenden Gewitterrichtung zugekehrten Abhangs steht.

Nach diesen Erwägungen ist zu empfehlen, die Trauf= und Giebel= kanten oder Gräte von Kirchthurmpyramiden, deren Dachneigungswinkel weniger als 60° beträgt, durch besondere Fangleitungen zu schützen, ebenso bei Gebäuden jeder Art, welche auf einer Anhöhe und in der Nähe eines der Wetterseite zugekehrten Bergabhanges stehen. Aus Fig. 56 ist ersicht= lich, daß niedere Gebäude in unmittelbarer Nähe eines hohen, und aus Fig. 57 (S. 72), daß tiefgelegene Gebäude im Vergleich zu hochgelegenen verhältnißmäßig geschützter gegen Blitzschlag sind, als Gebäude in anderen Lagen. Auf einen absolut sicheren Schutz kann aber auch in diesen Fällen nicht gerechnet werden, wie die oben S. 26, 31 u. 38 angeführten Beispiele beweisen. Die Fig. 55—57 lassen zugleich erkennen, daß der Schutzraum von Auffangstangen, soweit man überhaupt die Existenz eines solchen aner= kennen kann, bei hohen und hochgelegenen Gebäuden ein geringerer ist, als bei niederen und tiefgelegenen Gebäuden.

In die Dachflächen selbst schlägt der Blitz äußerst selten, und wird dies noch weniger eintreffen, wenn alle hochgelegenen Dachkanten und Ecken mit metallischen Leitungen armirt sind, welche eine größere Anziehung auf den Blitz ausüben müssen, als die gewöhnlichen, nicht metallischen Dachkanten und Ecken. Die Möglichkeit des Einschlags in die Dachfläche besteht aber immerhin dann, wenn sich an einer Stelle derselben irgend ein besonderer Anziehungspunkt, z. B. eine größere Metallmasse befindet, oder wenn ein Baum mit seinen Zweigen jener Stelle nahe kommt, oder sie berührt. Auch solche Stellen sind sodann durch Fangleitungen oder Auffangstangen zu schützen.

Unter Berücksichtigung aller dieser Umstände hat man in jedem einzelnen Fall zu erwägen, welche Punkte an dem zu schützenden Gebäude

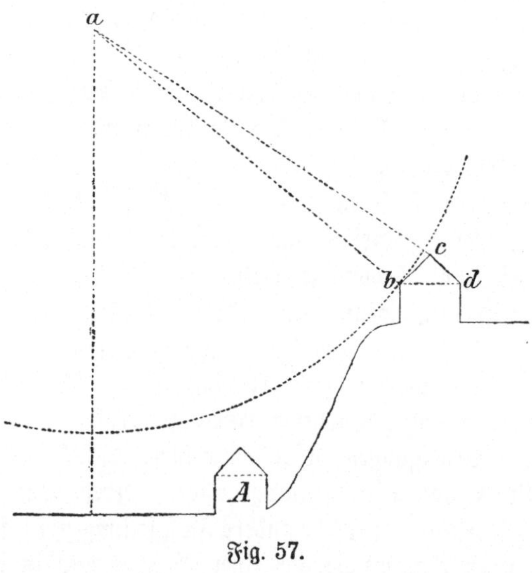

Fig. 57.

die wahrscheinlichen Blitzeinschlagstellen bilden können. Man wird daher bei Gebäuden, wo es auf einen vollkommen sicheren Schutz ankommt, im Zweifelsfall, und wenn die Kosten nicht gespart zu werden brauchen, lieber zu viel als zu wenig thun und nicht bloß alle die Dachflächen überragenden Gebäudeteile und die Firstkanten sondern auch die Giebel- und Traufkanten und etwaige sonstige wahrscheinliche Anziehungsstellen in den Dachflächen durch Fangleitungen schützen. Bei geschickter Benutzung vorhandener, metallener Dachkantenverwahrungen, Dachrinnen und Abfallrohre wird man aber auch trotz dieser vermehrten Leitungen gewöhnlich mit viel geringeren Kosten auskommen, als bei Anwendung der sonst

üblichen hohen, freistehenden Auffangstangen mit Kupfer= und Edelmetall=
spitzen und bei Anordnung kostspieliger, künstlicher Leitungen.

Bei komplicirten Dachformen, bei flachen Dächern und solchen mit
einer größeren Zahl über die Dachflächen sich erhebender Schornsteine,
stehender Dachfenster, Thürmchen und dergl. und da, wo sich an ver=
schiedenen Stellen unter den Dachflächen besondere Anziehungspunkte be=
finden, kann man nach wie vor von der Anbringung selbstständiger Auf=
fangstangen mit Vortheil Gebrauch machen, wobei man denselben aber
immerhin nur einen ganz beschränkten Schutzraum im Umkreis von
wenigen Metern anvertrauen darf, und das auch nur, wenn es sich
um den Schutz nicht metallischer Gebäudetheile handelt. Solche Gebäude=
theile sind möglichst mit besonderen Leitungen zu versehen, und an
das Blitzableiternetz anzuschließen, bezw. in dasselbe einzuschalten. Auch
aus architektonischen Gründen mag in manchen Fällen, insbesondere
bei Kirchen und sonstigen Monumentalbauten, die Anwendung besonderer
Auffangstangen am Platze sein, wie denn auch vorhandene Thurmkreuze,
Windfahnen und Flaggenstöcke zweckmäßig als Auffangstangen benützt
werden können. Da alle hoch gelegenen, irgend wie geformten Metall=
massen, selbst wenn sie mit der Erde in schlecht leitender Verbindung
stehen, geeignet sind, den Blitz wenigstens im Umkreis von einigen Me=
tern auf sich abzulenken, wie dies erfahrungsgemäß besonders häufig bei
den über den Giebelspitzen der Gebäude angebrachten Windfahnen der
Fall ist, so erscheint es nicht unzweckmäßig, bei der Herstellung von Blitz=
ableitern auf die Anbringung solcher Windfahnen, kleiner Auffangstangen
oder anderer beliebig geformter größerer Metallmassen an den wahrschein=
lichsten Blitzeinschlagstellen Bedacht zu nehmen; auf sie allein sich zu ver=
lassen, ohne auch die übrigen wahrscheinlichen Einschlagstellen, insbesondere
die Firstkanten ihrer ganzen Länge nach unmittelbar zu schützen, ist jedoch
nicht rathsam.

Strenge allgemein gültige Regeln für die Größe des Schutzraumes
lassen sich zur Zeit und wohl auch in nächster Zukunft nicht aufstellen.
Aus dem Coulomb'schen Gesetz könnte zwar geschlossen werden, daß
hohe Auffangstangen einen beträchtlich größeren Schutzraum haben als
niedere, das trifft aber nicht zu. — Bei einer 5 m hohen Auffang=
stange z. B. würde sich für den wohl häufig vorkommenden Fall, daß
die Entfernung der Gewitterwolke 1000 m beträgt und unter der un=
günstigsten Annahme, daß der zu schützende Punkt ebenfalls Spitzen=
form, gleichgroße Kapacität, gleichgute Leitungsfähigkeit und leitende Ver=
bindung mit der Erde besitzt wie die Auffangstange, eine Ueberlegenheit

der Anziehungskraft der letzteren über die erstere um nur ca. 1 %/_0 er=
geben, welche geringe Ueberlegenheit verschwindet gegenüber der bedeutenden
Ueberlegenheit der Anziehungskraft von Metallmassen über diejenige an=
derer weniger gutleitender Gebäudetheile, die ihrerseits darauf beruht,
daß die vertheilende Wirkung der Gewitterwolken auf die elektrischen Massen
der gutleitenden Metalle, vollends wenn sie mit der Erde in gut=
leitender Verbindung stehen, eine bedeutend größere ist, als dies bei
den weniger gutleitenden Baumaterialien, Stein, Holz und dergl. der
Fall ist.

Je größer die elektrostatische Kapacität der Metallmassen und je
besser ihre leitende Verbindung mit der Erde ist, um so befähigter sind
sie, den Blitz von andern in der Nähe befindlichen, weniger gutleitenden
Gebäudetheilen auf sich abzulenken, und ist die Größe der Ueberragung
über letztere von untergeordneter Bedeutung. Es genügt, die Auffang=
stangen, wo man solche nicht entbehren zu können glaubt, die zu schützenden
Punkte nur um wenige Decimeter überragen zu lassen, wie dies in Belgien,
England und Amerika allgemein üblich ist.

Maxwell verwirft die Anwendung von Auffangstangen ganz, weil
sie nur die Blitzeinschlagsgefahr für das betreffende Gebäude erhöhen,
sonst aber bei entsprechender Anordnung des Leitungsnetzes keinen prakti=
schen Werth hätten. (Vgl. Nature XIV, 1876, p. 479.)

Der englische Physiker Snow Harris, nach dessen bewährten Vor=
schlägen in England hauptsächlich die Schiffsblitzableiter hergestellt werden,
spricht sich auf Grund seiner zahlreichen bei Blitzschlägen in Schiffe ge=
machten Erfahrungen in seinem Werk: On the nature of thunder-
storms p. 117 über den Auffangstangenschutz folgendermaßen aus:

„Der von Gay=Lussac und der französischen Akademie der Wissenschaften den
Auffangstangen zugeschriebene Schutzraum hat keine Gültigkeit. Alle Erfahrungen,
die wir über die Funktion der Blitzableiterauffangstangen haben, führen zu dem
Schluß, daß sie nur einen ganz geringen Einfluß auf den Weg des Blitzes aus=
üben, und daß sie eigentlich keine weitere Wirkung haben, als daß sie dem ohnehin
an jener Stelle einschlagenden Blitz einen widerstandslosen Weg zur Erde bieten.“

Melsens begründet in seinen „Notes et commentaires“ S. 108
die Anwendung niederer Auffangstangen folgendermaßen:

„Ich stützte mich auf die Coulomb'schen Gesetze und den Vergleich der Höhe
der Wolken mit der Länge der Auffangstangen. So gelangte ich zu dem Schluß,
daß die Länge der Auffangstangen von untergeordneter Bedeutung ist, weil sich das
Vorhandensein eines Schutzraums nicht unwiderleglich beweisen läßt, und weil bei
der großen Entfernung der Gewitterwolken die Höhe der Auffangstangen als eine
jener verschwindend kleinen Größen anzusehen ist, welche, da sie auf das endgültige

Rechnungsresultat keinen Einfluß ausüben, von den Geometern in der Regel unbeachtet bleiben."

In seinem zweiten im Jahre 1888 vor der Society of arts in London gehaltenen Vortrag über Blitzableiter sagte Professor Dr. Oliver Lodge über die Auffangstangen u. a.:

„Ich würde keine über die höchsten Stellen der Gebäude sich erhebenden Auffangstangen anwenden, weil man dadurch Entladungen provocirt, die sonst nicht stattfinden würden, und das nur in der Absicht einen Schutzraum zu erzeugen, der nicht existirt."

Die deutsche und österreichische Militärverwaltung verzichten gerade bei den gefährlichsten Gebäuden, den Pulvermagazinen, auf die Anbringung irgend welcher Auffangstangen auf den zu schützenden Gebäuden selbst und in deren Umgebung, und begnügen sich mit nach Faraday'schem Princip käfigartig über die Gebäude gezogenen Drahtseilen. Solche Blitzableiter werden neuerdings von der österreichischen Militairverwaltung auf dem Hochplateau des Karstgebirges, wo sich wegen des felsigen Bodens der Franklin'sche Blitzableiter nicht bewährt hatte, allgemein für Militärgebäude in Anwendung gebracht. Dieselben haben sich bereits bei einer Reihe von Blitzschlägen als vollkommen wirksam erwiesen.

Ob die Auffangstangen oben spitzig, büschelförmig, stumpf, kugeloder ovoidförmig endigen, ist von untergeordneter Bedeutung. Die bekannte Autorität auf dem Gebiete des Blitzableiterwesens, Professor Dr. Neesen an der Kgl. Universität und der vereinigten Artillerie- und Ingenieurschule zu Berlin, sprach sich in der Sitzung des Elektrotechnischen Vereins am 25. Mai 1897 über diesen Punkt folgendermaßen aus:

„Die Fangstange kann nur den Zweck haben, die Entladung auf sich hinzuwenden. Ist es nun vielleicht vortheilhaft, um dieses möglichst sicher zu erreichen, solche Fangstangen spitz oder stumpf oder kugelig zu machen? Werner v. Siemens war der Ansicht, es sei zweckmäßig, sie kugelförmig zu machen. Ich glaube, man wird im Allgemeinen gar nicht die Frage beantworten können; denn es ist ja bekannt, daß die Leichtigkeit, mit der der Funke überspringt, ganz abhängt von dem Vorzeichen der Elektricität, also wie die Wolken gerade geladen sind; sind sie zufällig negativ geladen, so wird eine Spitze leichter aufnehmen; sind sie aber positiv geladen, so wird es vortheilhafter sein, nicht eine Spitze, sondern eine Fläche zu nehmen. Aus diesem Grunde soll man auf die Gestalt der Spitze gar nichts geben.

Die Spitze soll den Blitzschlag auf sich ziehen, und da muß natürlich die Spitze oder Fangstange so angeordnet sein, daß die Entladung immer leichter nach der Fangstange wie nach irgend einem anderen Theile des Gebäudes hingeht. Die Erfahrungen haben nun, glaube ich, zur Genüge gezeigt, daß der alte Blitzableiter mit seinem Schutzkreise absolut nicht genügt; ich stehe vollständig auf dem Standpunkt von Melsens, nach welchem man jeden besonders gefährdeten Theil des Gebäudes durch besondere Leitung schützen soll. Dabei kommt es aber meiner Ansicht nach gar nicht darauf an, daß dieser Theil nun immer durch eine aufrecht stehende Stange geschützt ist; der First eines Daches ist meines Erachtens ebenso geschützt, wenn darüber eine einfache Leitung hinweggeht. Natürlich wird man bei aufragenden Theilen, wie Schornsteinen, eine Stange nehmen müssen, die etwa einen halben Meter über den Schornstein hinüberreicht. Ich habe bisher bei Blitzableitern, welche so konstruirt sind, absolut noch keine trüben Erfahrungen gemacht. Nach meiner Ansicht soll man die großen Fangstangen durchaus weglassen; hierdurch wird die Anlage der Blitzableiter auch noch wesentlich billiger."

Besonders beachtenswerth sind die Versuche, welche Professor Oliver Lodge im Jahre 1888 der Society of arts und im Jahre 1889 der Institution of Electrical Engineers in London vorgeführt hat. Er nimmt nach den bei vielen Blitzschlägen gemachten Erfahrungen an, daß die Blitze ähnliche Eigenschaften besitzen und ähnlichen Gesetzen folgen, wie die Entladungen von Leydener Flaschen und unterscheidet zwei Hauptarten von Blitzschlägen:

1. solche, wobei die Bahn unmittelbar vor dem Zustandekommen des Blitzes durch Influenz der allmählich anwachsenden Wolkenelektricität geregelt wird;

2. solche, welche die Folge einer plötzlich eingetretenen Spannung zwischen Wolke und Erde sind, wobei eine langsame Vorbereitung der Entladungsbahn durch Influenz nicht möglich gewesen ist.

Dem ersten seither bei der Konstruktion der Blitzableiter ausschließlich in Betracht gezogenen Fall entspricht die in Fig. 58 getroffene Anordnung.

W und *E* sind zwei Metallplatten und stellen, die obere eine Gewitterwolke, die untere die Erde dar. Mit der unteren Platte in Verbindung stehen drei Leiter, der eine endigt oben in eine große Kugel, der andere in eine kleine Kugel und der dritte in eine Spitze. Ladet man nun mit einer gewöhnlichen Elektrisirmaschine eine Leydener Flasche, deren innere Belegung mit der oberen Platte und deren äußere Belegung mit der unteren Platte in Verbindung steht, allmählich so stark bis sie sich entladet, so bilden sich, wenn die obere Platte positiv, die untere negativ geladen ist, elektrische Lichtbüschel an den Kugeln und der Spitze. Das verschiedene Ausströmen der Elektricität aus den Kugeln und der Spitze verhindert das Zustandekommen größerer Funken oder starker Blitze, und großer Knopf, kleiner Knopf und Spitze werden trotz ungleichen Abstandes von der Wolke ziemlich gleich oft getroffen. Ladet man aber die obere Platte negativ, so wird die Tendenz zur Bildung elektrischer Lichtbüschel, und das allmähliche Ausströmen der Erdelektricität bedeutend vermindert und man erhält große Funken. Die Funken sprangen noch auf die Spitze

über, wenn sie acht mal, und auf die kleine Kugel, wenn sie dreimal
weiter von der oberen Platte entfernt war, als die große Kugel, wonach
also für solche Fälle spitzige Auffangstellen einen größeren Schutzraum
besitzen würden, als kugelige oder flächenförmige. Die Einschaltung eines
größeren Widerstandes in einen der Leiter ändert nichts an der Funken=
länge.

Der Funken= oder Blitzweg wird in diesem Fall in der Luft durch
Influenz vorbereitet, und die Leitungswiderstände, welche die Entladungen
zu überwinden haben, erzeugen keinen Unterschied in der Schlagweite, voraus=
gesetzt, daß sie nicht allzu groß sind. Aber obgleich der Leitungswider=
stand keinen Unterschied in der Funkenlänge erzeugt, wird doch das Ge=
räusch und die Heftigkeit des Funkens beträchtlich vermindert. Ein solcher
Widerstand ist vergleichbar mit einer schlechten Erdleitung, und würde
für diesen Fall eine schlechte Erdleitung also geradezu von Vortheil sein,
wofern sie nicht zu Seitenentladungen Anlaß gäbe, weil sie weniger heftige

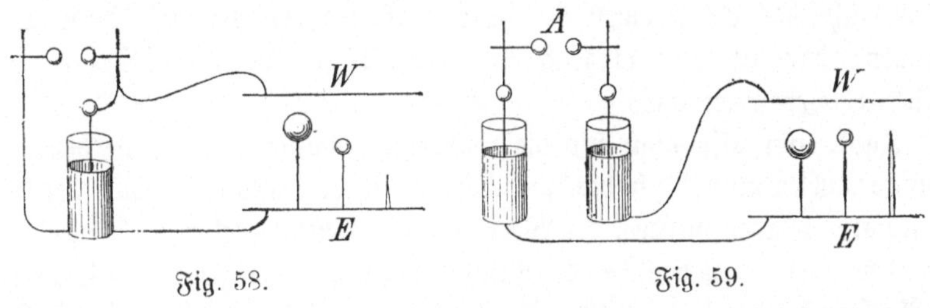

Fig. 58.   Fig. 59.

Blitzschläge zu Stande kommen ließe und zugleich auf die Größe des
Schutzraumes der Auffangstangen ohne nachtheiligen Einfluß wäre. Be=
trachten wir nun aber auch den anderen Fall, nämlich denjenigen einer
impulsiven Entladung, wie sie Lodge bezeichnet. Es besteht hier kein,
oder wenigstens kein beträchtlicher Spannungsunterschied zwischen Wolke
und Erde unmittelbar vor dem Zustandekommen des Blitzes bezw.
zwischen W und E (Fig. 59) vor dem Zustandekommen der Entladung
der Leydener Flaschen. Die Flaschen werden, wie im ersten Fall, all=
mählich durch die Elektrisirmaschine geladen, sie entladen sich schließlich
in A. Hierbei werden die vorher gebunden gewesenen ungleichartigen
Elektricitäten der äußeren Flaschenbelegungen plötzlich frei, und es findet
bei genügender Annäherung der Kugeln und der Spitze an W eine heftige
Funkenentladung statt, aber die Verhältnisse liegen jetzt ganz anders als im
vorigen Fall. Die Spitze schützt nicht mehr die kleine Kugel und die kleine
Kugel nicht mehr die große, alle drei Leiter werden, falls sie gleiche

Leitungsfähigkeit besitzen, gleich gut getroffen, wenn sie sich in gleicher Höhe befinden, bei verschiedener Höhe wird immer nur der Höchste ganz ohne Rücksicht auf seine Form getroffen. Macht man einen derselben durch Einschaltung eines Widerstandes zu einem schlechten Leiter, so ist seine schützende Wirkung zerstört, auch wenn er höher als die beiden anderen ist. In diesem Fall wird also der Schutzraum durch eine schlechte Erdleitung beeinträchtigt und durch eine gute erhöht. Solche impulsive Blitze können eintreten, wenn sich eine Wolke in eine darunter befindliche andere entladet. Dabei kann zwischen der unteren Wolke und der Erde plötzlich eine solche Spannungsdifferenz entstehen, daß unmittel=bar nach dem ersten zwischen den beiden Wolken stattfindenden Blitz ein zweiter zwischen der unteren Wolke und der Erde zu Stande kommt. In diesem Fall werden die höchsten Gegenstände und die besten Leiter getroffen, ganz ohne Rücksicht auf ihre Form, und ist es also gleichgültig, wie die Auffangstangen oben endigen, dagegen ist es von Werth, daß sie eine gute Erdleitung besitzen. Der Blitz hat hier keine Zeit, elektrische Lichtbüschel, ein allmähliches Ausströmen der durch Influenz erregten Erdelektricität zu erzeugen; das ist nur möglich im ersten Fall, wo der Blitzweg durch Influenz vorbereitet wird.

Kann nun also auch für die immerhin möglichen Fälle, in denen die Gewitterwolken allmählich bis zum Eintritt ihrer Entladung nach der Erde hin negativ geladen werden, der Werth spitziger Auffangstellen nicht in Abrede gestellt werden, so ist doch der die Blitzableiteranlage vertheuernden Endigung der Auffangstangen in vergoldete Kupferspitzen mit Platinnadeln oder Silber=spitzen ein praktischer Werth nicht beizumessen. Es ist unbegründet, etwa deshalb Edelmetallspitzen anzuwenden, weil man von solchen länger blank bleibenden Spitzen eine größere Anziehung des Blitzes, eine Erhöhung des Schutzraumes erhofft. Eine Oxydschicht, selbst eine Farbschicht an der Blitzableiterspitze bildet so gut wie kein Hinderniß für den Blitz, der den Widerstand von Hunderten von Metern schlecht leitender Luft vorher zu überwinden hat, und kann daher von einer nennenswerthen Vergrößerung des Schutzraumes einer Auffangstangenspitze durch deren dauernde Blank=erhaltung nicht gesprochen werden.

Was die vermeintliche präventive Wirkung der Auffangstangenspitzen betrifft, d. h. die Möglichkeit einer langsamen, stillen Entladung, sodaß ein Blitzschlag überhaupt nicht zu Stande kommt, von welcher Möglichkeit auch Franklin ausging, so erweist sich diese Annahme nach der württem=bergischen Statistik nicht als begründet. Es ergiebt sich nämlich hiernach ein annähernd gleicher Procentsatz von Blitzschlägen in Gebäude mit Blitz=

ableitern und in Gebäude ohne Blitzableiter, diejenigen der ersten Art, welche, da sie schadlos verliefen, nicht zur Anzeige kamen, gar nicht gerechnet. Auch die Vorgänge bei Hunderten von Blitzschlägen in ungeschützte Gebäude weisen darauf hin, daß ein Blitzableiter nichts weiter, als den Blitz, der das Gebäude ohnehin treffen würde, auffangen und ableiten kann. Wenn eine Spitzenwirkung in dem seither angenommenen Maaße bestände, so müßte z. B. auch in Wäldern, die ja mit unendlich viel natürlichen Auffangspitzen versehen sind, und in ihrer Umgebung die Blitzgefahr eine auffallend geringe sein, was aber auch nach der in dieser Beziehung sorgfältig angestellten württembergischen Statistik nicht der Fall ist. Auch würde in Städten mit ihren vielen metallenen Dachspitzen, den zahllosen Spitzen eiserner Einfriedigungen und Geländer, den vielen bezüglich des stillen Ausgleichs noch besser als Spitzen wirkenden Feuerstellen und rauchenden Schornsteinen und den in den Gebäuden aufsteigenden Gas- und Wasserleitungsröhren niemals ein Blitzschlag zu Stande kommen, während die Erfahrung lehrt, daß die Häufigkeit der Blitzschläge in städtische Gebäude, Bäume u. s. w., auf die Flächeneinheit bezogen, keineswegs eine erheblich geringere ist als auf dem Lande. Die allerdings geringere Blitzgefahr der städtischen Häuser liegt in der dichteren Bebauung der Städte[1]) und darin, daß die weitaus meisten Blitzschläge in städtische Gebäude mit ihren weniger feuergefährlichen Inhalt und ihren vielen natürlichen metallischen Ableitungen der Dachbedeckungen in Verbindung mit den Dachrinnen und Regenabfallrohren meist fast ganz schadlos verlaufen.

Auf dem internationalen Pariser Kongreß der Elektrotechniker im Jahre 1881 betonte Helmholtz, daß der vermeintliche Auffangstangenschutz durch Ausstrahlung jedenfalls als ganz unbedeutend anzuschlagen sei. Damit in Uebereinstimmung steht auch das von Helmholtz, Kirchoff und Siemens unterzeichnete Gutachten der preußischen Akademie der Wissenschaften vom 27. Mai 1880, wo es u. A. heißt:

„Daß durch Spitzen, wie denjenigen der Blitzableiter, im Laufe einer oder mehrerer Viertelstunden Mengen Elektricität aus der Luft entladen werden können, die im Verhältniß zu der Leistung unserer Elektrisirmaschinen sehr groß erscheinen, ist genügend konstatirt; ob diese Mengen aber gegen die kolossalen, in den Wolken aufgespeicherten Quantitäten in Betracht kommen, ob überhaupt die von der Spitze aus entgegengesetzt geladene Luft schnell zur Wolke hinaufgezogen wird oder die empfangene Elektricität schnell zur Wolke ableiten kann, erscheint höchst zweifelhaft. Die Gefahr der explosiven Entladungen wird durch einige oder wenige Metallspitzen bei schnell ziehenden und kurz dauernden Gewittern schwerlich erheblich gemindert, den Blitz-

---

[1]) Vergl. Blitzgefahr Nr. 1, S. 11 u. 12.

schlägen folgt meist unmittelbar eine starke Steigerung des Regens, d. h. jene entstehen wahrscheinlich durch den Umstand, daß in der Höhe durch Mischung verschieden warmer und feuchter durch einander gewirbelter Luftmassen eine starke Kondensation von Dämpfen eingetreten ist, und in dem herabfallenden Regenschauer die Elektricität der Dämpfe kondensirt ist. Ehe das herabfallende Wasser noch die Erde erreicht, entladet es seine Elektricität in den Erdboden und trifft deshalb selbst erst einige Momente später unten ein. Während dieses schnellen Absteigens die ungeheuere Elektricitätsmenge der Wassermasse durch eine Spitze zu entladen, ist wohl wenig Aussicht. Wir können deshalb die früher ausgesprochene Ansicht über die verhältnißmäßig unbedeutende Wirkung der Spitzen nicht zurücknehmen, und glauben das hier hervorheben zu müssen, damit nicht die hohen Preise der Platinspitzen oder der nach der Theorie der Schutzkreise hoch hinaus zu führenden, schwer zu befestigenden Auffangstangen der Anwendung von Blitzableitern hemmend in den Weg treten."

Bei der Diskussion über Blitzableiteranlagen im Elektrotechnischen Verein in Berlin am 25. Mai 1897 äußerte sich Professor Dr. Neesen über diesen Punkt folgendermaßen:

„Die Ausströmung der Fangstangen ist vollkommen = 0 zu rechnen; ich befinde mich hierin vollkommen in Uebereinstimmung mit Baurath Findeisen. In meinen Vorlesungen gebrauche ich immer einen sehr einfachen Apparat nach Chwolson, der diese Behauptung vollständig beweist. Er ist weiter nichts wie eine Leydener Flasche, deren innere Belegung in Verbindung steht mit einer Stange, auf dieser Stange ist ein langer Metallarm, mit einer Schale am Ende drehbar aufgesetzt, welche letztere die geladene Wolke vorstellen soll. Denken Sie sich also die Leydener Flasche in Verbindung mit einer Elektrisirmaschine; ferner neben der Leydener Flasche ein kleines Häuschen mit einer Fangspitze und Ableitung versehen. Wenn nun diese künstliche Wolke ruhig über der Fangstange steht und die Maschine in Thätigkeit gesetzt wird, dann erhält man eine langsame Entladung; es kommt kein Funke zu Stande. Sowie man aber die künstliche Wolke nur eine Kleinigkeit von der Spitze entfernt und dann durch einen geringen Stoß, so daß sie nur minimale Geschwindigkeit hat, heran bewegt, so kommt eine langsame Entladung nicht mehr zu Stande, es erfolgt vielmehr die Entladung immer in Funkenform. Es ist dies ein Zeichen dafür, daß schon die geringe Menge Elektricität, welche wir in solcher Flasche haben, gar keine Zeit hat, zum Ausgleich zu kommen, um wieviel weniger die gewaltigen Elektricitätsmengen, mit denen wir es bei der Wolkenentladung zu thun haben. Alle Erscheinungen sprechen auch dafür, daß bei dem Ausgleich der Gewitterelektricität von einer langsamen Entladung absolut nicht die Rede sein kann, und das ist für die Konstruktion der Dachleitung, der Fangstangen, von der größten Wichtigkeit. Denn hieraus folgt sofort, daß alle Spitzenanordnungen, die auf diesem Punkt basiren, vollständig unnütz sind."

Geheimer Regierungsrath Professor Dr. Aron in Berlin äußerte sich:

„Ich bin der Ansicht, daß in der That die Blitzableiterkonstruktion, wie sie Franklin vorgeschwebt hat, für eine stille Entladung der Wolken ungeeignet ist; man kann wohl eher annehmen, daß, wo eine stille Entladung eintritt, sofort auch eine Funkenentladung folgt. Bei sehr schnell anwachsenden Elektricitätsmengen, und

um solche handelt es sich hier, ist die Büschelentladung der Anfang der Funken=
entladung; in diesem Sinne mag wohl die Blitzableiterspitze wirksam sein, indem sie
den Blitz auf sich zieht. Ich bin der Anschauung des Herrn Professors Neesen,
daß während der Annäherung der Wolke nicht die Zeit zu einer stillen Entladung
ist, sondern daß eben dann auch schon die Funkenbildung eintritt."

Professor Dr. Meidinger sagt in seiner Geschichte des Blitzableiters
S. 195:

„Ueber die Bedeutungslosigkeit der Spitzenendigung der Stangen im Hinblick
auf vorbeugenden Schutz durch geräuschloses Entziehen der Wolkenelektricität herrscht
unter den Gelehrten Deutschlands und Frankreichs nur eine Ansicht; wenn man der
Spitze einen Werth beilegen will, so kann er wohl nur darin gesucht werden, daß
dieselbe den Schutzkreis um ein Geringes vergrößert. Es ist im Ganzen gleichgültig,
wie man die Stange endigen läßt. Die Praxis huldigt gleichwohl in beiden Ländern
einem wahren Spitzenkultus und macht Wesen und Nutzen eines Blitzableiters ge=
radezu von einer zumeist sehr kostspieligen Spitze aus Platin abhängig, die noch
dazu bei jedem Blitzschlag gewöhnlich geschmolzen wird."

Durch die Beobachtungen von Beccaria, Leonhard Weber u. a.,
sowie durch die Beobachtungen der meteorologischen Station auf dem
Sonnblick (Elektrotechnische Zeitschrift 1894, S. 393 2c.) ist wohl das
Vorhandensein einer Saugwirkung der Auffangstangenspitzen unzweifelhaft
festgestellt, daß dieselbe aber im Stande wäre, das Zustandekommen eines
Blitzschlags ganz zu verhindern oder die Kraft desselben wesentlich abzu=
schwächen, ist durch nichts bestätigt. Wenn auch auf den Gipfeln hoher
Berge, wo die mit Elektricität geschwängerten Gewitterwolken einen sehr
niederen Stand erreichen, öfter ein heftiges Ausströmen von Erdelektricität
aus jeder natürlichen Spitze, z. B. auch aus den Haaren der Menschen und
aus aufwärts gehobenen Fingern beobachtet wird, und es denkbar ist, daß
dadurch das Zustandekommen eines eigentlichen Blitzschlags verhindert
werden kann, so sind solche Vorgänge doch nur ganz lokaler Natur, und
könnte dabei keinenfalls eine einzige Auffangstangenspitze den Blitzschlag
verhindern, sondern höchstens das Ausströmen der Erdelektricität aus den
unzähligen zufällig vorhandenen natürlichen Spitzen und Kanten des ganzen
Gebiets.

Als Ergebniß dieser Betrachtungen dürfte angenommen werden, daß
Metallspitzen wegen der durch sie bewirkten lebhaften Ausströmung der
Erdelektricität unmittelbar vor dem Zustandekommen einer gewissen Art
von Blitzschlägen den Schutzraum um weniges erhöhen, daß aber, um das
zu erreichen, die Anwendung kostspieliger Edelmetallspitzen keineswegs er=
forderlich ist. Jene Eigenschaft der Vorbereitung des Blitzschlags durch
allmähliche Ausströmung besitzen auch alle zufällig an den Gebäuden
vorhandenen hochgelegenen, nach oben gerichteten natürlichen Spitzen,

Schneiden und Ränder, z. B. die oberen Ränder von Blechrohraufsätzen auf Schornsteinen, ja sogar rechteckige Ecken und Kanten, die oberen Giebel=ecken und Firstkanten, sowie die Kanten und Ecken der Schornsteindeck=platten, so daß, wenn nicht gerade zufällig vorhandene scharfe Spitzen zu schützen sind, auch eckige und kantige Auffangstellen, z. B. abgedachte Firstbleche und eiserne Schornsteindeckplatten, ihren Zweck vollkommen erfüllen.

Von untergeordnetem Werth ist die Anwendung h o h e r Auffangstangen. Hohen und niederen Auffangstangen darf unter jedesmaliger Berücksich=tigung der besonderen örtlichen Verhältnisse, insbesondere der Leitungs=fähigkeit der zu schützenden Punkte, nur ein ganz beschränkter Schutzraum von wenigen Metern im Umkreis anvertraut werden, und genügt es unter dieser Voraussetzung im allgemeinen, wenn die Auffangstangen die zu schützenden Gegenstände nur um wenige Decimeter überragen. Durch weitere Erhöhung der Auffangstangen kann ihr Schutzraum nur um weniges ver=größert werden. Die Höhendifferenz von einigen Metern ändert aber auch andererseits an der Blitzeinschlaggefahr für ein Haus nicht so viel, daß es deshalb begründet wäre, hohe Auffangstangen, Thurmkreuze, Flaggenstöcke und dergl. ängstlich zu meiden. Abgesehen von dieser ganz minimalen Erhöhung der Gefahr des Blitzeinschlags durch Höherführung der Auf=fangstangen (die Fälle sind nicht selten, in welchen niedere Gebäude un=mittelbar neben hohen mit hohen Blitzableiterauffangstangen versehenen Gebäuden vom Blitz getroffen wurden), braucht der Einschlag in ein ge=schütztes Haus überhaupt nicht gefürchtet zu werden; der Blitz mag wohl einschlagen, ein einigermaßen guter Blitzableiter wird den Schlag sicher pariren. Aus diesem Grunde braucht auch auf die Präventivwirkung, wenn eine solche je in seltenen Fällen denkbar wäre, bei der Konstruktion der Blitzableiter keine Rücksicht genommen zu werden.

Im Uebrigen empfiehlt es sich, sowohl aus Sparsamkeits= als Zweck=mäßigkeitsgründen auf den mehr oder weniger zweifelhaften Schutzraum der Auffangstangen so viel wie möglich zu verzichten, und alle erfahrungs=gemäß wahrscheinlichen Blitzeinschlagstellen durch darüber hinweggeführte Leitungen oder irgend welche mit den Ableitungen verbundene Metall=massen unmittelbar zu schützen. Eine nicht zu rechtfertigende, die Aus=führung und Verbreitung der Blitzableiter erschwerende Verschwendung ist es aber, Flächen, Kanten und Punkte der Dächer, welche erfahrungsgemäß überhaupt niemals die Angriffsstellen des Blitzes bilden können, durch Auffangstangen schützen zu wollen.

b. Technische Details.

Der Schutz der Schornsteinköpfe, welche, wenn sie den Gebäudefirst überragen, die verhältnißmäßig beliebtesten Angriffsstellen des Blitzes bilden, kann auf verschiedene Weise erfolgen. Bei den Hausschornsteinen gewöhnlicher Größe genügt es schon, eine Leitung wie in Fig. 60 quer über die Deckplatte zu führen, wobei der eine Strang von der Gebäudefirstleitung oder einer sonstigen Dachleitung abzweigen und der andere wieder zu derselben zurückführen oder als besondere Ableitung dienen kann. Die Befestigung geschieht mittelst Rohrhaken oder Mauerhaken (Fig. 116), welche unter Zuhilfenahme von Eichenholzdübeln in die Mauerfugen eingetrieben oder besser mit Steindollen versehen und eincementirt werden. Es darf hierbei mit Sicherheit darauf gerechnet werden, daß der Blitz nicht etwa eine Kante oder Ecke der Schornsteindeckplatte trifft, sondern daß er durch

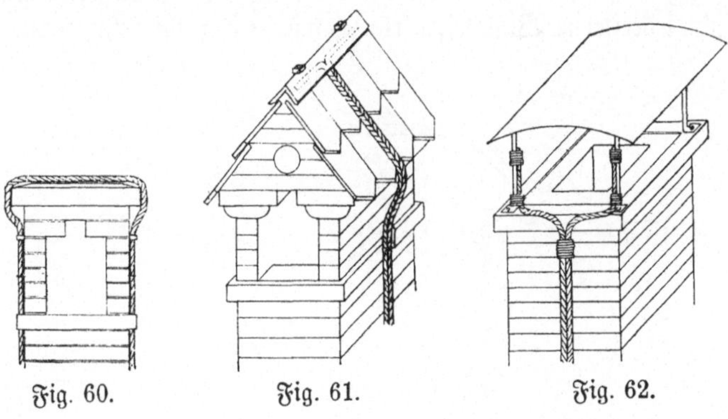

Fig. 60.　　　　　　　Fig. 61.　　　　　　　Fig. 62.

die Metallleitung angezogen, von derselben aufgefangen und abgeleitet wird. Eine andere Anordnung zeigt Fig. 61, wo die Firstkante des abgedachten Schornsteinkopfes mit einem Winkeleisen oder einem Firstblech gegen das Eindringen von Regen geschützt wird. Diese Metallverwahrung dient zugleich zur Aufnahme des Blitzschlages, ihre Verbindung mit der Ableitung erfolgt dadurch, daß der Leitungsdraht oder das Leitungsseil zwischen die Verwahrung und das Schornsteinmauerwerk gelegt und auf wenigstens 20 cm Länge in innige Berührung mit ersterer gebracht wird. Eine besondere Befestigung ist hierbei nicht erforderlich, indem durch die Verankerung der Metallverwahrung mit dem Schornsteinmauerwerk auch das Leitungsseil in seiner Lage und in genügend dichter Berührung mit der Metallbedeckung erhalten wird.

Ganz geeignet zur Aufnahme des Schlages sind die schmiedeeisernen Schornsteindeckel der Fig. 62. Das Ableitungsseil wird hier an den senkrechten eisernen Stützen mittelst Bindedrahtes befestigt, und kommt es dabei weniger auf eine vollkommen metallische Verbindung als auf eine mög= lichst großflächige und dichte Berührung zwischen den Stützen und den Ableitungen an.

Besonders empfehlenswerth ist die Anwendung gußeiserner Schorn= steindeckplatten, wie sie dem Mechaniker Ernst Göbel in Stuttgart durch Reichsmusterschutz geschützt sind (Fig. 63). Sie sind dauer= hafter und billiger als steinerne Deckplatten gewöhnlicher Art. Das Ab= leitungsseil oder =band wird hier in ähnlicher Weise wie bei Fig. 61 mit möglichst großer Berührungsfläche zwischen Deckplatte und Schornstein= mauerwerk gebracht, und bedarf es keiner weiteren Befestigungsmittel, weil schon das Gewicht der Platte genügt, um das Seil in seiner Lage dauernd fest zu halten.

Statt gußeiserner Deckplatten können bei Vorhandensein steinerner Deck= platten schmiedeeiserne Winkeleisenkränze, wie in Fig. 64, Anwendung finden.

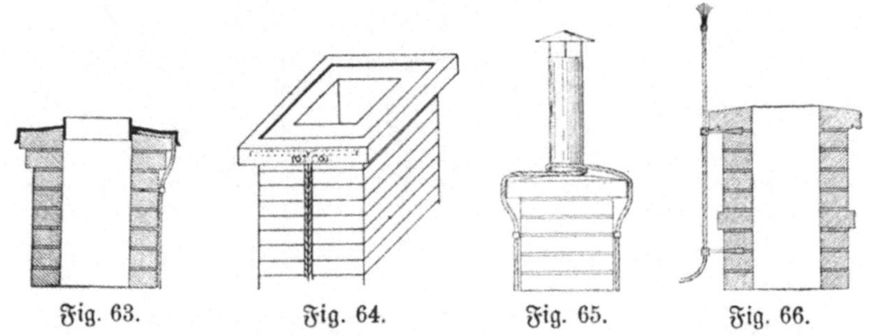

Fig. 63.　　　　　　Fig. 64.　　　　　　Fig. 65.　　　　　　Fig. 66.

Eine praktische Auffangvorrichtung wird auch bewirkt durch Abdeckung steinerner Schornsteinplatten mit Zinkblech, verzinktem oder verbleitem Eisenblech, wodurch die Steinplatten gegen Verwitterung geschützt werden.

Bei Vorhandensein von Blechrohraufsätzen mit oder ohne Rauchsaug= vorrichtung genügt es, das Leitungsseil wie in Fig. 65 ein oder besser mehrere Male um das Blechrohr unter dichter Berührung desselben zu schlingen.

Bei Verwendung steifen Leitungsmaterials kann man die Leitung senkrecht am Schornsteinkopf emporführen und dieselbe als Auffangstange etwa 40—50 cm über der Deckplatte endigen lassen (Fig. 66). Wenn hierbei die letzte Befestigung unmittelbar unter der Deckplatte angebracht wird, so bleibt der Leitungsstrang, auch wenn er aus nicht zu schwachem Eisendrahtseil oder Bandeisen besteht, ohne weitere Hilfsmittel senkrecht stehen und besitzt die nöthige Steifheit, um dem Sturm und Blitzschlag zu widerstehen, und unmittelbar als Auffangstange dienen zu können. Bei dünnen Kupferbandleitungen wird die erforderliche Steifigkeit in einfacher Weise durch schraubenförmige Drehung des die Schornsteindeckplatte über= ragenden Theiles erzielt (Fig. 67).

Will man auch bei biegsamerem Leitungsmaterial nicht auf einen Auffangstangenschutz verzichten, so wird wie in Fig. 68 verfahren. Die Verbindung der Leitung mit dem mindestens 10 mm starken eisernen Auf= fangstängchen, welches zu verzinken ist oder einen guten Oelfarbenanstrich zu erhalten hat, geschieht auf irgend eine der im VI. Kapitel beschrie= benen Arten.

Statt massiver Stängchen können auch $^1/_2$—$^3/_4$zöllige galvanisirte Eisenrohre verwendet werden. Die Leitung wird unten befestigt oder im

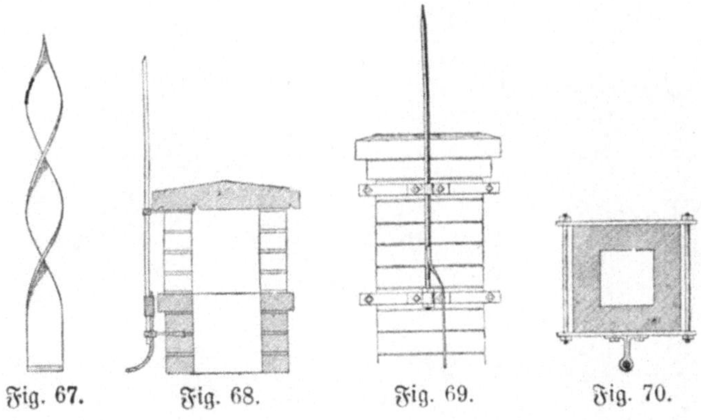

Fig. 67.   Fig. 68.   Fig. 69.   Fig. 70.

Innern des Rohres bis zu dessen oberem Ende geführt, wo sie mittelst einer oder mehrerer Klemmschrauben festgehalten wird.

Zur Befestigung dieser Auffangstangen sowohl als auch der unmittel= bar als Auffangstangen benützten Leitungen am Mauerwerk der Schorn= steinköpfe dienen verzinkte eiserne Träger mit Rohrschellen (Fig. 106), von welchen der obere unmittelbar unter der Deckplatte, der andere wenigstens $^1/_2$ m weiter unten in eine Fuge des Schornsteinmauerwerkes eingetrieben bezw. eincementirt wird.

Eine besonders solide, aber entsprechend theurere Befestigungsweise eiserner Auffangstangen an Schornsteinköpfen zeigt die Fig. 69 in der An= sicht und Fig. 70 im Grundriß.

Damit die Auffangstangen und Auffangleitungen nicht zu sehr von den Rauchgasen angegriffen werden, bringt man sie möglichst auf der der herrschenden Windrichtung zugekehrten Seite des Schornsteins an.

Fig. 71 zeigt die bei Fabrikschornsteinen übliche Befestigungsweise der Auffangstangen. Wegen der blitzanziehenden Wirkung der den Fabrikschornsteinen entströmenden großen Rauchmassen und der dadurch beeinträchtigten Schutzwirkung der Auffangstange empfiehlt es sich aber hier, von einer seitlichen Anbringung der Auffangstange womöglich abzusehen. Gegen die Anbringung in der Mitte über der Schornsteinmündung spricht die zerstörende Wirkung der Rauchgase. Es ist deshalb besonders in diesem Fall die Anwendung gußeiserner Deckplatten oder gußeiserner Auffangkränze nach Art der in Fig. 63 dargestellten angezeigt.

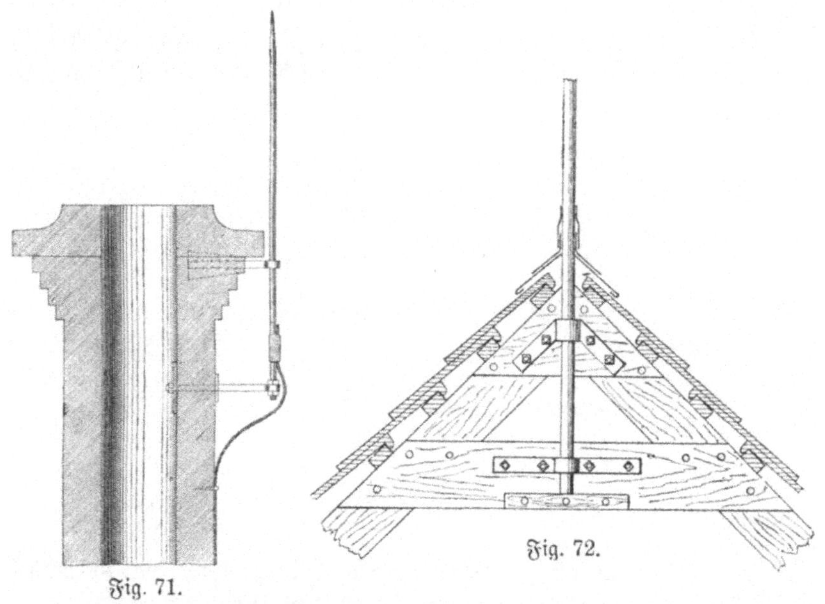

Fig. 71.

Fig. 72.

Ganz aus Blech bestehende Schornsteine dienen selbstverständlich unmittelbar als Auffangstangen und bedürfen keines weiteren Schutzes als entsprechender Ableitungen und Erdleitungen.

Die als Blitzeinschlagstellen in Betracht kommenden First-, Giebel- und Traufkanten der Gebäude werden am besten und sichersten durch unmittelbar darüber hinweggeführte natürliche oder künstliche Leitungen geschützt. Näheres hierüber siehe im VI. und VII. Kapitel. Auch Telephonständer, eiserne Geländer von Plattform- oder Holzcementdächern oder irgend welche über die Dachflächen sich erhebende Eisenmassen, mögen sie geformt sein wie sie wollen, können unmittelbar als Blitzauffangvorrichtungen dienen und bedürfen keines weiteren Schutzes durch Auffangstangen oder künstliche Spitzenanordnungen.

Wo man freistehende Auffangstangen nicht entbehren zu können glaubt, stelle man sie wenigstens in unmittelbare Nähe der am meisten gefährdeten Schornsteine und Giebelspitzen und nicht etwa bloß mit Rücksicht auf ein gutes Aussehen in die Mitte des Daches, die verhältnißmäßig am wenigsten gefährdete Stelle. Die Auffangstangen brauchen, wie oben bemerkt, die zu schützenden Punkte nur um weniges zu überragen, können anderseits aber auch so hoch gemacht werden wie sie wollen. Bei größerer Höhe werden sie des besseren Aussehens halber, und damit sie den Einwirkungen des Sturmes besser widerstehen, unten dicker als oben gemacht. Die untere Stangendicke hat ungefähr $^1/_{100}$ der Stangenhöhe zu betragen, so daß z. B. eine 4 m hohe Stange unten eine Stärke von 4 cm erhält.

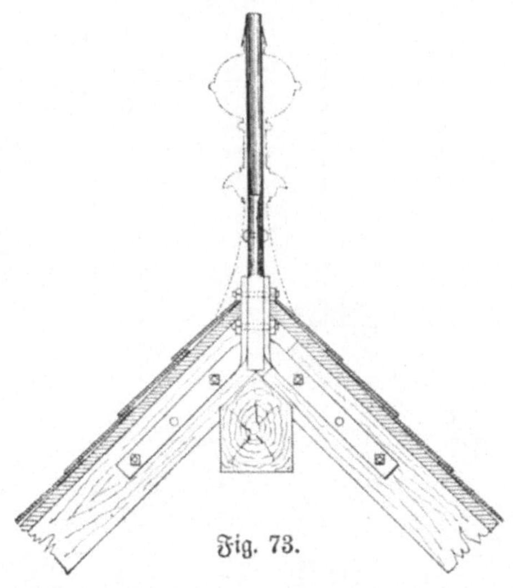

Fig. 73.

Bei Anwendung hohler Auffangstangen geschieht die Verbindung der oberen dünneren Rohre mit den unteren weiteren mittelst sogenannter Uebergangsmuffen in ähnlicher Weise wie bei den Gas- und Wasserleitungen. Hohe Stangen läßt man entsprechend weit in den Dachraum hineinragen und befestigt sie daselbst mittelst Ueberkloben und Mutterschrauben an den Sparren und Zangen, etwa wie in Fig. 72. Sind keine hölzerne Zangen vorhanden, so können sie leicht durch seitlich an die Sparren genagelte oder mit Holzschrauben befestigte Bohlenstücke ersetzt werden.

Bei kleineren Stangen geschieht die Befestigung mittelst Flacheisenlaschen oder Gabeln, welche an den unteren massiven Theil der Auffangstange angeschweißt oder geschraubt werden und oben oder seitlich an den Sparren anliegen und mit diesen durch Schraubenbolzen verschraubt werden (Fig. 73).

Eine einfache und bei Stangen bis zu 3 m Höhe genügend solide Befestigung erhält man, wenn man die Firstpfette, wo eine solche vorhanden ist, zur Durchführung der unten mit einem Schraubengewinde versehenen Stange durchbohrt, und die letztere sodann mittelst Schraubenmutter, oberem und unterem Deckplättchen an die Firstpfette festschraubt (Fig. 74).

Bei steilen Thurmdächern werden am unteren Ende der eisernen Auffangstange zwei bis vier entsprechend lange und starke Laschen aus Flacheisen, wie in Fig. 75, gabelförmig angeschweißt oder angeschraubt, über den sogenannten Kaiserstiel geschoben und mit diesem mehrmals verschraubt. Bei großen und schweren Stangen empfiehlt es sich, zu weiterer Sicherung außen um die Gabeln herum noch einige schmiedeeiserne Ringe zu legen.

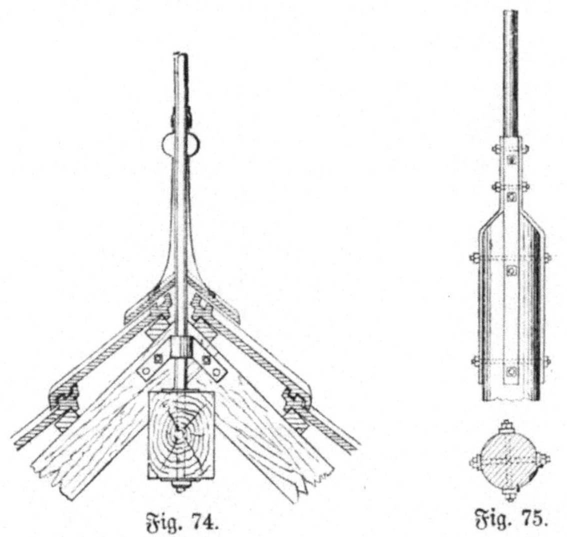

Fig. 74.   Fig. 75.

In allen Fällen sind die Durchdringungsstellen der Dachflächen gegen das Eindringen des Regens mittelst Trichtern aus Zinkblech, Walzblei oder Kupfer zu dichten; sie können in beliebiger Weise profilirt und ornamentirt werden (siehe oben Fig. 73).

Senkrecht stehende eiserne Flaggenstangen können bei beliebiger oberer Endigung unmittelbar als Auffangstangen dienen, so daß also die Leitung nur am unteren nicht auch am oberen Ende angeschlossen zu werden braucht. An hölzernen Flaggenstangen und hölzernen Auffangstangen ist die Leitung bis zum oberen Ende emporzuführen, wo sie in beliebiger Weise endigen kann. Ueber die Leitungsanschlüsse an Auffangstangen siehe hinten S. 126—129.

VI. Natürliche Luftleitungen.

Aus den im zweiten Kapitel beschriebenen Beispielen von Blitzschlägen geht hervor, daß die Blechverwahrungen der Dachkanten, die metallenen Dachrinnen und Regenabfallrohre natürliche Blitzableiter bilden, welche wesentlich zur Verminderung der Blitzschäden beitragen, und welche oft mit geringen Mitteln zu vollkommenen Blitzschutzvorrichtungen ergänzt werden können. Ungefähr dasselbe ist in der von Prof. Dr. Leonhard Weber im Auftrage des Elektrotechnischen Vereins herausgegebenen Broschüre „Die Blitzgefahr Nr. 1" auf S. 13 mit folgenden Worten gesagt:

„Außerdem wird auch die für die Beschädigung der Gebäude entstehende Gefahr dadurch wesentlich abgeschwächt, daß die vorhandenen Metalle häufig als partielle, eventuell leicht zu vervollständigende Blitzableiter wirken, wie das z. B. bei den außen verlaufenden Regenrinnen und Abfallröhren der Fall ist, welche den Blitz in der Regel gefahrlos zur Erde gleiten lassen."

Es kommen aber auch zahlreiche Fälle vor, wo der Blitz von vorhandenen künstlichen Blitzableitern auf metallene Dachverwahrungen, Dachrinnen und Regenabfallrohre abspringt, beziehungsweise diesen mehr folgt als den Blitzableitern. Der Grund des Abspringens des Blitzes von Blitzableitern auf solche metallene Gebäudetheile ist nicht immer in einer mangelhaften Kontinuität der Luftleitung des Blitzableiters oder in einer schlechten Erdleitung zu suchen; der Hauptgrund liegt vielmehr darin, daß der Blitz das Bestreben hat, sich über alle vorhandenen guten Leiter auszubreiten und er nicht ausschließlich dem relativ besten Leiter folgt und demjenigen, welcher die beste Erdleitung besitzt.

Jene großflächigen, oft netzartig an der Oberfläche des Hauses verlaufenden und durch den Abfluß des Gewitterregens mit der Erde in gut leitender Verbindung stehenden metallenen Gebäudetheile sind im Stande viel größere Elektricitätsmengen aufzunehmen, sie besitzen eine viel größere elektrostatische Kapacität als ein gewöhnlicher Blitzableiterdraht, weshalb sie auch eine entsprechend größere Anziehung auf den Blitz ausüben.

Wenn man aber weiß, daß der Blitz das Bestreben hat, von einem Blitzableiterdraht, der nicht an diese großflächigen metallenen Gebäudetheile angeschlossen ist, auf diese überzuspringen, und daß er bei vorhandenem Anschluß den letzteren mehr folgt, als dem Blitzableiterdraht, warum sollte man dann diese Gebäudetheile, welche erfahrungsgemäß die beliebtesten Blitzwege bilden, nicht unmittelbar als Blitzableiter benützen?

In erhöhtem Maaße zeigt sich die Ueberlegenheit der natürlichen Blitzableiter über die künstlichen bei Gebäuden mit vollständigen Metalldächern und bei Gebäuden, welche ganz oder vorzugsweise aus Eisen bestehen. Hier würde der geringste Theil der Blitzentladung einem künstlichen Ableiter folgen. Die Hauptmasse der Entladung wird sich vielmehr stets über jene großen Metallmassen des Gebäudes ausbreiten, auch wenn dieselben mit keinerlei Erdleitung versehen sind.

Es möge hier ein Ausspruch des belgischen Physikers Melsens Platz finden, welchen er bei dem Vergleich des von ihm für die Centralmarkthallen in Brüssel vorgeschlagenen natürlichen Blitzschutzes mit dem auf den Centralhallen in Paris befindlichen künstlichen Blitzableiter gethan hat (Bulletins de l'académie de Belgique 1874, T. 38, p. 333):

„Welchen Werth soll es haben, zum Schutz der fast ganz aus Eisen konstruirten Centralhallen in Paris einen im Vergleich zu deren großen Eisenmassen mikroskopisch kleinen Blitzableiter der üblichen Konstruktion anzuwenden? Ist das nicht von der gleichen Wirkung, wie wenn man ein Blatt Papier vor den Stahlpanzer eines Kriegsschiffs halten wollte, um die Wirkungen von Geschossen schweren Kalibers damit abzuschwächen?"

Wenn im Widerspruch mit solchen Anschauungen und den gemachten Erfahrungen manche Schriften über Blitzableiter die unmittelbare Benutzung metallener Gebäudetheile und insbesondere auch der Regenabfallrohre als Ableitungen verbieten und verlangen, daß daneben noch besondere Drähte zur Erde geführt werden, wobei sie sich mit einem zehnmal geringeren Querschnitt und mit einer zwanzigmal geringeren Oberfläche, als sie die Regenabfallrohre besitzen, begnügen, so liegt diesem Verbot die irrige Meinung zu Grunde, daß eine Blitzleitung eine vollständig kontinuirliche, in ihren Leitungstheilen vollkommen metallisch zusammenhängende sein müsse, und daß der galvanische Leitungswiderstand nicht größer, als der durch Material, Länge und Querschnitt der Leitung bedingte kleine Bruchtheil eines Ohms sein dürfe. Die Beispiele des II. Kapitels und viele hundert andere beweisen aber, daß dies absolut nicht erforderlich ist.

Der Ohm'sche Widerstand eines Blitzableiters kann fast unendlich groß sein, der Blitz wird ihm doch bei sonstiger richtiger Anordnung sicher folgen. Die Berührung der gewöhnlich ohne Löthung etwa 10 cm in einander greifenden 3—4 m langen Abfallrohrstücke und der sich 10—15 cm übergreifenden First=, Ortgang=, Kehl= ꝛc. Bleche ist meistens eine so innige und großflächige, daß gerade an jenen Stellen in der Regel keine Beschädigungen vorkommen, selbst wenn sich dort auch im Laufe der Zeit eine den galvanischen Strom nicht durchlassende Oxydschicht gebildet haben sollte. Auch findet an jenen großflächigen Berührungsstellen, wo überdies der Leitungsquerschnitt durch das Uebergreifen der Bleche verdoppelt wird, eine gefährliche, etwa einen Brand verursachende Wärmewirkung bei einigermaßen dichter Berührung der Leitungstheile erfahrungsgemäß nicht statt. Dr. Benischke in Berlin, der bekannte Verfasser des Werkes „Magnetismus und Elektricität" (Berlin, Julius Springer) sprach sich bei der Diskussion über Blitzableiteranlagen im Elektrotechnischen Verein in Berlin am 16. Mai 1897 über das Verlangen unbedingter metallischer Kontinuität zutreffend folgendermaßen aus:

„Bei der ganzen Blitzableiterfrage scheint es mir sich hauptsächlich um die Ueberwindung eines Widerstrebens zu handeln, das daraus entstanden ist, daß irgend Jemand einmal die Ableitung des Blitzes nach den Gesetzen des Gleichstroms behandelt hat, obwohl dazu weder theoretisch noch praktisch ein Grund vorliegt. Die Blitzableiter sind ja älter als Faraday; wenn aber umgekehrt Faraday älter wäre, so würde man vielleicht gar nicht auf die Idee gekommen sein, auf die Blitzableitertheorie die Frage der Leitungsfähigkeit des Ableitungsdrahts anzuwenden ꝛc. Es wäre wirklich wünschenswerth, wenn einmal mit dem bisherigen System der Blitzableiter und ihrer Prüfung mittelst der Wheatstone'schen Brücke gebrochen würde."

Melsens sagt in seiner vierten Note über Blitzableiter (Bulletins de l'académie de Belgique 1875, T. 39, p. 847—850):

„Es ist wohl gut, einen vollkommen kontinuirlichen Blitzableiter zu haben, aber wenn er nicht funktionirt, so schreibt man dies oft mit Unrecht der mangelhaften Kontinuität zu. Diese Annahme widerlegt sich von selbst, wenn man bedenkt, welche beträchtliche Entfernungen der Blitz überwindet, um zu Metalltheilen, hauptsächlich solchen zu gelangen, welche in guter Verbindung mit der Erde stehen ꝛc. Meine Versuche bestätigen die Annahme von M. E. Guillemin, daß eine vollkommen metallische Kontinuität im Blitzableiter nicht absolut erforderlich ist."

Professor Dr. Neesen in Berlin äußerte sich über diesen Punkt in der Elektrotechnischen Zeitschrift 1897, S. 461, wie folgt:

„Was die Frage, ob nur zusammen verlöthete metallische Theile für die Leitung zu gebrauchen sind, betrifft, so werden die Erfahrungen, welche man bei Telegraphenblitzableitern gemacht hat, nicht genug beachtet. Diese zeigen doch in unzähligen

Fällen, daß es bei Blitzentladungen absolut nicht auf den Ohm'schen Widerstand ankommt. Der Widerstand des Telegraphenblitzableiters ist unendlich groß, und trotzdem wird die elektrische Entladung absolut sicher durch denselben hindurch geführt. Ebenso werden die Metallbedeckungen der Dächer dem Blitz den Weg vorschreiben."

Beachtenswerth sind auch die Ausführungen des Professors der Physik und Meteorologie an der technischen Hochschule in Stuttgart Dr. K. R. Koch, in der Elektrischen Zeitschrift 1897, S. 232—233. Hiernach würden diskontinuirliche Blitzableiter im Moment des Blitzeinschlages überhaupt nicht den großen Ohm'schen Widerstand besitzen, welcher sich bei der gewöhnlichen Blitzableiterprüfung ergiebt, indem sie nämlich unter der Einwirkung einer Blitzentladung zu guten Leitern der Elektricität würden, ebenso wie z. B. der Koherer der Marconi'schen Funkentelegraphie unter der Einwirkung einer viele Kilometer weit entfernten oscillatorischen Entladung zu einem guten Leiter der Elektricität wird. Professor Koch sagt S. 232 u. a.:

„Ein Blitzableiter, der aus einzelnen schlecht verbundenen Leiterstücken besteht, ist eine Art Koherer, und wird, wenn in seiner Nähe eine oscillatorische Entladung stattfindet, oder wenn er selbst (etwa durch Influenz) geladen wird, zu einem guten Leiter der Elektricität. Da nun einestheils unmittelbar vor dem Blitz eine solche Ladung stattfinden wird, anderntheils aber der Blitz selbst wahrscheinlich eine oscillatorische Entladung ist, so wäre es sehr wohl denkbar, daß in der Nähe eines solchen diskontinuirlichen Ableiters stattfindende Blitzschläge zusammen mit der Influenz den Widerstand des Ableiters wesentlich verkleinerten. Gerade so würde sich auch die von Baurath Findeisen vorgeschlagene Blitzschutzvorrichtung verhalten; durch die ersten in der Nähe stattfindenden Entladungen, eventuell auch durch das auftretende hohe Potential in den Wolken wird der unvollkommene Leiter ein vollkommenerer, und da die für die Leitung zu benutzenden Metalltheile des Hauses (die First= und Gratbleche, die Regenröhren u. s. w.) gewöhnlich symmetrisch zum Hause liegen, so möchte sogar hierdurch eine Art von Käfigschützung, unstreitig die vollkommenste Art des Blitzschutzes, zu bewirken sein."

Auf S. 639 theilt Professor Dr. Koch sodann das Ergebniß seiner im Laufe des Sommers 1897 während einiger mehrere Kilometer weit entfernter Gewitter an einem diskontinuirlichen Blitzableiter des Hauptgebäudes der technischen Hochschule in Stuttgart vorgenommenen Untersuchungen mit, welche seine frühere Vermuthung, daß der Blitz auf solche Blitzableiter einwirke wie oscillatorische Entladungen auf den Koherer und ihren Ohm'schen Widerstand wesentlich vermindert, bestätigen. Aehnliche Beobachtungen machte Dr. E. Englisch im Sommer 1896 an einem Koherer im physikalischen Institut in Tübingen (Elektrotechnische Zeitschr. 1897, S. 730).

Es erscheint damit zugleich der Beweis erbracht, daß, da der Koherer nur auf oscillatorische Entladungen reagirt, auch die Blitze, wenigstens die gewöhnlichen Zickzackblitze, oscillatorischen Charakter besitzen, daß also die hierauf gegründeten Anschauungen Oliver Lodge's über die Ursachen der Seitenentladungen bei Blitzableitern und die von ihm gezogenen Schlüsse wenigstens in der Hauptsache richtig sind. Hiernach wäre also anzunehmen (vergl. oben S. 62—64), daß der Blitz, indem er den Leiter passirt, eine bedeutende Selbstinduktion in demselben bewirkt, wodurch ein sogenannter scheinbarer Widerstand von vielen 100 Ohm entsteht, gegenüber welchem der galvanische Widerstand des Leitungsmaterials und der Verbindungsstellen mehr oder weniger verschwindet, und daß aus demselben Grunde großflächige Leiter, wie es die natürlichen blechförmigen sind, sich für Blitzableiterzwecke besser eignen als drahtförmige, welche nur einen kleinen Umfang im Vergleich zu ihrem Querschnitt besitzen.

Nach alldem braucht man wenigstens bei den Gebäuden gewöhnlicher Art auf die Herstellung einer vollständig metallischen Kontinuität der Leitungen, z. B. durch Schweißung oder Löthung, worauf man seither einen so großen Werth legte, keine peinliche Rücksicht zu nehmen, es genügt vielmehr, wenn die einzelnen Theile natürlicher blechförmiger Blitzableiter, soweit sie nicht schon aus praktischen Gründen aus einem Stück bestehen oder zusammengelöthet sind, sich je wenigstens auf 10—15 cm Länge dicht berühren. Wenn aber doch auf eine vollkommen metallische Verbindung ein großer Werth gelegt wird, wie dies z. B. bei Gebäuden mit sehr leicht entzündlichem und explosivem Inhalt eine gewisse Berechtigung haben mag, so lassen sich auch blechförmige Blitzableiter durch unmittelbares Zusammenlöthen der einzelnen Theile oder durch Auflöthen von Blechkappen an den Stößen ganz gut zu vollständig kontinuirlichen Leitern ausbilden, und kann hierauf nöthigenfalls schon bei der Neuaufführung der Gebäude Rücksicht genommen werden. Man wird auch bei der Wahl des Materials für diese metallenen Dachverwahrungen auf ihren Doppelzweck eines Regen= und Blitzschutzes Rücksicht nehmen und dem leicht schmelzbaren, den Temperatureinflüssen stark unterworfenen Zinkblech verzinktes Eisenblech von genügender Stärke vorziehen. Die Verwahrung der Firste mit verzinktem Eisenblech ist nicht theurer als die Eindeckung mit in Mörtel versetzten abgedachten Firstziegeln, welche wegen des allmählichen Abbröckelns des Mörtels nach kurzen Zeiträumen wiederholte Reparaturen erforderlich machen, wobei anderweitige Dachbeschädigungen nicht zu vermeiden sind, während gut im Zinkbad verzinktes Eisenblech erfahrungsgemäß einen dauerhaften, vollkommen dichten Abschluß der Firste gegen das Eindringen des Regens und Schnees bildet.

Ebenso werden die hölzernen Giebelsäume oder Ortgänge am besten durch Blechverwahrungen gegen frühzeitiges Verfaulen geschützt. Es finden daher diese Metallverwahrungen der Dachkanten in Württemberg neuerdings eine immer ausgedehntere Anwendung.

Die Firstbleche erweisen sich für die Zwecke des Blitzschutzes deshalb besonders geeignet, weil gerade diejenigen Stellen des Daches unmittelbar damit gedeckt sind, welche außer den Schornsteinen, die regelmäßigen Blitzeinschlagstellen bilden.

Dadurch, daß die metallenen Regenschutzvorrichtungen, also die First-, Grat-, Kehl-, Ortgangbleche, Dachrinnen und Abfallrohre die Gebäude meist netzartig umspannen, wird der Blitzstrahl mehrfach verzweigt und in demselben Maaße seine elektromotorische, d. h. seine zerstörende Kraft gebrochen. Ebenso wird die das Abspringen begünstigende Selbstinduktion in dem Maaße der Leitungsverzweigung und der Vergrößerung der Oberfläche der Leitung vermindert, auch werden hierdurch die im IV. Kapitel erwähnten Induktionswirkungen entsprechend abgeschwächt.

Die für die Zwecke des Regenschutzes erforderlichen Dimensionen der metallenen Dachkantenverwahrungen, Rinnen und Abfallrohre sind so reichlich, daß meistens ein großer Ueberschuß an Leitungsquerschnitt und -Oberfläche vorhanden ist. Während nach der von Professor Dr. Leonhard Weber im Auftrage des Elektrotechnischen Vereins in Berlin herausgegebenen „Blitzgefahr Nr. 1" für verzweigte eiserne Leitungen ein Querschnitt von 50 qmm genügt, steht z. B. bei First- und Gratblechen ein solcher von ca. 300 qmm zur Verfügung.

Daß die Blechverwahrungen der Dachkanten zum Auffangen des Blitzfunkens weniger geeignet seien, und durch denselben leicht beschädigt werden könnten, braucht nicht befürchtet zu werden. Es ist unbegründet zu glauben, man müsse hohe Auffangstangen anwenden, um die Blitzeinschlagstelle wegen der beim Einschlag auftretenden Wärmewirkung möglichst entfernt vom Dach zu halten. Hunderte von Blitzschlägen in hölzerne Giebelspitzen beweisen, daß die dort auftretende Wärmewirkung nicht im Stande war, eine Zündung zu verursachen. Eine große Wärmewirkung entsteht dagegen, wenn man den ganzen gewaltigen Blitzstrom in der Spitze der Auffangstange in einen einzigen Punkt zusammenzwängt, da wird in der Regel eine Schmelzung erfolgen. Die Schmelzung erstreckt sich übrigens bei Kupferspitzen gewöhnlich doch nur von der Spitze an bis zu einer Dicke des Spitzenkegels von höchstens 4—5 mm, darunter im stärkeren Theil findet keine beträchtliche Wärmewirkung mehr statt. Noch weniger wird eine solche eintreten, wenn der Blitzfunke an

jeder Einschlagstelle einen so großen Ueberschuß an Querschnitt und Ober=
fläche der Leitung vorfindet, wie dies bei den metallenen Firstverwahrungen
der Fall ist, wo er sich sofort über eine verhältnißmäßig große Oberfläche
ausbreiten kann, und er überhaupt nicht in einem einzigen Punkt angreift.
Ein beweisendes Beispiel hierfür bildet der oben S. 19 u. 20 beschriebene
heftige Blitzschlag in eine Feldscheuer in Wohlmuthausen am 27. Juni
1897, wo an der Einschlagstelle und auf die ganze Ausdehnung der First=
bleche nicht die geringste Spur von Beschädigung ersichtlich war.

Nicht ausgeschlossen ist es allerdings, daß bei Verwendung des leicht
schmelzbaren Zinkblechs Schmelzungen oder Durchlöcherungen an der Ein=
schlagstelle vorkommen, weshalb insbesondere für Auffangleitungen die
Verwendung des widerstandsfähigeren Eisenblechs in verbleitem, verzinktem,
oder nur mit Oelfarbe gestrichenem Zustand dem Zinkblech vorzuziehen ist.
Doch werden die etwa an Zinkblech verursachten Beschädigungen meist ganz
geringfügiger Natur sein, so daß kein Grund vorliegt, wenn sich bei be=
stehenden Häusern solche Zinkblechverwahrungen vorfinden, oder wenn sie
bei Neubauten aus andern konstruktiven oder dekorativen Gründen durchaus
nicht entbehrt werden wollen, dieselben als natürliche Auffang= und Ab=
leitungen zu verschmähen.

Unbedenklich ist es, daß die Firstbleche, Gratbleche, Kehlbleche, Ort=
gangbleche, metallene Gesimsabdeckungen 2c. unmittelbar auf Brettern oder
Latten befestigt sind, weil erfahrungsgemäß auf die ganze Länge dieser
Leitungen und weder an der Einschlagstelle noch an den Verbindungen bei
einigermaßen richtiger Anordnung der letzteren nach den in der Folge an=
gegebenen Regeln bedeutende Temperaturerhöhungen von längerer Dauer
oder umfangreiche Schmelzungen eintreten können, wodurch das unter den
Blechen befindliche Holz entzündet würde.

Nur aus dem Grunde die metallenen Regenschutzvorrichtungen nicht
als Blitzableiter benutzen zu wollen, weil die Klempner von deren Blitz=
ableiterzweck vermeintlich nichts wissen, und deshalb bei Dachreparaturen
leicht Aenderungen vornehmen könnten, welche den Blitzschutz illusorisch
machen würden, ist ganz und gar nicht begründet. Die Vereinigung der
Blitz= und Regenableiter liefert im Gegentheil die Garantie, daß schon
wegen der nothwendigen Erhaltung des Regenschutzes die gemeinsamen
Ableiter auf die Dauer besser im Stande erhalten bleiben, als wenn sie
nur dem ersteren Zweck zu dienen hätten.

Uebrigens wird es sich, wenn einmal die Blechverwahrungen der
Dächer allgemeiner als Blitzableiter benutzt werden, und die schwerfälligen
Auffangstangen fallen, ganz von selbst ergeben, daß vorzugsweise die im

Besteigen der Dächer und ihrer Schonung geübten **Klempner** (in Süddeutsch=
land **Flaschner** genannt) die Blitzableiterverfertiger werden. Sie werden
sich an der Hand sachverständiger Anleitungen mit den einschlägigen Regeln
gewiß bald so vertraut gemacht haben, daß sie wenigstens bei gewöhnlichen
Wohnhäusern brauchbare Blitzableiter selbstständig ausführen können, und
werden sie sodann auch selbstverständlich bei Dachreparaturen ein besseres
Verständniß und ein größeres Interesse für die Erhaltung bestehender
Blitzableiter besitzen, als dies seither der Fall war, wo nicht selten die bei
Dachreparaturen die Maurer und Klempner genirenden Blitzdrahtleitungen
beschädigt und nicht wieder hergestellt worden sind.

    Die Verwendung metallener Regenschutzvorrichtungen als Blitzableiter
ist in erster Linie zu empfehlen bei Neubauten, wo man es am besten in
der Hand hat, dieselben von Anfang an ihrem Blitzableiterzweck entsprechend
einzurichten. — Die bei Ziegeldächern in Anwendung zu bringenden Regen=
und Blitzschutzvorrichtungen werden nun in der Folge näher beschrieben,
doch sollen damit nur ungefähre Anhaltspunkte gegeben werden und bleibt
im übrigen bezüglich der Konstruktionsdetails dem freien Ermessen des Fach=
mannes der weiteste Spielraum gelassen.

Firstverwahrungen.

    Man verwende hierzu 40 cm breite Streifen aus gut im Zink=
bad verzinktem Eisenblech Nr. 21, 0,75 mm dick. Diese Streifen werden

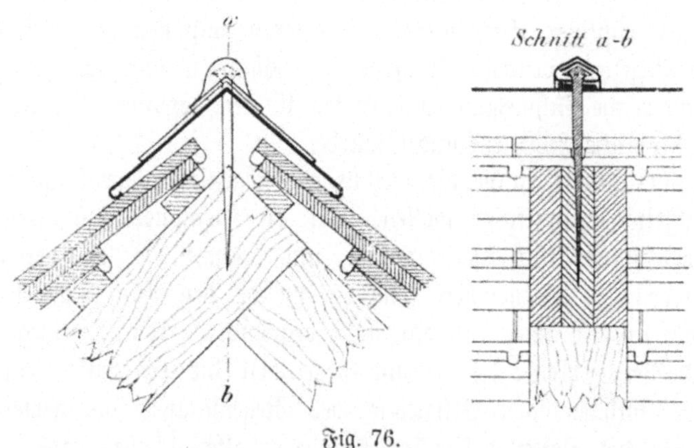

Fig. 76.

der Dachneigung entsprechend abgebogen und die Längsränder zur Erhöhung
der Steifigkeit mit einem Hohlumschlag oder Wulst versehen oder auch nur
auf ca. 2 cm senkrecht nach abwärts gebogen (Fig. 76).

Des besseren Aussehens halber und zur Erhöhung ihrer Steifigkeit können die Bleche auch beliebig profilirt werden (Fig. 77).

Von den 2 m langen Blechtafeln, wie sie im Handel vorkommen, werden je zwei in der Werkstätte zu 4 m langen Stücken mittelst je vier, $2^1/_2$ mm dicker, verzinkter Eisennieten zusammengenietet und mit Zinnloth verlöthet. Hierbei müssen sich die Tafeln an den Nähten wenigstens 5 cm über= greifen. Diese 4 m langen Stücke sind auf dem Dachfirst entweder in gleicher Weise mit einander zu vernieten und zu verlöthen, oder es kann hier auch unbedenklich auf eine Löthung verzichtet werden, nur müssen sich dann die Tafeln auf wenigstens 15 cm Länge dicht berühren, was in genügender Weise mittelst der Hohlumschläge oder Wulste an den Längsrändern der Tafeln in Verbindung mit der Befestigung der Blechtafeln am Dach erreicht wird. Die Befestigung der Bleche geschieht in der Regel an den Dachsparren mittelst winkelförmig abgebogener, verzinkter ca. 40×4 mm starker Bandeisen und mit 20—30 cm langen verzinkten Kreuznägeln oder Holzschrauben, welche wenigstens 10 cm tief in gesundem Holz stecken müssen. Die Nagel= löcher werden gegen das Eindringen des Regens mittelst über die Nagel= köpfe geschlagener und an die Firstbleche angelötheter Dichtungskappen aus ca. $1^1/_2$ mm dickem Walzblei gedichtet. Bei untergeordneten Gebäuden kann jedoch bei Anwendung großflächiger Nagelköpfe, welche die Durchdringungs= stellen vollständig decken, auf die Anbringung solcher Dichtungskappen ver= zichtet werden.

Bei besseren Gebäuden, wo man aus ästhetischen Gründen die winkel= förmig abgebogenen Flacheisenträger vermeiden will, geschieht die Befestigung der Blechtafeln mittelst von unten an die Bleche angenieteter und ge= lötheter Haften, welche ihrerseits an die Sparren, Dachlatten oder be= sondere, in der Richtung des Firsts angebrachte Futterhölzer genagelt werden. Es genügt, je zwei solcher Haften an den Ueberdeckungsstellen der Blechtafeln und zwar jedesmal an der oberen anzubringen, womit zugleich die untere niedergedrückt und festgehalten wird.

Bei Falzziegeldächern werden die zwischen den Firstblechen und den Falzziegeln verbleibenden Oeffnungen mittelst 10—12 cm breiter Streifen aus $1—1^1/_2$ mm dickem Walzblei gedichtet (Fig. 77 u. 78). Die Blei= streifen werden in der Werkstätte mit den Firstblechen, für welche in diesem Fall auch eine Breite von 33 cm genügt, verfälzt und verlöthet und sodann auf dem Dach mittelst eines Holzhammers den Erhöhungen und Vertiefungen der Falzziegel genau angepaßt. Bei untergeordneten Gebäuden mit steilen Dächern können diese Bleistreifen auch entbehrt werden.

Auf das „Schaffen", d. h. das Ausdehnen und Zusammenziehen bei Temperaturveränderungen, braucht bei Eisenblech keine Rücksicht genommen zu werden, weil jene Veränderungen hier verschwindend klein sind, und

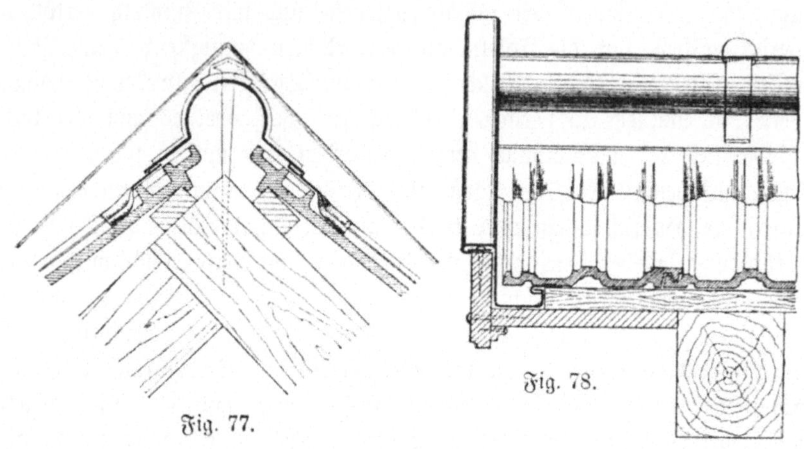

Fig. 77.   Fig. 78.

ist deshalb bei einem etwaigen Zusammenlöthen der Firstbleche in ihrer ganzen Länge bei der oben angegebenen Befestigungsweise ein Reißen nicht zu befürchten.

Die Verwahrung der **Gräte** bei Walmen= und Zeltdächern geschieht in gleicher Weise wie bei den Firsten, und gilt insbesondere auch bezüglich der Vorzüge der Blechverwahrung der Gräte vor der Bedeckung derselben mit Gratziegeln das oben S. 93 über die Firstverwahrungen Gesagte.

Ortgang=(Giebelsaum=)Verwahrungen.

Bei den ländlichen Gebäuden werden die Dachvorsprünge an frei= stehenden Giebelseiten gewöhnlich dadurch gebildet, daß man die Dachlatten 25—30 cm über die Giebelwand vorstehen läßt. Zum Schutz gegen Ab= werfen der über die Giebelwand vorstehenden Ziegelplatten durch den Wind werden an der Unterseite der vorspringenden Latten sogenannte Wind= bretter befestigt; den vorderen Abschluß bilden die Stirnbretter oder Zahn= latten, oder man begnügt sich auch hier mit einem bloßen Verstreichen der Lattenzwischenräume mit Kalkmörtel. In allen diesen Fällen wird nun aber das Eindringen des Regens in die Zwischenräume zwischen Deckmaterial und Windbrettern und ins Innere des Gebäudes nicht oder nicht in genügender Weise verhindert; daher kommt es, daß an solchen Dachvorsprüngen das Holzwerk frühzeitig verfault, wodurch wiederholte

Reparaturen erforderlich werden. Diese mangelhafte Bauweise wird deshalb neuerdings mehr und mehr verlassen, und sollte jeder Bautechniker ernstlich darauf bedacht sein, nicht bloß bei Neubauten die dem Eindringen des Regens und Schnees besonders ausgesetzten Ortgänge der Giebel mit soliden Blechverwahrungen zu versehen, sondern er sollte auch dahin wirken, daß die Ortgänge älterer Bauten durch nachträgliche Anbringung solcher Schutzbleche rechtzeitig vor dem Ruin geschützt werden. Es liegt dazu um so mehr Anlaß vor, als man nun weiß, daß diese Bleche nicht bloß einen guten Regen- und Schneeschutz, sondern auch vorzügliche natürliche Blitzableiter bilden. Man wählt dazu am besten verzinktes Eisenblech Nr. 21 oder 22 mit 0,75 bezw. 0,62 mm Dicke, und genügt bei gewöhnlichen Ziegeldächern eine Breite der Bleche von 20 cm, bei Falzziegeldächern eine solche von 25 cm. Die Bleche werden womöglich in 2 m langen Tafeln wie in Fig. 79 abgebogen. Um die für den Regenabfluß erforderliche vertiefte Rinne längs der Ortgänge zu erhalten, müssen die Dachlatten ca. 8 cm hinter den Stirnbrettern abgeschnitten und, sofern keine Flugspuren vorhanden sind, die Ortgangbleche unmittelbar auf die Windbretter gelegt werden. Bei Vorhandensein nur 1 m langer Blech-Biegmaschinen werden die Meterstücke der Blechtafeln zu-

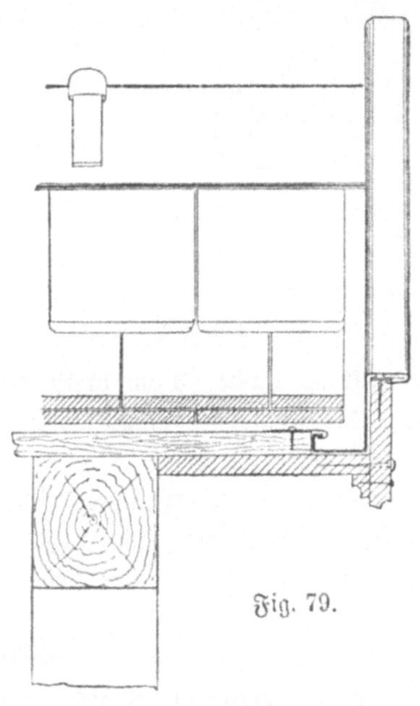

Fig. 79.

nächst in der Werkstätte, sich 5 cm übergreifend, zu 2 m langen Stücken je mittelst drei verzinkter Eisennieten mit einander vernietet und verlöthet. Diese 2 m langen Tafeln sind sodann auf dem Dache entweder in gleicher Weise mit einander zu vernieten und zu verlöthen, oder sie müssen daselbst derart befestigt werden, daß sie sich auf je wenigstens 15 cm Länge dicht berühren. Die einzelnen Tafeln werden hierbei an ihren oberen Enden mit je 2 verzinkten Nägeln an die Latten genagelt. Die seitliche Befestigung auf der Dachfläche geschieht mittelst 6 cm langer, 4 cm breiter Haften aus verzinktem Eisenblech Nr. 22 in Abständen von je $^1/_2$ m und an den Stirnbrettern mittelst durchlaufender Vorsprung-

7*

streifen aus gleichem Blech. Die Haften und Vorsprungstreifen werden ihrerseits mittelst langer verzinkter Gurtstifte an die Latten, beziehungs=weise Stirnbretter genagelt. Die Befestigung der Ortgangbleche an den Stirnbrettern kann auch unmittelbar mittelst verzinkter Nägel erfolgen, über deren Köpfe sodann zur Regendichtung Kappen aus Zinkblech oder verzinktem Eisenbech, sogenannte Buckeln, zu löthen sind.

Dauerhafter, gut aussehend und besonders für die Zwecke des Blitz=schutzes geeignet ist die Anbringung von Stirnblechen aus verzinktem Eisen=blech Nr. 21 oder 22 an Stelle der hölzernen Stirnbretter (Fig. 80).

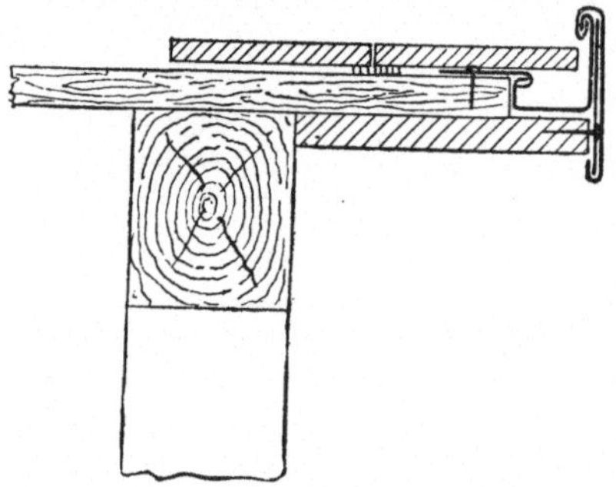

Hierzu werden zunächst Streifen aus Sturzblech oder besser aus ver=zinktem Blech an die Windbretter ge=nagelt und darüber sodann die beider=seits mit Fälzen versehenen Stirnbleche geschoben. Die Stirnbleche können aber auch unmittelbar an den Wind=brettern festgenagelt werden, nur sind dann zur Dichtung der Nagellöcher circa 6 cm lange, 3 cm breite durchlochte Bleilaschen erforderlich, welche über die Köpfe der Nägel geschlagen und oben und seitlich mit den Stirn=blechen verlöthet werden.

Fig. 80.

Damit die Verzinkung nicht losspringt, sind bei verzinkten Blechen zu scharfe Biegungen und Fälze zu vermeiden. Alle Fälze und Ecken sollten deshalb mindestens $^1/_2$ cm, besser 1 cm rund gebogen werden.

Kehlverwahrungen.

Hierzu empfiehlt es sich, verzinktes Eisenblech Nr. 20 oder 21 zu ver=wenden und den Tafeln eine geschnittene Breite von wenigstens 50 cm zu geben. Das Abbiegen nach der Dachform kann hier auch ohne Bieg=maschine mittelst eines Dielen=(Bohlen=)stückes geschehen, so daß also da, wo keine so langen Biegmaschinen vorhanden sind, die Tafeln in einer Länge von 2 m ungetheilt gelassen werden können. Die Ränder erhalten 2 cm breite Hohlfälze, und müssen sich die einzelnen Tafeln auf je wenigstens 15 cm dicht überdecken. Die Befestigung an den Dachlatten geschieht am oberen Ende der Tafeln mittelst je vier verzinkter Nägel, außerdem seitlich mittelst Haften in Abständen von je $^1/_2$ m.

Die Anschlüsse an höhere Fachwerkswände, z. B. bei Querhäusern und stehenden Dachfenstern, sowie an höhere Mauern werden aus ver=

zinktem Eisenblech Nr. 21 oder 22 in einer Breite von wenigstens 25 cm in der üblichen Weise hergestellt.

Zu beachten ist auch hier, daß sich die einzelnen Blechtafeln je wenigstens auf 15 cm Länge dicht überdecken müssen.

Dachrinnen.

Es brauchen hier nur die gewöhnlichen halbrunden Hängrinnen beschrieben zu werden, weil bei den Kastenrinnen sich von selbst ein so bedeutender Ueberschuß an Leitungsquerschnitt und Oberfläche der Blechtafeln ergiebt, daß sie bei beliebiger Konstruktion ohne Weiteres als Blitzableiter benutzt werden können, falls nur auf entsprechend großflächige Berührungsstellen an den Enden der Blechtafeln gesehen wird.

Wegen seiner größeren Widerstandsfähigkeit gegen mechanische und atmosphärische Einflüsse empfiehlt sich insbesondere auch für die Hängrinnen die Verwendung von verzinktem oder mit Oelfarbe gestrichenem verbleitem Eisenblech Nr. 20 oder 21. Die Hängrinnen erhalten gewöhnlich einen Umfang von 25—33 cm. Es werden zunächst in der Werkstätte 4 m lange Stücke durch Vernieten und Verlöthen der einzelnen Blechtafeln gebildet, wobei die Löthnähte eine Breite von wenigstens 5 cm erhalten sollten. Diese 4 m langen Stücke sind sodann am Dach unter sich in gleicher Weise zu vernieten und zu verlöthen. Zur Unterstützung der Rinnen dienen an jedem Sparren befestigte Träger aus ca. 28 × 5 mm starkem verzinktem Bandeisen.

Regenabfallrohre.

Dieselben können aus verzinktem oder verbleitem Eisenblech Nr. 21 und 22, oder auch aus Zinkblech Nr. 11 hergestellt werden.

Da Zinkrohre unter den Temperatureinflüssen stark zu leiden haben und, falls sie nicht unmittelbar in unterirdische Rohrleitungen einmünden, im Winter leicht einfrieren und dann platzen, was bei verzinkten oder verbleiten, gefälzten und gelötheten Eisenblechrohren weniger der Fall ist, und da auch die letzteren bei Blitzschlägen Beschädigungen weniger ausgesetzt sind, so ist deren Verwendung bei Neubauten besonders zu empfehlen. Dem Platzen der Rohre infolge Einfrierens kann übrigens auch bei Verwendung von Zinkblech durch Anwendung von in der Längsrichtung gewelltem Blech vorgebeugt werden. Solche durch Musterschutz geschützte Ablaufrohre aus gewellten Blechen liefert die Firma Joh. Cammerer in Göppingen in Württemberg zu billigen Preisen. Die Regenabfallrohre erhalten gewöhnlich einen Durchmesser von 10—12 cm. Bei verzinkten und verbleiten Eisenblechrohren werden die Längsnähte in der Werkstätte 1 cm breit gefalzt und gelöthet, und sodann die einzelnen Rohrstücke zu 3—4 m langen Stücken mit je wenigstens 3 cm breiten Löthnähten zusammengelöthet. Am Bau werden diese 3—4 m langen Stücke nur mittelst Stecknähten auf je wenigstens 10 cm Länge in einander gesteckt. Die Befestigung mittelst Rohrschellen erfolgt in der üblichen Weise in Abständen von womöglich nicht über 2 m.

Verbindungen.

Für eine metallische Ueberbrückung etwaiger Zwischenräume zwischen den einzelnen Blechverwahrungen mittelst aufgelötheter Kappen aus Zinkblech oder verzinktem Eisenblech ist Sorge zu tragen. Es wird dies insbesondere an den Anschlüssen der Grat-, Kehl- und Ortgangbleche und der Ueberhängstreifen an die Dachrinnen erforderlich werden. Um bei Zinkblechverwahrungen den nöthigen Spielraum für deren Ausdehnen und Zusammenziehen infolge von Temperaturänderungen zu erhalten, empfiehlt es sich, jene Kappen buckelförmig anzuordnen und den mittleren gebogenen Theil ungelöthet zu lassen. Solche Verbindungskappen aus Zinkblech sollten bei unverzweigten Leitungen einen Querschnitt von nicht weniger als 200 qmm und bei einfach verzweigten einen solchen von nicht weniger als 100 qmm erhalten.

Allgemein ist zu bemerken, daß überall da, wo ein Anstrich vorgesehen ist, wie dies aus ästhetischen Rücksichten häufig bei den Dachrinnen und Regenabfallrohren der Fall sein wird, verzinktes Eisenblech sich weniger eignet als verbleites, weil der Oelfarbenanstrich auf ersterem nicht gut haftet. Bei verbleitem Eisenblech können die Nietungen an den Nähten entbehrt werden, weil hier auch das Zinnloth besser haftet als bei verzinktem Blech, dagegen ist die Haltbarkeit des verbleiten Bleches eine geringere als diejenige des verzinkten, wenn der Oelfarbenanstrich nicht dauernd in gutem Zustande erhalten bleibt.

Statt des für die metallenen Dachkantenverwahrungen in erster Linie empfohlenen verzinkten oder verbleiten Eisenblechs kann selbstverständlich auch, wenn die Kosten nicht gespart zu werden brauchen, das noch bessere und dauerhaftere Kupferblech Anwendung finden.

Auch bei Schieferdächern werden die Dachkanten am sichersten und dauerhaftesten mit Blechen verwahrt, und diese sodann zweckmäßiger Weise als natürliche Blitzableiter benutzt. Die Konstruktion ist im allgemeinen dieselbe wie bei Ziegeldächern, nur wird man hier bei der vorhandenen

Bretterunterlage mehr von dem schmiegsameren, leichter zu bearbeitenden Zinkblech Gebrauch machen wollen. Zinkblech besitzt zwar eine fast doppelt so große specifische Leitungsfähigkeit wie Eisen; wegen seines niederen Schmelzpunktes empfiehlt es sich jedoch, bei Auffangleitungen und einfachen Ableitungen den Querschnitt nicht geringer als 200 qmm und bei verzweigten Ableitungen nicht geringer als 100 qmm zu nehmen; auch ist hier auf die Bildung großflächiger und dichter Berührungsstellen an den Stößen der Leitungstheile eine erhöhte Sorgfalt zu verwenden.

Blei eignet sich am wenigsten zur Verwendung für Blitzableiterluftleitungen. Geschieht dies aber dennoch, so sollte für Auffangleitungen und einfache Ableitungen ein Querschnitt von wenigstens 300 qmm und für einfach verzweigte Ableitungen ein solcher von wenigstens 150 qmm in Rechnung genommen werden. Gute großflächige Verbindungsstellen sind auch hier eine Hauptbedingung.

Trifft man metallene Regenschutzvorrichtungen bei bestehenden Gebäuden ganz oder theilweise an, so ist zu untersuchen, inwieweit sie den oben für Neubauten gegebenen Vorschriften entsprechen, wonach sie ohne Weiteres in die Blitzableitung eingeschaltet werden können oder nicht.

Bei Verwendung von Zinkblech zu den Dachverwahrungen, Dachrinnen und Abfallrohren ist es nicht ausgeschlossen, daß im Falle des Blitzeinschlags mehr oder weniger starke Durchlöcherungen oder sonstige Beschädigungen an nicht gelötheten oder nicht genügend großflächigen Verbindungsstellen vorkommen. Der Grund liegt darin, daß Zinkblech einem abwechslungsweisen Zusammenziehen und Ausdehnen bei Temperaturschwankungen stark unterworfen ist, wodurch es möglich ist, daß Undichtigkeiten an nicht gelötheten Verbindungsstellen entstehen, und die bei einem Blitzschlag dort überspringenden kleinen Funken theils eine Schmelzung des leicht schmelzbaren Zinkblechs verursachen, theils durch Erhitzung der zwischen den Blechen liegenden Luftschicht oder durch Verdampfung des eingedrungenen Wassers ein Loslösen oder Wegschleudern der Bleche verursachen. Diese Beschädigungen sind aber doch fast immer ziemlich unbedeutend. Durch Auflöthen buckel- oder wellenförmiger Blechkappen, welche das „Schaffen" der ohne Löthung in einander greifenden Blechstücke gestatten, können übrigens mit verhältnißmäßig geringen Kosten auch diese kleinen Schäden verhütet werden. Nur wegen unbedeutender Mängel in ängstlicher Weise auf die Verwendung metallener Dachverwahrungen, Dachrinnen und Abfallrohre für Blitzableiterzwecke zu verzichten, dazu liegt aber wenigstens bei den Gebäuden gewöhnlicher Art kein Grund vor. Wenn je an einer nicht vollkommenen Verbindungsstelle im Falle des

Blitzschlags eine kleine Beschädigung eintritt, und nur um kleine Beschä=
digungen wird es sich in fast allen Fällen handeln, so ist dieser Schaden
mit wenigen Mark (welche die Feuerversicherung ersetzt) schnell wieder
reparirt. Ueber solche kleine Mängel kann man sich um so leichter weg=
setzen, als der Blitz ja auch nicht jeden Tag einschlägt, vielmehr die meisten
Gebäude niemals, und die andern während ihres ganzen Bestehens kaum
mehr als einmal vom Blitz getroffen werden, man also durch die etwa
erforderlich werdenden Reparaturarbeiten nicht oft belästigt wird. Uebrigens
ist es gar nicht in das Belieben des Blitzableiterkonstrukteurs gestellt, die me=
tallenen Dachverwahruugen, Dachrinnen und Abfallrohre als Blitzableiter
benutzen zu wollen oder nicht, der Blitz wird sie, wenn man ihm auch einen
oder mehrere andere Wege anweist, doch aufsuchen, und bleibt deshalb nur das
eine Mittel, falls man eine Beschädigung derselben verhüten will, sie nöthigen=
falls zu vollkommenen Blitzableitungen zu verbessern oder zu ergänzen.

Bei bestehenden Gebäuden, welche die oben bezeichneten Metall=
armirungeu der Dachkanten nicht besitzen, sollte bei jeder Gelegenheit, ins=
besondere bei Dachreparaturen, auf deren nachträgliche Anbringung mit
dem Hinweis auf den sich unmittelbar damit ergebenden Blitzschutz hin=
gewirkt werden. Bleibt dies ohne Erfolg und wird doch ein Blitzableiter
verlangt, so ist von den im nächsten Kapitel beschriebenen künstlichen Lei=
tungen Gebrauch zu machen; dasselbe hat zu geschehen, soweit die ge=
nannten Blechverwahrungen sich nur theilweise vorfinden, oder bei Ge=
bäuden mit Strohdächern.

Ganze Metalldächer, mögen sie aus Kupfer, verzinktem Eisenblech
oder Zinkblech bestehen, bilden vorzügliche natürliche Blitzableiter, auch ist
hier eine großflächige Berührung der einzelnen Theile an den Verbindungs=
stellen nicht iu dem Maaße erforderlich wie bei der bloßen Metallbekleidung
der Dachkanten, weil der Blitz in diesem Falle Gelegenheit hat, sich von
der Einschlagstelle an sofort nach allen Richtungen zu verzweigen, wodurch
seine elektromotorische Kraft so bedeutend vermindert wird, daß an den
Berührungsstellen gefährliche Funken oder gefährliche Wärmewirkungen
schwerlich entstehen können.

Ganz aus Eisenblech bestehende Häuser, z. B. eiserne Wellblechschuppen,
können, wie schon bemerkt, keinen besseren Blitzableiter bekommen, als sie ihn
in ihrer Metallhülle selbst besitzen, und bedürfen in der Regel auch keiner Erd=
leitung, weil bei ihnen der Blitz an unendlich vielen Stellen in gleitenden
Funken gefahrlos zur Erde abfließt, falls nicht einzelne besondere Anziehungs=
punkte, wie z. B. Gas= und Wasserleitungen vorhanden sind, mit welchen
selbstverständlich eine metallische Verbindung hergestellt werden muß.

Bei eisernen Dachkonstruktionen mit durchlaufenden eisernen First=
pfetten können letztere unmittelbar als Firstleitung benutzt werden, denn
wenn in diesem Falle der Einschlag in den First erfolgt, so wird daselbst
in kleinem Umfang nur das Dachdeckmaterial, falls es nicht aus Metall
besteht, beschädigt, welcher geringe Schaden jedoch mittelst der von der
Feuerversicherung zu gewährenden Entschädigung jederzeit schnell wieder
reparirt ist.

Sehr gute natürliche Blitzableiter, bezw. Theile solcher bilden selbst=
verständlich auch die Metallbekleidungen der Wände, wie sie in manchen
Gegenden zum Schutz der Wetterseiten der Gebäude oder zum Schutz aller
vier Gebäudeseiten gegen Witterungseinflüsse angewendet werden, und
kommt es auch hier, wie bei Metallbedachungen, auf eine peinlich dichte
Berührung der einzelnen Blechtafeln nicht an.

Wegen der Möglichkeit der Benutzung der in den Gebäuden auf=
steigenden Gas= und Wasserleitungsrohre als natürliche Blitzableiter,
s. oben S. 56—60 ff. und hinten im VIII. Kapitel.

Natürliche Blitzableiter in gewissem Sinne sind auch die Ziegel= und
Schieferbedachungen, sowie das Holz= und Mauerwerk der Umfassungs=
wände der Gebäude, sobald dieselben durch den Gewitterregen befeuchtet
sind, wodurch ihre Leitungsfähigkeit wesentlich erhöht wird.

Ihre im Vergleich zu den Metallen natürlich immer noch viele
Tausend Mal geringere Leitungsfähigkeit wird theilweise ersetzt durch ihre
entsprechend größere Ausdehnung. Auch die Verdrahtung des äußeren und
inneren Verputzes hölzerner Fachwerkswände und der Deckengipsungen wirkt
in vielen Fällen als natürlicher, anderen größeren Schaden abwendender,
bezw. eine Zündung verhütender Blitzableiter. Bei den meisten städtischen
Gebäuden kommen noch hinzu die als Blitzableiter dienenden metallenen
Dachbedeckungen oder die metallenen Dachkantenverwahrungen, Dachrinnen
und Regenabfallrohre, und ist dies der Grund, warum bei dieser Art von
Gebäuden, auch wenn sie eines jeden künstlichen Blitzschutzes entbehren,
die Blitzschläge in den meisten Fällen ziemlich gefahrlos verlaufen.

Diese für nicht mit feuergefährlichen Stoffen gefüllte Gebäude be=
stehende geringe Blitzgefahr läßt für ländliche Gebäude einen einfachen
natürlichen Blitzschutz schon darin erblicken, daß man den Dachraum von
Wohngebäuden, nicht wie dies vielfach geschieht, zur Lagerung von
Garben, Stroh, Futter 2c. benutzt, vielmehr diese leicht entzündlichen Stoffe
in freistehenden Scheuern unterbringt oder in solchen, welche von den
Wohngebäuden durch feuersichere Mauern abgeschieden sind, und daß man
insbesondere vermeidet, neue Wohn= und Scheuergebäude mit weicher

Dachung zu versehen. Diese veraltete, eine große aktive und passive Feuersgefahr in sich schließende Bauweise sollte polizeilich bei Neubauten allgemein verboten werden, nachdem man nun in den Falzziegeldächern, insbesondere wenn deren Fugen innen noch gut mit Cementmörtel gedichtet werden, ein mindestens ebenso sicheres Schutzmittel gegen das Eindringen von Regen und Schnee in den Dachraum besitzt wie bei Strohdächern. Ein solches Verbot ist denn auch bereits in den Regierungsentwurf eines revidirten Baugesetzes für das Königreich Württemberg aufgenommen worden.

In manchen Gegenden gelten die in der Nähe von Gebäuden stehenden Bäume, insbesondere die Gebäude überragende Pappeln als natürliche Blitzableiter, und werden solche für diesen Zweck sogar häufig gepflanzt.

Die oben S. 32—34 angeführten Beispiele über Blitzschläge, sowie auch anderwärts gemachte Erfahrungen lassen nun aber einen solchen Blitzschutz als ziemlich zweifelhaft erscheinen. Dr. A. Heß, welcher gründliche Untersuchungen in dieser Sache angestellt hat, kommt in seinem am 26. Oktober 1895 in der Jahresversammlung der Thurgauischen Naturforscher-Gesellschaft in Bischofszell gehaltenen Vortrag: „Ueber die Pappel als Blitzableiter" zu folgendem Ergebniß:

„Ohne Zweifel ist die Pappel eine gute Auffangstange, welche vom Blitz nahestehenden hohen Gebäuden, ja selbst Blitzableitern vorgezogen wird, eine andere Frage ist die, in welcher Weise sie die Ableitung besorgt.

Als wirksame Blitzableiter können nur diejenigen Pappeln angesehen werden, welche mindestens 2 m vom nächsten Punkt des Gebäudes entfernt sind, auf voll-

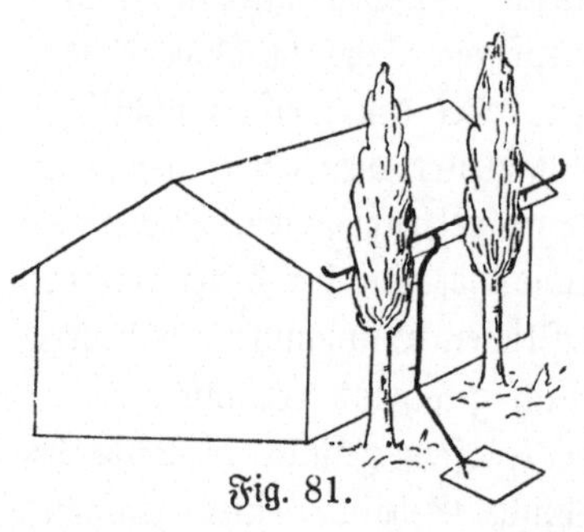

Fig. 81.

ständig durchnäßtem Grund stehen, und denen am Gebäude keine Metallmassen gegenüberstehen, andernfalls bilden sie wegen der Möglichkeit des Abspringens des Blitzes nach dem Gebäude eher eine Gefahr statt einen Schutz für dasselbe. Diese Gefahr kann nur dadurch beseitigt werden, daß man das Gebäude entweder mit einem regelrechten Blitzableiter versieht, durch welchen insbesondere auch die der Pappel nächstgelegenen Stellen des Gebäudes geschützt werden, oder es werden, wenn man nur die durch die Pappeln bedingte Gefahr beseitigen will, die denselben nächstgelegenen Gebäudetheile mit einer Leitung, Ableitung und Erdleitung (wie in Fig. 81) versehen.

Wem aber die angegebenen Schutzmaßregeln zu theuer sind, der entferne die Pappeln, denn dann ist sein Haus wenigstens nicht mehr gefährdet als ein anderes."

Diesen Vorschlägen ist beizustimmen, und können sie selbstverständlich auch auf jede andere Art von Bäumen Anwendung finden.

Was die Frage der Bevorzugung der einen Baumart vor der andern durch den Blitz betrifft, so geben hierüber die von Forstmeister Feye in Detmold mit großer Sorgfalt ausgeführte Statistik der Blitzschläge in Bäume des Fürstenthums Lippe und die damit übereinstimmenden experimentellen Untersuchungen von Dimitrie Jonescou (Jahreshefte des Vereins für vaterländische Naturkunde in Württemberg 1893 S. 33 ff. und Berichte der deutschen botanischen Gesellschaft 1894 Band XII Heft 5) Aufschluß. Jonescou sah von der Untersuchung des galvanischen Leitungsvermögens der verschiedenen Holzarten ab und experimentirte nur mit den Entladungsfunken von Leydener-Flaschen. Er begründet dies mit folgenden Worten:

„Da es sich beim Blitzschlag um plötzliche Bewegungen großer Elektricitätsmengen und nicht um einen kontinuirlichen Strom handelt, so ist es wegen der auftretenden Selbstinduktionsvorgänge zum mindesten sehr fraglich, ob die größere oder geringere Fähigkeit, den Wechsel der großen elektrostatischen Ladungen zu begünstigen, direkt mit dem galvanischen Leitungsvermögen zu identificiren ist. Aus diesem Grunde schien es mir viel wichtiger, anstatt nach den gewöhnlichen Methoden das galvanische Leitungsvermögen zu bestimmen und zu untersuchen, ob zwischen diesem und der durch die Statistik wahrscheinlich gemachten Bevorzugung gewisser Baumarten durch den Blitz ein Zusammenhang bestände, lieber direkt mit dem Funken zu experimentiren und festzustellen, für welche Holzarten eine geringere Spannung bei sonst gleichen Verhältnissen zum Durchschlag nothwendig ist; solche, für welche diese Spannung die kleinere ist, werden, wenn der Schluß von den kleineren Versuchsverhältnissen im Laboratorium auf die großen Entladungserscheinungen in der Natur berechtigt ist, auch vom Blitz leichter getroffen werden."

Das Ergebniß seiner Untersuchungen faßt Jonescou in folgende Sätze zusammen:

„1. Bei sehr hoher elektrischer Spannung können alle Baumarten vom Blitz getroffen werden.

2. Fettbäume, die auch während des Sommers reich an Oel sind, wie z. B. die Buche, sind in hohem Grade gegen Blitzschlag gesichert.

3. Stärkebäume und Fettbäume, die während des Sommers arm an Oel sind, z. B. die Eiche, Pappel, Weide, werden vom Blitz bevorzugt.

4. Der Wassergehalt der Bäume ist auf die Blitzgefahr ohne Einfluß.

5. Abgestorbene Aeste erhöhen sowohl bei Stärke- als auch bei Fettbäumen die Blitzgefahr."

Das Eichenholz bildet auch als Baumaterial einen besseren natürlichen Blitzableiter und erleidet geringere Beschädigungen im Falle des Einschlags als Tannenholz.

Die verhältnißmäßig größten Beschädigungen werden an Bauhölzern in der Regel in unmittelbarer Nähe von unzusammenhängenden eisernen Konstruktionstheilen, Schrauben, Klammern und dergl. verursacht, weil dort der Entladungsstrom in ein enges Bett zusammengedrängt wird und daher mit erhöhter Intensität wirkt. Bei ausschließlich hölzernen und steinernen Gebäudetheilen sucht der Blitz dagegen die mangelnde Leitungsfähigkeit durch seine Ausbreitung über die zur Verfügung stehenden großen Flächen zu ersetzen, gleichsam um sich Zerstörungsarbeit zu sparen. Solche Erfahrungen mögen vielleicht die Alten dazu geführt haben, die Verwendung unzusammenhängender metallener Konstruktionstheile bei Dachverbänden möglichst zu vermeiden, und wird diese Vorsichtsmaßregel in Verbindung mit der früheren ausgedehnten Anwendung von Eichenholz der Grund dafür sein, daß so manches alte Bauwerk viele Jahrhunderte lang den Blitzschlägen getrotzt hat, ohne daß es mit einem Blitzableiter versehen war.

VII. Künstliche Luftleitungen.

a. Leitungsmaterial.

Als Leitungsmaterial kommen hier nur in Betracht Kupfer und Eisen.

Kupfer eignet sich für Blitzableiterzwecke besonders gut wegen seines großen Widerstandes gegen atmosphärische Einflüsse. Wegen seiner Biegsamkeit läßt es sich als Leitungsmaterial in Draht-, Drahtseil- oder Bandform leicht bearbeiten und verlegen.

Seine Festigkeit leidet aber wesentlich durch Beimengungen von Blei, Zinn, Zink u. s. w., wodurch es brüchig wird, ebenso sinkt sein Schmelzpunkt und seine Leitungsfähigkeit in dem Maaße, als jene anderen Metalle beigemengt sind. Es sollte deshalb nur solches Material verwendet werden, welches wenigstens 90 % der Leitungsfähigkeit des chemisch reinen Kupfers besitzt.

Durch die im Steinkohlenrauch enthaltene schwefelige Säure wird Kupfer stark angegriffen, weshalb sich dessen Anwendung über oder unmittelbar neben Schornsteinmündungen weniger empfiehlt. Durch Verzinnung kann es jedoch widerstandsfähiger gegen diese Einflüsse gemacht werden.

Eisen ist zwar in ungeschütztem Zustand unter der Einwirkung atmosphärischer Einflüsse dem Rosten stark unterworfen, seine Dauer kann aber durch gute Verzinkung oder durch von Zeit zu Zeit zu erneuernden Oelfarb-, Asphaltlack- oder Theeranstrich wesentlich erhöht werden.

Eisen besitzt eine größere Wärmekapacität, einen höheren Schmelzpunkt und eine bedeutend größere Festigkeit als Kupfer. Dieser letztere Vorzug ist für Blitzableiterzwecke von großer Bedeutung, weil bei Blitzschlägen mehr oder weniger starke Erschütterungen in den Leitungen vorkommen, die zu einem Zerreißen zu schwacher oder aus ungeeignetem Material bestehender Leitungen Veranlassung geben können.

Ein Hauptvorzug des Eisens vor dem Kupfer ist dessen bedeutend größere Billigkeit. Verzinktes Eisen findet daher als Blitzableitermaterial neuerdings eine ausgedehnte Anwendung; z. B. werden von der deutschen Reichspost= und Telegraphenverwaltung verzinkte Eisendrähte bezw. verzinkte Eisendrahtseile nicht bloß für Telegraphen=, sondern auch für Blitzableiter= zwecke fast ausschließlich verwendet.

In dem von den Professoren Helmholtz, Kirchhoff und Geheim= rat Werner von Siemens unterzeichneten Gutachten der Preußischen Aka= demie der Wissenschaften vom 5. August 1880, Sitzungsberichte S. 752—756, werden kupferne Leitungen nicht als unbedingt erforderlich bezeichnet, und wegen ihrer großen Billigkeit bei doch genügender Dauerhaftigkeit Blitzableiter aus verzinktem Eisendraht empfohlen.

Eisen, welches zu künstlichen Blitzleitungen verwendet wird, soll weiches, leicht biegsames Fluß=, Walz= oder Schmiedeisen sein und die Leitungs= fähigkeit eiserner Telegraphendrähte besitzen.

Messing eignet sich nicht gut als Blitzableitermaterial. Wegen seines niederen Schmelzpunktes wäre ein so großer Leitungsquerschnitt erforder= lich, daß die Anlagekosten theurer würden als bei Kupferleitungen. Die gleichen Gründe sprechen auch gegen die Anwendung von Zink, Zinn und Blei als künstliches Leitungsmaterial. Dagegen können alle diese Metalle bei Leitungsverbindungen als Muffen, Schrauben, Verbindungsplatten, Kappen, Futter, bezw. zu Löthungen oder Verstemmungen zweckmäßige Ver= wendung finden. Zu Muffen= und Schraubenverbindungen bei Kupfer= leitungen eignet sich Messing und Bronce (Rothguß) besser als Kupfer, weil die ersteren Metalle durch Gießen leicht in jede Form gebracht werden können, und sich leichter Gewinde an dieselben schneiden lassen als bei Kupfer. Wenn sich Verbindungen zwischen Kupfer und Eisen, wie z. B. beim Anschluß von Kupferleitungen an eiserne Auffangstangen oder eiserne Gebäudetheile, nicht vermeiden lassen, so sind diese Stellen gegen den Zu= tritt von Feuchtigkeit durch Schutzbleche oder durch einen wetterbeständigen Oelfarb= oder Asphaltlackanstrich gegen zerstörende elektrolytische Einwir= kungen zu schützen. Solche Anstriche empfehlen sich überhaupt bei allen Anschluß- und Verbindungsstellen, insbesondere aber bei allen Löthstellen. Auch ein Oelfarb= oder Asphaltanstrich der ganzen Leitung oder wenigstens das Eintauchen der Leitungsdrähte in Leinöl vor dem Verlegen ist allge= mein und hauptsächlich in der Nähe chemischer Fabriken, welchen säure= haltige Dämpfe entströmen, sowie in der Nähe von Schornsteinmündungen zu empfehlen. Ein Anstrich hat unter allen Umständen stattzufinden bei nicht verzinkten Eisenleitungen.

b. Leitungsquerschnitt.

1. Form des Querschnitts.

Es kann jede beliebige Querschnittsform Anwendung finden, die volle oder hohle, die runde, quadratische oder bandförmige, die Massivdraht- oder Drahtseilform, und kommt es nur darauf an, was sich im einzelnen Fall am zweckmäßigsten erweist mit Rücksicht auf die Bauart und Bestimmung des Gebäudes, die besonderen Eigenschaften des Leitungsmaterials, die Form und Länge, in welchen dasselbe im Handel zu beziehen ist, die leichtere oder schwerere Ausführbarkeit der Befestigungs-, Verbindungs- und Abzweigstellen, insbesondere aber mit Rücksicht auf die zur Verfügung stehenden Geldmittel.

Wie oben (S. 64 u. 65) ausgeführt wurde, erscheinen solche Leitungsformen für den Durchgang des Blitzes günstiger, welche bei gleich großem Querschnitt die größere Oberfläche besitzen, es wären also mit Rücksicht auf Materialersparniß die bandförmigen und drahtseilförmigen Leiter solchen mit massivem, rundem oder quadratischem Querschnitt vorzuziehen. Andererseits ist zu beachten, daß die Lebensdauer des den atmosphärischen Einflüssen ausgesetzten Leitungsmaterials bei großflächigen, also z. B. bandförmigen Querschnittsformen, eine etwas geringere ist als bei gleich starken massiven cylindrischen Drähten. Diese Rücksicht ist bei dem der Oxydation stärker unterworfenen Eisen mehr in Rechnung zu nehmen als bei Kupfer.

Kupfer kann zweckmäßiger Weise als Band, Massivdraht oder Drahtseil Anwendung finden, weil es in jeder dieser Leitungsformen im Handel in großen Längen zu beziehen ist. Auf diesen letzteren Punkt ist bei künstlichen Leitungen ein Hauptgewicht zu legen, weil mit der Zahl der Verbindungsstellen die Herstellungs- und Unterhaltungskosten wachsen, und durch mangelhafte Ausführung der Verbindungen die Sicherheit der Anlage beeinträchtigt werden kann. Bandförmige Kupferleitungen lassen sich verhältnißmäßig am leichtesten verlegen, sie können unbedenklich unmittelbar auf den Dach- und Wandflächen aufliegen, und gestaltet sich hierbei die Befestigungsweise sehr einfach. Bei Kupferbandleitungen genügt schon eine Dicke von 1 mm, und erreicht man deshalb hier eine verhältnißmäßig große Oberfläche im Vergleich zu dem erforderlichen Minimal-Querschnitt.

Wegen der sich darbietenden großen Berührungsflächen lassen sich bei bandförmigen Leitern solide Verbindungs-, Abzweigstellen und Metallanschlüsse billig und bequem mittelst Verschraubung ohne Löthung herstellen.

Nicht ganz so günstig liegen die Verhältnisse bei massivem Kupferdraht. Wird er zu straff gespannt, so reißt er leicht im Winter, wird er nicht angespannt, so läßt er sich schwer gerade legen und sieht nicht gut aus. Dieser Nachtheil fällt bei Kupferdrahtseil weg, es kann angespannt den Temperatureinflüssen folgen, ohne zu reißen oder auf die Befestigungs- und Verbindungsstellen nachtheilig einzuwirken.

Drahtseil hat vor dem Massivdraht den Vorzug verhältnißmäßig größerer Oberfläche, es kann im Handel als solches bezogen oder von jedem besseren Seiler aus seinen Einzeldrähten gewunden werden. Verbindungen und Anschlüsse sind leicht und solid ausführbar. Auch besteht hier die Möglichkeit, durch leicht zu bewerkstelligendes Aufdrehen, z. B. ein vierdrähtiges Seil entsprechend der beabsichtigten Leitungsverzweigung in zwei zweidrähtige oder in vier einfache Drähte zu verwandeln. — Der den Drahtseilen von einzelnen Seiten gemachte Vorwurf geringerer Dauerhaftigkeit und Unzuverlässigkeit paßt wohl auf die früher im Gebrauch gewesenen, aus einer großen Zahl fadendünner Drähte gewundenen Drahtseile oder Litzen, er hat sich aber nach den gemachten Erfahrungen als völlig unbegründet erwiesen bei solchen Drahtseilen, welche aus wenigen aber dickeren Drähten bestehen.

Band- oder Flacheisen, das in der für Blitzableiterzwecke erforderlichen Stärke bei Felten und Guilleaume in Mühlheim a. Rh. neuerdings auch in größeren Längen bis zu 50 m erhältlich ist, besitzt ähnliche Vortheile wie das Kupferband, doch ist hier, wenn man auf eine längere Dauer rechnen will, eine Dicke von wenigstens $2^1/_2$ mm erforderlich.

Massiver Eisendraht von der erforderlichen Stärke ist verhältnißmäßig wenig biegsam, was besonders bei der Herstellung von Blitzableitern auf bestehenden älteren Gebäuden wegen der leichteren Beschädigung des Dachdeckmaterials als nachtheilig empfunden wird. Richtungsänderungen, Verbindungen und Anschlüsse sind bei diesem steiferen Material erschwert, auch hat das abwechslungsweise Ausdehnen und Zusammenziehen des Materials bei größeren Temperaturschwankungen leicht Defecte an den Verbindungs- und Befestigungsstellen im Gefolge. Dasselbe gilt für Eisenleitungen von quadratischem Querschnitt. Diese Nachtheile fallen weg bei den Drahtseilen. Nach den vom Verfasser eingezogenen Erkundigungen haben sich verzinkte Eisendrahtseile, aus nicht zu dünnen Einzeldrähten gewunden, in Schleswig-Holstein und bei den Gebäuden der Deutschen Reichspost- und Telegraphenverwaltung, wo sie, wie schon früher erwähnt, seit längerer Zeit in ausgedehntem Maaße als Blitzableitermaterial in Verwendung sind, sehr gut bewährt. Da sich die Materialkosten erheblich billiger stellen als bei Kupferleitungen, so ist verzinktes Eisendrahtseil neben verzinktem Band= oder Flacheisen als Material für künstliche Lei= tungen jedenfalls überall da zu empfehlen, wo es mehr auf große Billig= keit, als auf sehr lange Dauer ankommt, wie dies z. B. bei den länd= lichen Gebäuden der Fall ist.

Hohle oder röhrenförmige Querschnitte eignen sich wegen der schwie= rigeren Verlegbarkeit solchen Materials, wegen der erforderlichen grö= ßeren Anzahl von Verbindungsstellen, und da solche Leitungen sich den Formen der Gebäude schwer anpassen lassen, weniger gut für künstliche Luftleitungen.

Ganz verwerflich ist die Verwendung von Ketten zu Blitzableitern. Bei dem losen Zusammenhang der einzelnen Kettenglieder und ihrer ge= krümmten Form ergiebt sich ein viel zu großer Widerstand und eine viel zu große Selbstinduktion, und besteht deshalb bei kettenförmigen Leitern in erhöhtem Maaße die Gefahr des Abspringens des Blitzes, des Zerreißens und des Schmelzens des Metalls.

2. Größe des Querschnitts.

Dieselbe hängt ab von der Art des Leitungsmaterials, der Größe der Leitungsverzweigung und der Form des Querschnitts. Die Leitung muß jedenfalls so stark sein, daß eine Schmelzung beim Durchgang des Blitzes nicht vorkommen kann, es darf aber auch keine so starke Erhitzung eintreten, daß brennbare Gegenstände, welche mit der Leitung in Be= rührung kommen, entzündet werden, auch muß die Leitung eine solche mechanische Festigkeit besitzen, daß sie den beim Blitzeinschlag auftre= tenden Erschütterungen bei gleichzeitiger Erwärmung zu widerstehen im Stande ist.

Einen für alle Fälle gültigen Minimalquerschnitt anzugeben, ist nicht möglich. Bei entsprechender Leitungsverzweigung könnte man sich unter Umständen schon mit 2 mm dicken Kupfer= oder Eisendrähten begnügen. Bei vielfacher Verzweigung können selbst die stärksten Blitzschläge durch die nur 0,8 mm dicken Drähte der Wand= und Deckengipsungen ab= geleitet werden, ohne daß dieselben schmelzen. Es bedeutet eine unnöthige Material= und Geldverschwendung und ist einer Vermehrung der Blitz= ableiter hinderlich, wenn man ganz ohne Rücksicht auf die Größe der Leitungsverzweigung das Unterschreiten eines gewissen, zur Aufnahme

der stärksten ungetheilten Blitzschläge genügenden Querschnitts nicht zu=
lassen will.

Wenn auch bei Funkenentladungen die Stromvertheilung nicht genau
nach dem Ohm'schen Gesetz im Verhältniß der Leitungsverzweigung und
der galvanischen Leitungswiderstände stattfindet, so ist anderseits durch die
Melsens'schen Versuche nachgewiesen, und die bei zahlreichen Blitzschlägen
gemachten Erfahrungen bestätigen es, daß der Blitz sich über alle ihm
dargebotenen metallischen Leiter, wenn sie auch z. B. wegen mangelhafter
Verbindungsstellen ganz verschiedene Ohm'sche Widerstände aufweisen,
doch derart ausbreitet, so daß eine Verminderung der einzelnen Leitungs=
querschnitte in dem Verhältniß der Zahl der Leitungszweige berechtigt ist,
vorausgesetzt, daß man, wie dies hier geschieht, die Vorsicht gebraucht, den
einfachen oder einfach verzweigten Leitungen einen verhältnißmäßig großen
Ueberschuß an Querschnitt und Oberfläche zu geben; man kann dann ruhig
z. B. bei Vorhandensein von 4 einigermaßen richtig geführten, von Selbst=
induktion möglichst freien, oben und unten unter sich zusammenhängenden
Ableitungen, denselben auch nur den vierten Theil des Querschnitts einer
einfachen Ableitung geben.

Nach den bis jetzt gemachten Erfahrungen darf man annehmen, daß
ein runder massiver Draht aus reinem Kupfer von 25 qmm Querschnitt
genügt, um sehr starke, ungetheilte Blitzschläge schadlos abzuleiten. Der
Magistrat der Stadt Nürnberg begnügt sich in seinen Blitzableitervor=
schriften vom 3. Dezember 1886 bei unverzweigten Leitungen sogar schon
mit einem Querschnitt von 22 qmm, und hat sich dieses Maaß nach dort ein=
gezogenen Erkundigungen bis jetzt als ausreichend erwiesen. Mit Rück=
sicht nun aber auf die stets mehr oder weniger vorhandenen unreinen
Beimengungen, welche den Schmelzpunkt des Kupfers herabdrücken, ferner
zur Verminderung der Gefahr des Abspringens des Blitzes infolge der
im Leiter auftretenden Selbstinduktion empfiehlt es sich, die Querschnitts=
stärke von 25 qmm nur als Minimum für verzweigte Leitungen, wo
also der Blitz von der Einschlagstelle an wenigstens zwei Wegen zugleich
folgen kann, anzunehmen, diesen Querschnitt aber zu verdoppeln bei draht=
förmigen Ableitern, welche den ganzen ungetheilten Blitzschlag aufzunehmen
und in einer Richtung abzuführen haben.

Da nach Lodge bei bandförmigen Leitern die elektromotorische Kraft
der Selbstinduktion um ca. $\frac{1}{4}$ geringer ist als bei runden Massivdrähten
gleichen Querschnitts, wird man auch den Leitungsquerschnitt bei ersteren
bis um $\frac{1}{4}$ schwächer halten können als bei letzteren.

Wegen der die Selbstinduktion, wenn auch um Weniges, erhöhenden

Windungen bei Drahtseilen empfiehlt es sich jedoch trotz der sich hier ergebenden größeren Oberfläche im Vergleich zu Massivdrähten, den Querschnitt nicht kleiner zu halten als bei letzteren.

Da das Eisen bei gewöhnlicher Temperatur einen ca. 6 Mal größeren specifischen Leitungswiderstand besitzt als Kupfer, so glaubte man lange Zeit, eisernen Blitzableitern auch einen 6 Mal größeren Querschnitt als kupfernen geben zu müssen (vergl. z. B. Sitzungsberichte der Preußischen Akademie der Wissenschaften, 1876, S. 917—919).

Später wurde das Querschnittsverhältniß der verschiedenen Metalle bestimmt nach der vom Joule'schen Gesetz abgeleiteten Regel, daß die Quadrate der Querschnitte verschiedener Metalle direkt proportional ihrem specifischen Leitungswiderstand, sowie umgekehrt proportional ihrer Schmelztemperatur, ihrer specifischen Wärme und ihrem specifischem Gewicht sein müssen, wenn die Metalle sich gleich widerstandsfähig für die Ableitung von Blitzschlägen verhalten sollen.

Die folgende Tabelle enthält die von Professor Kohlrausch in der Elektrotechn. Zeitschrift 1888, S. 124 (vergl. auch S. 48 u. 183 daselbst), angegebenen Konstanten, welche jener Berechnung zu Grunde zu legen wären. Die Werthe für die Leitungsfähigkeit und die specifische Wärme beziehen sich auf die mittlere Temperatur zwischen der gewöhnlichen und der Schmelztemperatur der betreffenden Metalle.

Material	Elektrische Leitungsfähigkeit	Schmelzpunkt	Specifische Wärme	Specifisches Gewicht
Kupfer	20	1200°	0,125	8,9
Eisen	2	1600°	0,18	7,5
Zink	9	410°	0,10	7,2
Blei	3,5	326°	0,033	11,3

Es ergäbe sich hiernach für Eisen ungefähr der $2^1/_2$ fache, für Zink der 3,1 fache und für Blei der 8 fache Querschnitt des Kupfers. Aber auch diese Berechnung ist nicht ganz einwandsfrei, weil sie das Leitungsvermögen der Metalle nur in Bezug auf kontinuirliche Gleichströme berücksichtigt, während der Blitz doch etwas anderes ist, und die beim Durchgang desselben durch die Leiter auftretende Selbstinduktion die Vertheilung des Stroms innerhalb des Querschnitts und den Leitungswiderstand wesentlich beeinflußt. Unter der Voraussetzung, daß die Blitze ähnliche Eigenschaften besitzen wie die künstlichen Kondensatorentladungen, wird, wie früher bemerkt, durch die auftretende Selbstinduktion der Entladungsstrom gegen die Oberfläche der Leitung gedrängt, während das Innere des Querschnitts fast ganz stromlos bleibt. Der dadurch erzeugte sogenannte scheinbare Widerstand ist von solcher Größe, daß der gewöhnliche Ohm'sche Widerstand dagegen mehr oder weniger verschwindet. Man würde daher vielleicht keinen großen Fehler begehen, wenn man den specifischen Leitungswiderstand bei der Berechnung des Querschnittsverhältnisses der Metalle außer Betracht ließe, und würden sich dann obige Verhältnißzahlen:

$$1 : 2,5 : 3,1 : 8$$

verwandeln in

$$1 : 0,8 : 2,1 : 3,4.$$

Es wäre dann also für Eisen kein größerer, sondern sogar ein um $^1/_5$ geringerer Querschnitt als für Kupfer erforderlich. Da es nun aber noch nicht unbestritten ist, daß alle Blitze oscillatorischen Charakter besitzen, und es außer den gewöhnlichen, sehr rasch verlaufenden Entladungen auch solche von der Dauer eines größeren Bruchtheils einer Sekunde gibt,[1] bei welchen anzunehmen ist, daß der Strom Zeit findet, verhältnißmäßig tiefer in's Innere des Querschnitts einzudringen, für welchen Fall sodann der specifische Ohm'sche Widerstand wieder eine erhöhte Bedeutung erlangt, so empfiehlt es sich vorläufig, bis weitere Erhebungen in dieser Beziehung gemacht sind, die Größe der Leitungsquerschnitte der genannten Metalle im Vergleich zu Kupfer ungefähr nach der Proportion:

$$1 : 2 : 3 : 6$$

zu bestimmen.

Das ganz verschiedene Verhalten der Metalle gegenüber kontinuirlichen Gleichströmen und den blitzartigen Entladungen von Leydener Flaschen und Funkeninduktorien ist übrigens schon von Melsens experimentell nachgewiesen worden. Im Jahr 1875 führte er der Belgischen Akademie der Wissenschaften eine Reihe von Versuchen vor, bei welchen sich zeigte, daß lange und dünne Eisendrähte bei Entladungen von Leydener Flaschen dem Schmelzen und Zerreißen besser widerstanden, als gleichlange und gleichstarke Kupferdrähte, vergl. Bulletins de l'académie de Belgique, II. Serie, T. 39, 1875, p. 831—853.

W. v. Bezold kommt in seinen „Untersuchungen über die elektrische Entladung" (Poggendorf's Annalen 140, S. 541, Berichte der Bayerischen

---

[1] Vgl. die Abhandlung von Prof. Dr. Leonhard Weber, Ueber Blitzphotographieen. Sitzungsberichte der Kgl. Preuß. Akademie d. Wissensch. 1889, S. 781—784.

Akademie der Wissenschaften 1870) zu dem Schluß, daß Funken=Entladungen sich in gleich langen Metalldrähten gleich rasch fortpflanzen ohne Rücksicht auf das Material, aus welchem die Drähte bestehen, also ohne Rücksicht auf ihren specifischen Leitungswiderstand. Heinrich Hertz sagt in seinen „Untersuchungen über sehr schnelle elektrische Schwingungen", Wiedemann's Annalen, Band 31, S. 421, 1887 und Gesammelte Werke von H. Hertz, Band II, S. 39:

„Das Selbstpotential von Eisendrähten ist für langsam sich ändernde Ströme etwa 8—10 Mal größer als dasjenige gleich langer und gleich dicker Kupferdrähte. Ich vermuthete deshalb, daß kurze Eisendrähte langen Kupferdrähten das Gleichgewicht halten. Diese Vermuthung fand sich nicht bestätigt, sondern es blieb Gleichgewicht zwischen den zweien erhalten, wenn der eine Kupferdraht durch einen gleich langen Eisendraht ersetzt wurde. Ist überhaupt die bisherige Vorstellung von dem beobachteten Phänomen richtig, so läßt dies sich nur so deuten, daß der Magnetismus des Eisens so schnellen Schwingungen, wie sie hier vorliegen, überhaupt nicht zu folgen vermag und daher außer Wirksamkeit bleibt."

Und S. 50:

„Auch hier wird die Vermuthung nahe gelegt, daß der Magnetismus des Eisens äußerst schnellen Schwingungen nicht zu folgen vermag und sich denselben gegenüber indifferent verhält."

Es erscheint also die von verschiedenen Seiten ausgesprochene Befürchtung, daß Eisen wegen seiner Magnetisirbarkeit für Blitzableiterzwecke weniger geeignet sei als Kupfer, unbegründet.

Nach Lodge ist Eisendraht etwas, wenn auch wenig besser als Kupferdraht von demselben Durchmesser, nicht etwa nur wie Kupferdraht von gleicher Leitungsfähigkeit, weil sich in Eisen die Oscillationen schneller beruhigen als in Kupfer, und zieht deshalb Lodge für Blitzableiterzwecke das Eisen dem Kupfer vor.

In seinem zweiten im Jahre 1888 vor der Society of arts in London gehaltenen Vortrag über Blitzableiter sagt er u. a.:[1])

„Man hat seither viel zu viel Aufmerksamkeit auf ein gutes Leitungsvermögen der Blitzableiter gerichtet und zu wenig auf die Selbstinduktion. Indem man eine möglichst große Leitungsfähigkeit für unumgänglich nothwendig hielt, zog man das 6 Mal besser als Eisen leitende Kupfer dem ersteren vor. Ich werde zeigen, daß die Leitungsfähigkeit kaum von einiger Bedeutung ist, daß vielmehr beim Blitz und bei blitzartigen Entladungen die Selbstinduktion eine viel größere Rolle spielt, als die Leitungsfähigkeit. Ich werde zeigen, daß eine hohe Leitungsfähigkeit ein wirkliches Hinderniß bilden kann, und daß ein dicker gut leitender Kupferdraht den Blitz weniger gut und ruhig ableitet, als ein dünner Eisendraht. Läßt man dem Ent=

---

[1]) Meine Mittheilungen über die Lodge'schen Vorträge habe ich der französischen Uebersetzung „La foudre par R. Courtoy et R. Boulvin" (Bruxelles 1889, Imprimerie des travaux publics) entnommen.

ladungsstrom einer Leydener Flaschenbatterie von einer bestimmten Kapacität die Wahl
zwischen zwei Wegen, zwischen einer Funkenstrecke B (Fig. 82) und einem kupfernen
Leiter L, von z. B. 0,025 Ohm Widerstand, so zieht bei einem Abstand der beiden
Pole a_1 und a_2 von 36 mm und weniger die Entladung die Funkenstrecke B dem
guten Leiter L vor. Ersetzt man nun den dicken Kupferdraht L durch einen dünnen
Eisendraht von beispielsweise 33 Ohm Widerstand, so springt nur bis zu einem Ab=
stand der beiden Pole von 26 mm der Funke über, ein Beweis dafür, daß ein
dünner Eisendraht dem Durchgang eines so rasch verlaufenden Entladungsstromes,
wie demjenigen von Leydener Flaschen, welche Eigenschaft sehr wahrscheinlich auch
der Blitz besitzt, einen geringeren Widerstand entgegensetzt, als ein dicker Kupfer=
draht. In kupfernen Leitern wird durch die hier auftretende Selbstinduktion gleich=
sam eine größere Verstopfung bewirkt als in eisernen. Die geringere Leitungs=
fähigkeit des Eisens gestattet der Entladung tiefer in's Innere einzudringen, als dies

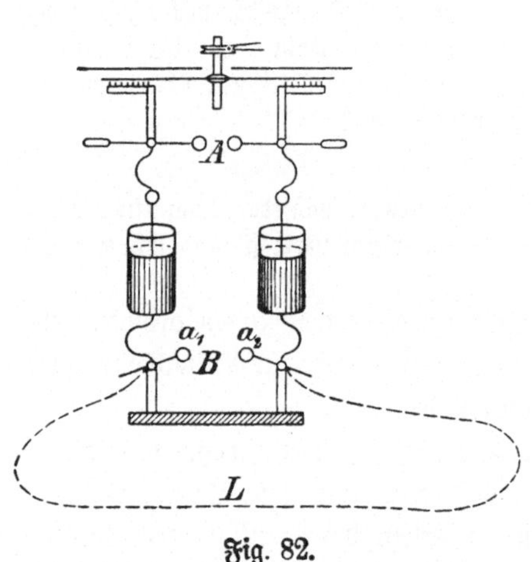

Fig. 82.

bei kupfernen Leitern der Fall ist,
wo sich der Strom nur in einer
ganz dünnen Schicht an der Ober=
fläche bewegt. Alle Welt sagt zwar,
und ich habe es, ehe ich meine Ver=
suche machte, auch geglaubt, daß das
Eisen viel mehr Selbstinduktion be=
sitzt als das Kupfer. Man glaubt,
ein Strom, der das Eisen durch=
dringt, müsse es in cylindrischen
Ringen magnetisiren und die Selbst=
induktion erhöhen. Aber die Ver=
suche beweisen die Unrichtigkeit dieser
Annahme bei sehr rasch verlaufen=
den Entladungen. Nach diesen Ex=
perimenten ist das Eisen besser als
das Kupfer. Blitzartige oscillatorische
Entladungen gehen zu rasch vor sich,

um das Eisen magnetisiren zu können. Die magnetischen Eigenschaften des Eisens
bilden also nicht, wie Manche glauben einen Nachtheil für dessen Verwendung als
Blitzableiter. Seine im Vergleich zu Kupfer geringere Leitungsfähigkeit ist geradezu
von Vortheil, indem es die Entladung ruhiger gestaltet und die Tendenz des Blitzes
zu Seitenentladungen vermindert. Wegen seines sehr hohen Schmelzpunktes und
seiner großen Billigkeit verdient daher das Eisen entschieden den Vorzug vor dem
Kupfer. In verzinktem Zustand ist es fast ebenso dauerhaft wie Kupfer."

Lodge hält für verzweigte eiserne Blitzableiter schon die Stärke der
gewöhnlichen Telegraphendrähte für ausreichend. Damit stimmen auch
die bei Blitzschlägen gemachten Erfahrungen, insbesondere diejenigen der
deutschen und englischen Telegraphenverwaltung überein, wonach der Blitz
selten eiserne Telegraphendrähte von 4,3 mm Durchmesser schmilzt.

Auf Grund seiner eingehenden Studien und reichen Erfahrungen hält
Melsens bei verzweigten Leitungen, wo der Blitz Gelegenheit hat, sich

wenigstens nach zwei Richtungen zu vertheilen, 6—7 mm dicke, verzinkte Eisendrähte für vollkommen ausreichend. Ebenso hält M. Preece, Chef des englischen Telegraphenwesens, auf Grund einer großen Zahl von Blitzschlagbeobachtungen einen verzinkten Eisendraht von ungefähr 6 mm Durchmesser für ausreichend, um ein gewöhnliches Wohnhaus zu schützen. (Journal of the Society of telegraph engineers 1873.)

In der Denkschrift des Verbandes deutscher Architekten- und Ingenieurvereine über den Anschluß der Gebäudeblitzableiter an Gas- und Wasserleitungen ist auf Seite 23 und 24 gesagt, daß Telegraphendrähte von 5 mm Stärke sich einem vollen Blitzschlag gegen Schmelzung und Zerknickung gewachsen zeigen, und daß nach den gemachten Erfahrungen als höchste Wärmeleistung eines Blitzes in geschlossener Leitung die Erhitzung eines 6 mm starken Eisendrahtes bis zur Rothglühtemperatur = 1000° C. anzunehmen sei. Mit Rücksicht nun aber auf die größere Vergänglichkeit des Eisens im Vergleich zu Kupfer und im Hinblick auf die Ausführungen oben S. 116 dürfte es sich empfehlen, einfach verzweigten Eisenleitungen vorläufig wenigstens die doppelte Stärke kupferner, d. h. einen Querschnitt von nicht unter 50 qmm = 8 mm Durchmesser bei Massivdrähten zu geben, bei welcher Stärke zugleich die Garantie besteht, daß die Leitung auch zur unmittelbaren Aufnahme des Schlages stark genug ist, und außerdem eine Oberfläche zur Verfügung steht, bei welcher die Tendenz zu Seitenentladungen auf ein ungefährliches Maaß vermindert wird. Unverzweigten Leitungen, also solchen, welche den ganzen ungetheilten Schlag aufzunehmen und in einer Richtung abzuführen haben, sollte ein Querschnitt von wenigstens 100 qmm gegeben werden.

Wegen ihrer größeren Biegsamkeit, leichteren Montirung und leichteren Theilbarkeit in zweidrähtige und eindrähtige Stränge, und weil sie auch eine größere Oberfläche als Massivdrähte gleichen Querschnitts besitzen, sind für verzweigte Leitungen vierdrähtige verzinkte Eisendrahtseile mit 4,2 mm Einzeldrahtstärke = rund 55 qmm Querschnitt, wie sie auch in ausgedehntem Maaße von der deutschen Reichspost- und Telegraphenverwaltung für Blitzableiterzwecke verwendet werden, besonders zu empfehlen.

Langen Leitungen einen größeren Querschnitt zu geben als kurzen, ist nicht begründet. Die Zunahme des Ohm'schen Widerstandes mit der Länge der Leitung ist so unbedeutend, daß sie für die Zwecke der Blitzableitung außer Betracht bleiben kann.

Da die Blitzableiter gewöhnlich in leitendem Zusammenhang mit den Dach- und Wandflächen stehen, und deshalb ein Theil der Elektricitätsmenge des Blitzes durch diese Flächen abfließt, wie die Erfahrung und

die Melsens'schen Versuche beweisen, so könnten die einzelnen Leitungs=
drähte im Gegentheil gegen die Erde zu etwas schwächer gehalten werden,
als in der Nähe der Einschlagstelle; man wird aber aus konstruktiven
Gründen hierauf verzichten; um so mehr erscheint es zulässig, verzweigte
Leitungen ungefähr im Verhältniß der Anzahl der Zweige schwächer zu
halten als unverzweigte Leitungen.

Bei hohen Objekten, z. B. Kirchthürmen und Fabrikschornsteinen, wo
Revisionen und Reparaturen erschwert sind und bei Monumentalbauten
jeder Art, wo es auf sehr lange Dauer und weniger auf die Kosten
ankommt, insbesondere aber auch bei besonders gefährlichen Objekten,
wie Pulvermagazinen und dergl. erscheint es zur Erhöhung der Sicher=
heit angezeigt, die oben für Kupfer und Eisen angegebenen Minimal=
querschnitte zu verdoppeln. Die Erhöhung des Querschnittes kommt stets
der Lebensdauer des Materials zu gute, auch nimmt die Gefahr eines
Abspringens des Blitzes und sekundärer Blitzwirkungen in dem Maaße
ab, als ein Ueberschuß an Querschnitt und insbesondere an Oberfläche
vorhanden ist.

c. Leitungsverbindungen und Metallanschlüsse.

1. Längsverbindungen und Abzweigungen.

Das Leitungsmaterial ist in möglichst langen Stücken zu verwenden.
Stöße und Verbindungen von Leitungsstücken sind der Kostenersparniß
haber so viel wie thunlich zu vermeiden, wo dieselben aber nicht zu um=
gehen sind, ist eine gute mechanische Verbindung mit genügend großer
Berührungsfläche der zu verbindenden Theile Hauptbedingung. Wenn
diese Bedingung erfüllt ist, so ist es unwesentlich, daß die verbundenen
Theile in dauernd blanker metallischer Berührung mit einander stehen,
und ist es nicht unbedingt nöthig, daß sie dem schwachen galvanischen
Strome der üblichen Blitzableiteruntersuchungsapparate einen ungehinderten
Durchgang gestatten. Es können vielmehr alle diejenigen Verbindungs=
arten, welche dieser letzteren Rücksicht ausschließlich Rechnung tragen,
unbedenklich entbehrt werden, wie z. B. das auf dem Dache sehr schwierig
und feuergefährlich auszuführende Zusammenschweißen eiserner Leitungen,
so wie auch das Hartlöthen und Weichlöthen der Schrauben=, Schellen= und
Plattenverbindungen. Diese an sich ja sehr soliden Verbindungsarten
sind zu empfehlen, wo man an Kosten nicht zu sparen braucht, und
soweit sie in der Werkstätte zur Ausführung kommen können; wegen der

damit verbundenen Feuersgefahr ist ihre Herstellung aber jedenfalls zu vermeiden auf den Dächern solcher Gebäude, welche zur Aufbewahrung größerer Mengen leicht entzündlicher Stoffe dienen und auf Dächern, welche mit nicht feuersicherem Material gedeckt sind.

Bei der Anstückelung der oben S. 119 empfohlenen vierdrähtigen verzinkten Eisendrahtseile genügt es, wie in Fig. 83, die beiden Seilenden auf eine Länge von je ungefähr 20 cm aufzulösen, die einzelnen Drähte des einen Seiles um den unaufgewundenen Theil des anderen in lang=gestreckten Windungen herumzuschlingen und dann beide Seile auf wenigstens 15 cm Länge mit circa $1^1/_2$ mm dickem, weichem, verzinktem Eisendraht in fest

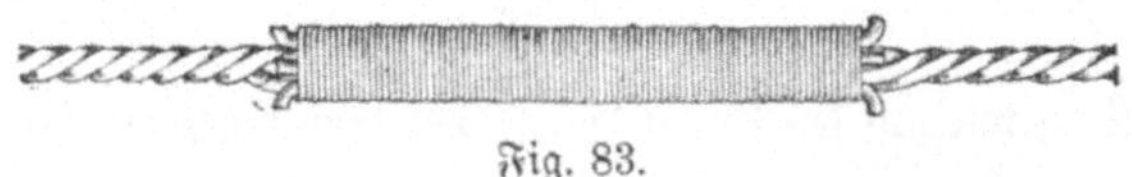

Fig. 83.

geschlossenen, dicht aneinander liegenden Windungen zusammen zu schnüren, wobei man in der Weise verfährt, daß man den Bindedraht zunächst der Länge nach auf die Verbindungsstelle legt, so daß das Ende über dieselbe um einige Centimeter vorsteht, sodann wird am anderen Ende der Ver=bindungsstelle mit der Schnürung begonnen. Zum Schluß werden die beiden Bindedrahtenden mittelst der Drahtzange mit einander verflochten, so daß der Bund fest geschlossen bleibt. Zu weiterer Sicherung können einzelne Drähte der Drahtseilenden außerhalb des Schnürbundes kurz

Fig. 83a.

hakenförmig umgebogen werden. Zur Verhinderung des Eindringens des Regens und Schnees in die kapillaren Zwischenräume des Schnürbundes empfiehlt es sich, denselben mit einem dicken Oelfarben=, Theer= oder Asphaltlackanstrich zu versehen.

Bei den biegsameren Kupferdrahtseilen werden, wie in Fig. 83a, die beiden Seilenden zunächst unaufgelöst in einigen flachen Windungen um einander geschlungen, sodann auf je wenigstens 15 cm Länge in ihre Einzeldrähte aufgelöst, und diese unmittelbar zum Festschnüren benutzt. Die Schnürstellen können zu größerer Sicherheit noch verlöthet werden, unbedingt nöthig ist dies aber nicht.

Bei Abzweigungen wird wie in Fig. 84 verfahren. Man löst die Abzweigstränge auf je circa 25 cm Länge in ihre Einzeldrähte auf,

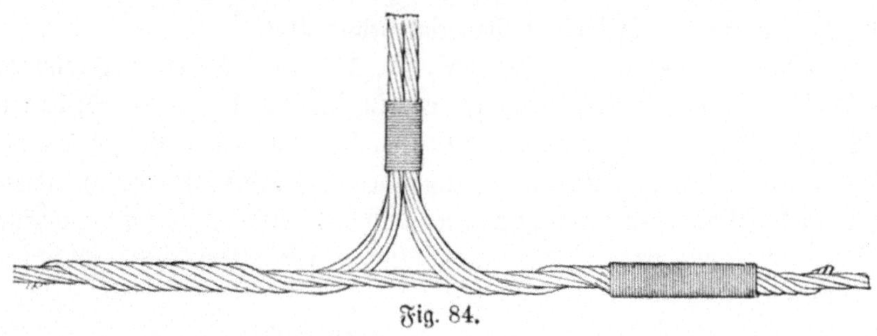

Fig. 84.

schlingt dieselben, wie auf der linken Hälfte der Figur gezeigt, flach schrauben= förmig um den Hauptstrang herum und stellt dann darüber wenigstens 10 cm lange Schnürbunde, wie oben beschrieben und auf der rechten Seite der Figur dargestellt, her.

Fig. 84a.

Abzweigungen bei Kupferdrahtseilen werden in ähnlicher Weise wie die Verlängerungen ohne Benutzung besonderen Bindedrahts hergestellt (Fig. 84 a).

Auch bei massiven Drähten werden die Verlängerungen und Ab= zweigungen am einfachsten durch Wickelung oder Verschnürung mittelst des

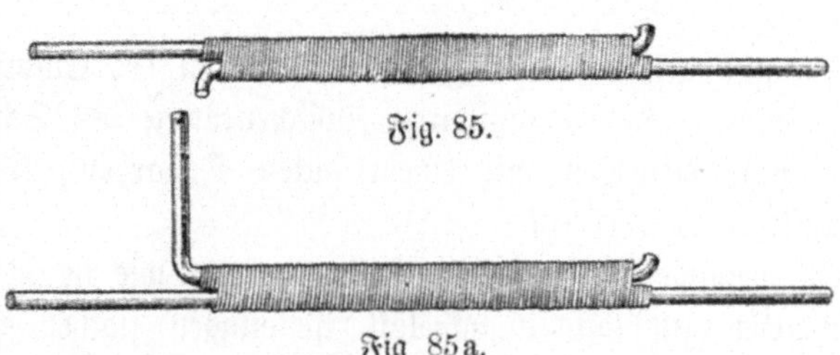

Fig. 85.

Fig 85a.

sogenannten Britanniabundes (Fig. 85 und 85 a) hergestellt. Es empfiehlt sich, dem Schnürbunde eine Länge von wenigstens 15 cm zu geben und die Drahtenden zur Verhinderung des Herausziehens aus dem Bunde nach außen kurz hakenförmig umzubiegen.

Fig. 86 zeigt die Verbindung zweier massiver eiserner oder kupferner Drähte mittelst Nietung und Hartloth. Will man Abzweigverbindungen mittelst Hartloth herstellen, so wird das Ende des Abzweigdrahtes auf wenigstens 5 cm Länge flach geschlagen, der Rundung des Hauptdrahtes angepaßt und dann mit dem letzteren hart verlöthet (Fig. 87). Die Verbindung zweier massiver Drahtenden kann auch, wie in Fig. 88, mittelst einer Muffe mit Rechts- und Linksgewinde, in welche die gleichfalls mit Gewinde versehenen Drahtenden einge- schraubt werden, erfolgen; hierbei ist die Größe der Muffe so zu bemessen, daß wenn auf eine Verlöthung, wofür eine Löthnute vorzusehen wäre, verzichtet werden will, beide Drähte zusammen wenigstens 20 qcm Berührungsfläche mit der Muffe erhalten. Statt dieser Muffenverschraubungen können

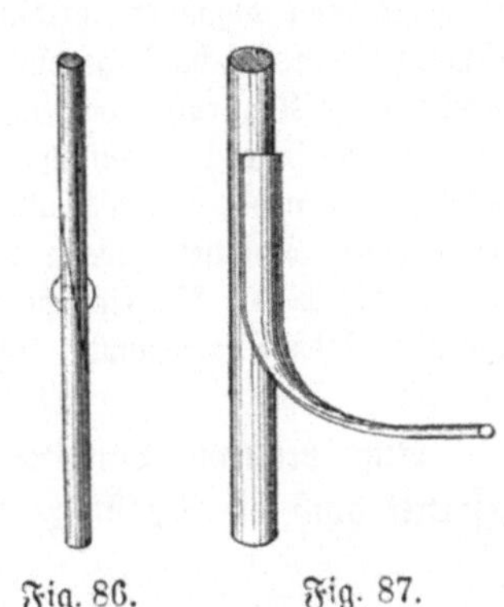

Fig. 86.   Fig. 87.

auch die billigeren glattwandigen Muffen mit Klemmschrauben (Fig. 89) Verwendung finden. Diese Muffen haben eine Länge von wenigstens 10 cm zu erhalten und werden bei Kupferleitungen aus Messing oder

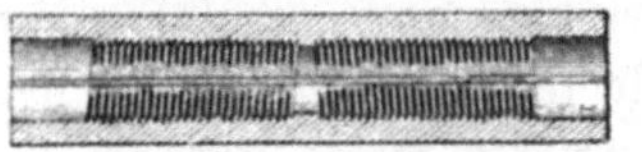

Fig. 88.

Rothguß hergestellt, bei Eisenleitungen verwendet man dazu zweckmäßiger- weise Abschnitte aus $^3/_4$zölligen, galvanisirten Eisenrohren. Es empfiehlt sich hier, die verbleibenden Hohlräume mit Blei zu verstemmen oder

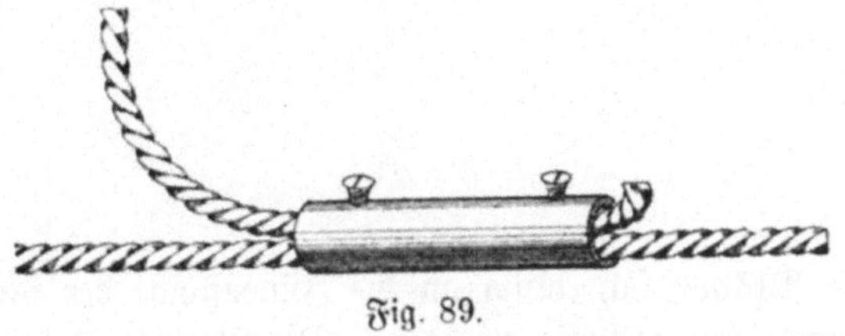

Fig. 89.

wenigstens mit Kitt auszufüllen. Solche Muffen sind in Schleswig- Holstein insbesondere bei ländlichen Gebäuden in Gebrauch und haben sich gut bewährt. Professor Dr. Leonhard Weber in Kiel sprach sich über dieselben in der Sitzung des Elektrotechnischen Vereins in Berlin am 25. Mai 1897 folgendermaßen aus:

„Ich möchte mich auch ganz entsprechend den Ausführungen des Herrn Professors Neesen dahin äußern, daß ich ein großes Bedenken darin nicht sehe, wenn die Leitungstheile nicht ganz sicher mit einander verbunden sind. Wenigstens sollte die Forderung absoluter metallischer Kontinuität mit unvermindertem Querschnitt nicht mit solcher Schärfe gestellt werden, daß sie eine übermäßige Erschwerung sonst zweckmäßiger Konstruktionsarten bedingt. Ich will z. B. anführen, daß die Verlöthung, wie sie in dem Münchener Vorschriftenentwurf gefordert wird, in Schleswig-Holstein wegen der Feuersgefahr auf Strohdächern nicht gemacht wird. Dort werden die einzelnen Drahtseile, wenn es nöthig ist, mit glattwandigen Muffen zusammengesetzt. In diesen Muffen werden die Drahtseile mittelst gut gearbeiteter Preßschrauben bloß eingeklemmt. Diese Art der Verbindung hat sich ausnahmslos bewährt."

Eine bequeme Längen- und Abzweigverbindung bei Kupferleitungen gestattet auch die Arld'sche Verbindungsmuffe (von Mix und Genest in

Fig. 90

Berlin zu beziehen), eine 10 cm lange Röhre aus einer Kupfer-Zinnlegirung von flachem Querschnitt, in welche die Leitungsdrähte von den entgegengesetzten Seiten neben einander eingeschoben werden, so daß die Drahtenden etwas über die Röhre hinausragen; darauf werden die Enden der Röhre mittelst zweier Spannkloben gefaßt und um einander soweit ge-

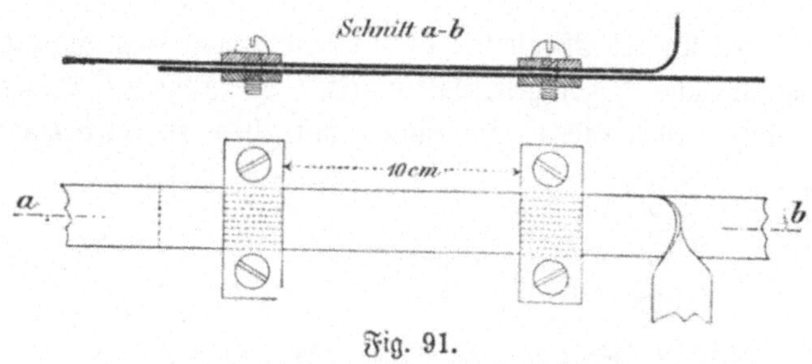

Fig. 91.

dreht, daß die Drähte sich innig an die Innenfläche der Röhre anlegen, ohne daß letztere aber zerspringen darf. Die Verbindungsstelle, die nicht verlöthet zu werden braucht, erhält das Aussehen wie in Fig. 90. Zur Erzielung größerer Haltbarkeit kann man die freien Drahtenden hakenförmig umlegen.

Bei Kupferbandleitungen werden die zu verlängernden oder abzu-
zweigenden Bänder auf eine Länge von wenigstens 15 cm flach auf einander gelegt und, wie in Fig. 91, mittelst 2 ca. 65 × 25 × 4 mm starker
verzinkter Flacheisenklemmen, welche an den Berührungsflächen gerippt,
oder mit eingenieteten Spitzen versehen sein müssen, und mit 7 mm dicken
Klemmschrauben verschraubt. Diese Verbindungsweise gestattet ein bequemes
und rasches Verlegen der Leitungen. Die Verbindungen können bei Kupfer-

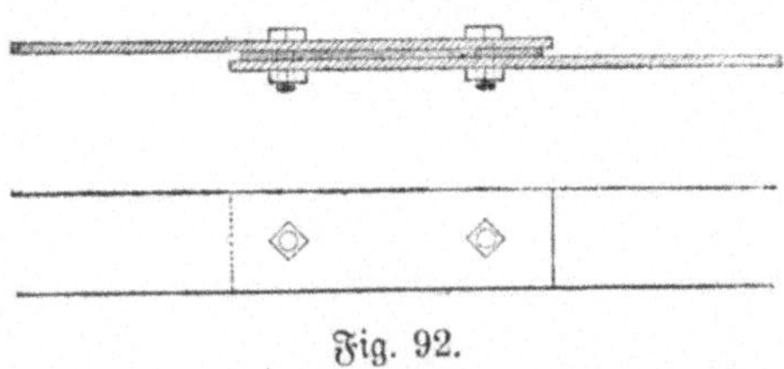

Fig. 92.

bandleitungen aber auch mittelst Hartloth, Vernietung und Weichloth oder
durch unmittelbare Verschraubung hergestellt werden.

Die unmittelbare Verschraubung findet in der Regel auch bei Flach-
oder Bandeisenleitungen Anwendung, wobei die beiden Leitungsenden entweder einfach 8—10 cm über einander greifen, wie in Fig. 92, oder das
eine Ende abgekröpft wird, wie in Fig. 92a. Zur Erhöhung des Kontakts
und zur Verhinderung des Eindringens von Regen und Schnee in die

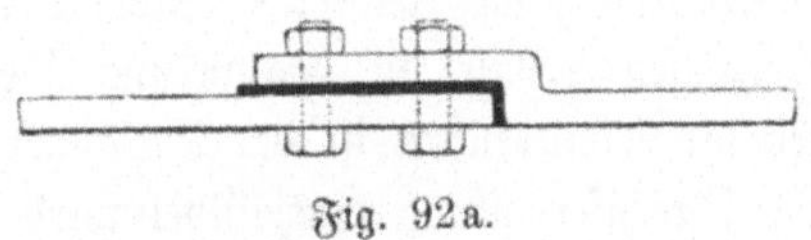

Fig. 92a.

Verbindungsstelle erhalten die blank geschabten Berührungsflächen eine
ca. 2 mm dicke Walzbleizwischenlage. Mittelst zweier Mutterschrauben wird
die Verbindungsstelle fest zusammengepreßt und das überstehende Walzblei zur Dichtung der Fuge angestemmt. Es besteht übrigens kein Hinderniß die in Fig. 91 empfohlene, sehr praktische Klemmenverbindung auch
bei Bandeisenleitungen anzuwenden.

Da, wo man auf die galvanische Widerstandsmessung der Erdleitungen Werth legt, werden behufs leichter Trennung der Luft- und Erdleitungen von einander an den Wandableitungen in einer Höhe von etwa
2 m über dem Boden sogenannte Ausschalt- oder Meßmuffen angebracht.

Fig. 93 zeigt eine solche von Professor Dr. Neesen vorgeschlagene, haupt=
sächlich in Berlin gebräuchliche Muffe.

In Fig. 94 ist die vielfach gebräuchliche Muffe mit Konusverschrau=
bung von Oskar Schöppe in Leipzig dargestellt. An die beiden Lei=
tungsenden wird mit einer aus zwei zusammenschraubbaren Stahlhälften
bestehenden Anstauchvorrichtung je ein Konus angestaucht, nachdem vor=
her die beiden Kuppelungshälften über die Drähte geschoben worden sind,

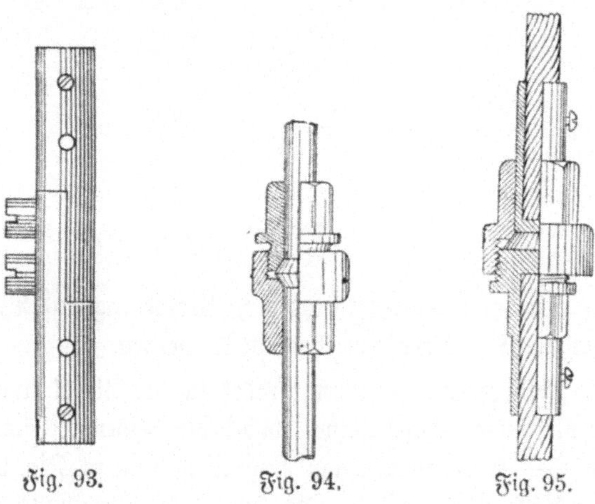

Fig. 93.Fig. 94.Fig. 95.

sodann werden beide mit einander verschraubt. Diese Kuppelung besitzt eine
gefällige Form und gestattet jeder Zeit eine bequeme Auslösung.

Bei Drahtseilleitungen erhält die Kuppelung die Ausführung nach
Fig. 95, bei welcher die Konusenden in der Verlängerung eine Art Röhre
bilden, in welche die Drahtseilleitung eingelöthet wird, während eine seit=
lich angebrachte Preßschraube das Seil mechanisch festhält.

Eine genügend leichte Auslösung gestattet übrigens auch die billigere,
glattwandige Verbindungsmuffe, wie sie oben in Fig. 89 dargestellt ist,
sowie die in Fig. 91 dargestellte Klemmenverbindung.

2. Verbindung der Leitungen mit den Auffangstangen.

Die Verbindung eiserner Leitungen mit vollen Auffangstangen erfolgt
zweckmäßigerweise durch Schweißung und zwar schon in der Werkstätte.
Hierzu werden in die Stange an den Stellen, wo die Leitung anschließen
soll, Längsnuten auf etwa 5 cm Länge gestemmt und in dieselben die
vorher angestauchten Enden der Leitung eingeschweißt. Von diesen Ver=

bindungsstellen aus werden sodann die vorher abgepaßten Leitungen mit nach abwärts gerichteten Bögen von nicht weniger als 5 cm Halbmesser weiter geführt. Es können aber auch der bequemeren Montirung halber zunächst nur ca. 1 m lange Leitungsstücke an die Auffangstange geschweißt, und die Fortsetzungen mittelst irgend einer der oben beschriebenen Verbindungen bewirkt werden (Fig. 96). In ähnlicher Weise wird bei Kupferleitungen verfahren, nur tritt hier an Stelle der Schweißung das Hartloth.

Bei den bereits am Dach befestigten Auffangstangen von größerem Querschnitt ist, weil sie nicht leicht auf die nöthige Temperatur erhitzt werden können, ein solides, unmittelbares Anlöthen der Leitung nicht wohl möglich. Man verwendet deshalb in solchen Fällen zweitheilige, ca. 10—12 cm breite Rohrschellen aus verzinktem Eisen (Fig. 97). An

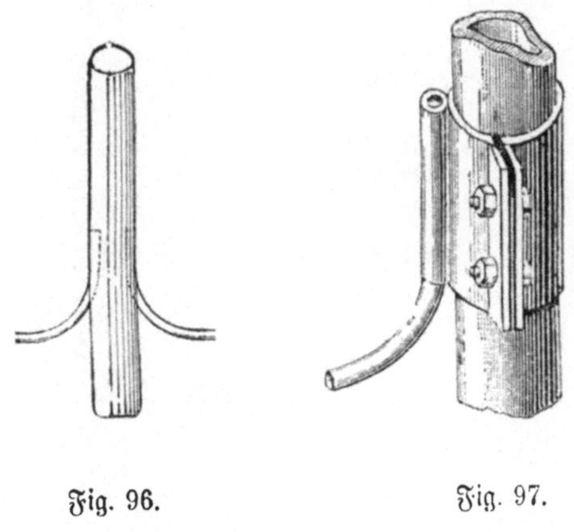

Fig. 96.   Fig. 97.

die Schellen werden außen eine, bezw. mehrere Röhren hart angelöthet und in diese vor der Befestigung der Schelle die Leitungen weich eingelöthet. Um die blank geschabte Stange wird zunächst ein 2 mm dicker Walzbleistreifen gelegt, welcher die Schelle beiderseits um 1 cm überragt. Mittelst 4 kräftiger Schrauben wird nun die Schelle fest an die Stange gepreßt, alsdann werden die vorstehenden Ränder des Walzbleistreifens verstemmt. Alle noch verbleibenden Lücken am Zusammenstoß der Schellenhälften werden sorgfältig verkittet und der gesammte Anschluß nach seiner Fertigstellung mit einem wetterfesten Oelfarb=, Theer= oder Asphaltanstrich versehen. Einen weiteren Schutz dieser Verbindung bildet der sie umschließende, zur Dichtung der Dachdurchdringung der Auffangstange erforderliche Blechtrichter (s. oben Fig. 73).

Werden Drahtseile zu den Leitungen verwendet, so löst man die Enden
derselben auf ca. 30 cm Länge in ihre Einzeldrähte auf, die letzteren wer=
den sodann über einem zuvor um die Stange gelegten Walzbleistreifen
schraubenförmig um die Stange gewunden, und darüber die Schelle, welche
in diesem Fall die Form wie in Fig. 98 u. 99 erhält, in gleicher Weise
wie oben beschrieben befestigt und geschützt. Man kann aber auch die
Schelle und die Walzbleistreifen ganz weglassen und die um die Stange
gewundenen Einzeldrähte der Drahtseile mit der Stange weich verlöthen

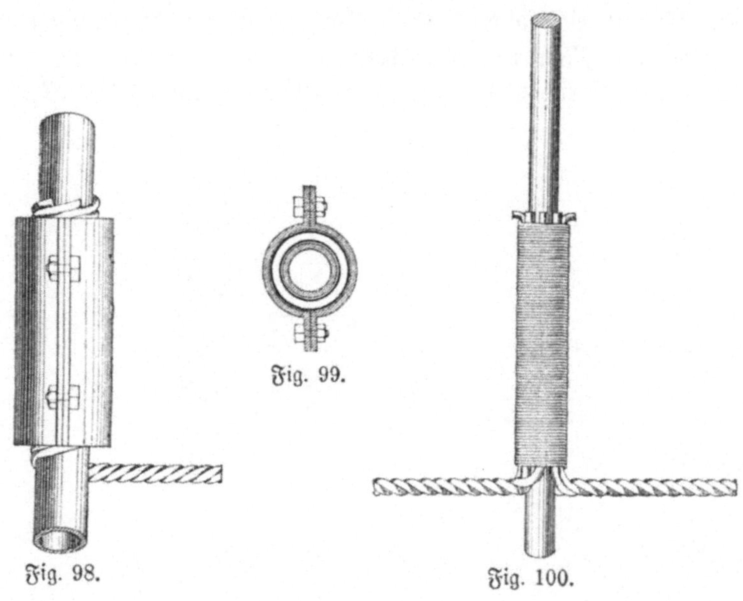

Fig. 98.   Fig. 99.   Fig. 100.

oder sie ähnlich wie in Fig. 84 bei Abzweigungen mit Bindedraht fest=
schnüren. Doch sollte dies hier auf eine Länge von wenigstens 20 cm
geschehen (Fig. 100).

Statt der schweren Schellen der Fig. 97—99 können bei Draht=
seil= und Bandleitungen in ähnlicher Weise wie in Fig. 91 bei Ver=
längerungen und Abzweigungen auch zwei leichtere nur ca. 3 cm breite
Schellen in Anwendung kommen (Fig. 101). Mittelst derselben werden
bei Drahtseilen die aufgelösten Einzeldrähte oder bei Bandleitungen die
Bänder auf eine Länge von 15—20 cm fest an die Stange gepreßt.

Bei hohlen Auffangstangen und Flaggenstangen kann man die Leitung
im Innern der Stange bis zur Spitze, bezw. dem oberen Ende emporführen;
praktischen Werth hat das aber keinen, denn der Blitz wird doch in der

Hauptsache stets außen an der Stange herabgehen. Mit Rücksicht hierauf und zur Verhinderung eines Eindringens des Regens in's Innere der

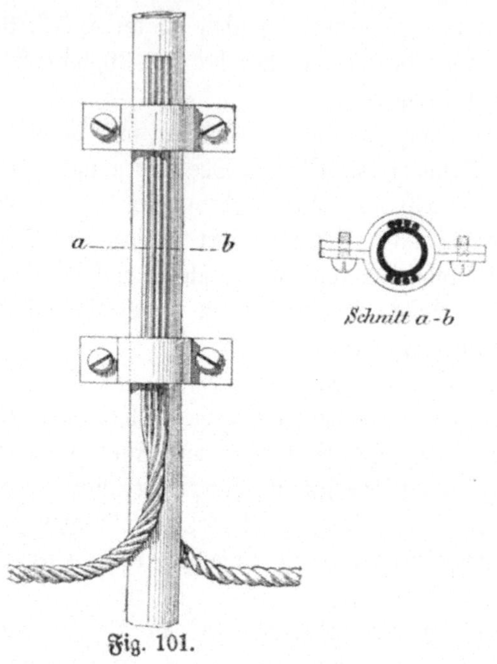

Fig. 101.

Stange muß das obere Ende derselben einen guten metallischen Verschluß erhalten, und ist für eine genügend großflächige Berührung der Stange mit der Leitung auch an deren unteren Einführung zu sorgen.

3. Anschlüsse an Metallmassen.

Der Anschluß der Leitungen an Metall=massen von größerer Dicke, wie z. B. an I=Träger und Winkeleisen, geschieht bei verzweigten Lei=tungen mittelst Kontaktplatten von wenigstens 20 qcm und bei nicht verzweigten mittelst solcher von wenigstens 40 qcm Berührungs=fläche (Fig. 102). Diese Platten sollten bei Kupferleitungen aus Kupfer, Rothguß oder Messing und bei Eisenleitungen aus verzinktem Eisen bestehen. Zur Verbesserung der Kon=taktflächen und zum Schutze gegen das Ein=

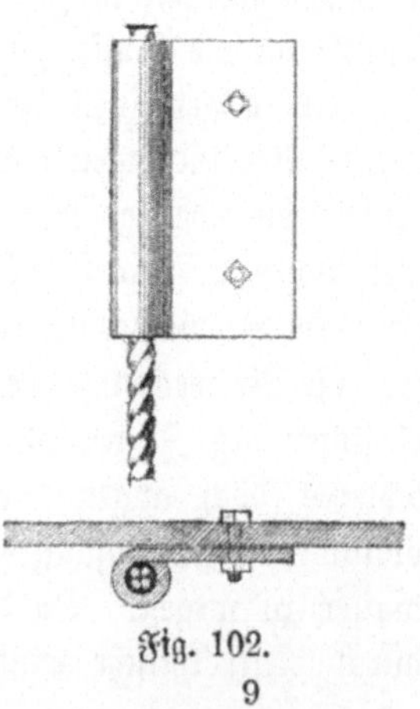

Fig. 102.

dringen von Regen empfiehlt es sich, die blank zu schabenden und auf einander zu pressenden Metallflächen mit einer Zwischenlage von circa 2 mm dickem Walzblei zu versehen. In die an der Kontaktplatte angebrachte Hülse ist die Leitung womöglich schon in der Werkstätte einzulöthen, es genügt aber auch, die Leitung wie bei Fig. 89 mittelst Preßschrauben in der Hülse zu befestigen.

Die Verbindung künstlicher Leitungen mit blechförmigen, z. B. mit First-, Grat-, Ortgang-, Kehlblechen, Dachrinnen und Abfallrohren geschieht in der Regel mittelst aufgelötheter Kappen aus Zinkblech oder verzinktem Eisenblech von ähnlicher Form wie der in Fig. 102 dargestellten Kontaktplatten. Bei Drahtseilen kann der Anschluß auch durch unmittelbares Anlöthen der aufgelösten Drahtenden an die Bleche auf eine Länge von je wenigstens 10 cm erfolgen.

Sind blechförmige Leiter von verhältnißmäßig geringer Länge vorhanden, so wird es sich manchmal fragen, ob es nicht einfacher und billiger ist, die beiden Anschlüsse am Anfang und Ende zu sparen und die künstliche Leitung ununterbrochen in dichter Berührung mit dem Blechleiter längs desselben fortzuführen, z. B. bei Abfallrohren oder Blechrohraufsätzen von Schornsteinen durch einfaches Umschlingen derselben mit dem Leitungsseil.

Der Anschluß der Erdableitungen an die unteren Abfallrohrenden geschieht in Verbindung mit der untersten Abfallrohrschelle in ähnlicher Weise wie bei den oben S. 127—129 beschriebenen Leitungsanschlüssen mittelst Rohrschellen an die Auffangstangen. Löthungen sollten vermieden werden, weil dadurch das Abnehmen der Rohre zu den hier häufiger nöthig werdenden Reparaturen erschwert würde. Anschlüsse an Gas- und Wasserleitungen werden in gleicher oder ähnlicher Weise hergestellt, wie die Anschlüsse an die Auffangstangen.

Im allgemeinen ist zu beachten, daß bei verzweigten Leitungen gelöthete Verbindungen eine Berührungsfläche von wenigstens 10 qcm und geschraubte oder geschnürte eine solche von wenigstens 20 qcm haben sollten. Bei unverzweigten Leitungen sind diese Maaße zu verdoppeln. Eisen ist vor dem Verlöthen mit Weichloth zu verzinnen. Beim Weichlöthen empfiehlt sich die Verwendung des Kolophoniums als Löthmittel statt des durch Auflösen des Zinkes in Salzsäure hergestellten Löthwassers. Wenn aber letzteres doch angewendet wird, so ist nach beendigter Löthung für eine vollständige Beseitigung des sauren Löthwassers durch Abwaschen mit Seifenwasser zu sorgen. Da die Löthstellen trotz aller Vorsicht der Rostbildung durch elektrolytische Einflüsse verhältnißmäßig am meisten ausgesetzt sind,

erscheint bei allen Leitungsverbindungen ein Schutz derselben gegen Feuchtigkeit durch Auftragung eines haltbaren wetterbeständigen Oelfarben=, Theer= oder Asphaltlackanstriches geboten. Kleine Oeffnungen an den Verbindungsstellen, durch welche das Regenwasser in's Innere der Verbindungen eindringen könnte, sind außerdem vor dem Anstrich mittelst Glaserkitt dicht zu schließen.

d. Befestigung.

Die Leitungen können wie gewöhnlich in einem Abstande von 10 bis 20 cm von den Dach= und Wandflächen geführt werden, sie können aber auch unmittelbar auf den Dach= und Wandflächen aufliegen. Im ersteren Falle verwendet man schmiedeeiserne Stützen, welche mit dem unteren zugespitzten Theile in das Holz= oder Mauerwerk eingetrieben werden. Oben endigen sie entweder in einer Oese zum Durchziehen des Drahtes, event. mit Klemmschraube (Fig. 103a), oder in einer Gabel wie in Fig. 103b. In diese Gabel wird die Leitung eingelegt und zunächst das kurze dann das längere Ende der Gabel um die Leitung geschlagen. Zur Herstellung

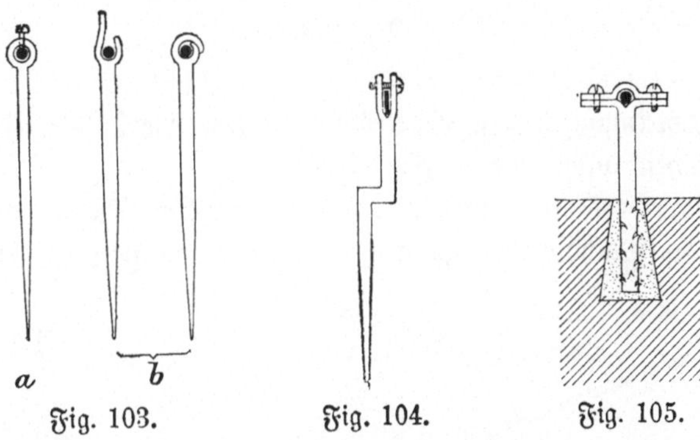

Fig. 103. Fig. 104. Fig. 105.

solcher Gabelstützen kann nur weiches Eisen verwendet werden, da sonst die Lappen der Gabel das kalte Umbiegen nicht aushalten und brechen. Diese Gefahr wird beseitigt bei der in Fig. 104 dargestellten Gabelstütze mit einer Querschraube zum Festhalten der Leitung. Der untere Ansatz dient als Auflager beim Eintreiben des Stiftes. Zur Verhinderung des Scheuerns der Leitung bei Erschütterungen durch den Wind empfiehlt es sich, bei Eisenleitungen röhrenförmige Zinkblech= oder Walzbleifutter und bei Kupferleitungen Kupferblechfutter zwischen die Leitung und die Oesen oder Gabeln einzuklemmen. Behufs soliderer Befestigung in Holz können die Stützen statt einer Spitze auch ein Holzschraubengewinde erhalten.

Zur Befestigung in Mauerwerk eignen sich besser eingegipste oder ein-

9*

cementirte Stützen; auch wird eine besonders solide und dauerhafte Befestigung der Leitung dadurch bewirkt, daß statt der Oesen oder Gabeln Schellen mit Kopf= oder Mutterschrauben, wie in Fig. 105, zur Anwendung kommen.

Bei Ziegeldächern verwendet man, wenn der First mit Firstziegeln

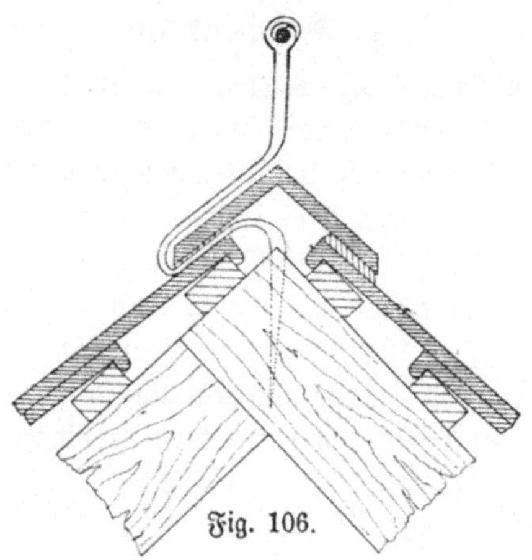

Fig. 106.

gedeckt ist, zweckmäßigerweise abgekröpfte Stützen wie in Fig. 106, und an den Dachflächen solche wie in Fig. 107.

Bei Schieferdächern werden die erforderlichen Regen= und Schnee=dichtungen der Dachdurchdringungen der Stützen mittelst ca. 16×16 cm

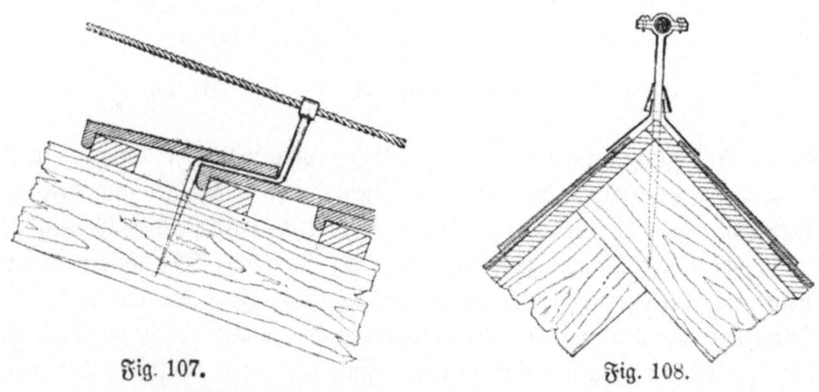

Fig. 107.

Fig. 108.

großer Zinkblechplatten hergestellt, welche in der Mitte 5 cm hohe Blech=trichter erhalten. Diese Dichtungsplatten, welche bei den Firststützen der Dachneigung angepaßt sein müssen, werden mit den Schieferplatten eingedeckt, während die ebenfalls mit einem angelötheten Trichter aus verzinktem oder verbleitem Eisenblech, Zinkblech oder Walzblei versehene Stütze durch die Oeffnung der Dichtungsplatte so weit eingetrieben wird, daß sich der an der Stütze befindliche Trichter auf denjenigen der Dichtungsplatte aufsetzt (Fig. 108). An Stelle der Zinkplatten kann man auch Gußeisenplatten mit angegossenen Stützen verwenden. Die in Fig. 108 dargestellten Dichtungstrichter oder abgedachten Kappen müssen die Firststützen auch bei Ziegeldächern erhalten, wenn erstere die Firstziegel senkrecht durchdringen.

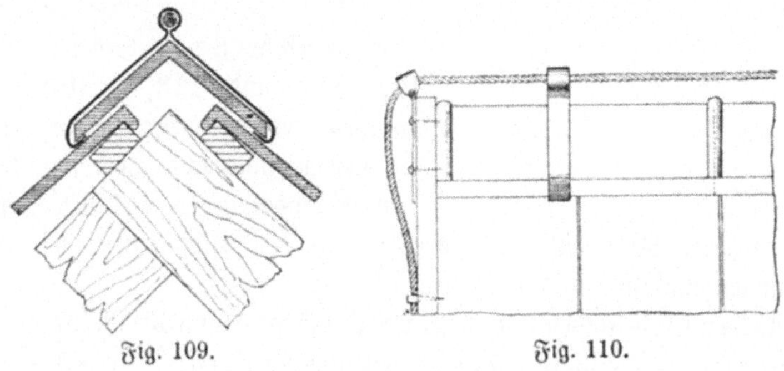

Fig. 109.   Fig. 110.

Bei einfachen ländlichen Gebäuden mit Ziegeldächern empfiehlt sich billigkeitshalber die in den Fig. 109 und 110 dargestellte Befestigungsweise der Firstleitung. Die Stützen bestehen aus etwa 30×2 mm starkem, verzinktem Bandeisen. Sie werden zunächst in der Form der Fig. 111 mit ihren unteren zugespitzten Enden a unter die Firstziegel geschoben,

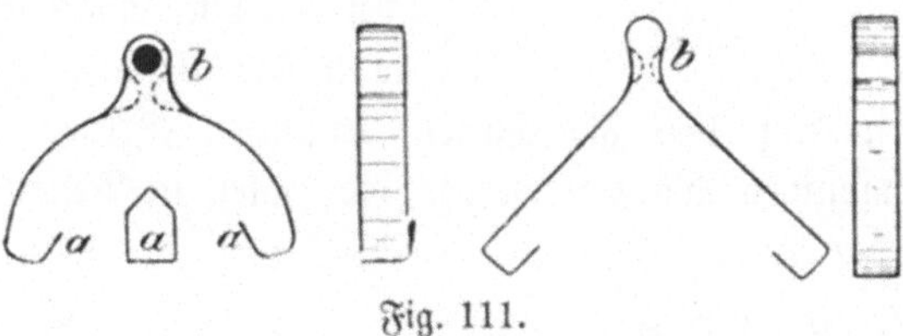

Fig. 111.

so daß diese klammerartig umfaßt werden, sodann wird der obere, den Firststrang umfassende Theil mit der Zange zu der in Fig. 111 punktirt gezeichneten Oesenform b zusammengezogen; auf diese Weise erhält man eine genügend feste Verbindung des Firststranges mit den Stützen und dieser mit den Firstziegeln, welche noch weiter gesichert wird durch Zusammenschnürung des Halses b mittelst Bindedraht. In ähnlicher Weise können auch bandförmige Firstleitungen befestigt werden, wobei man die breite Seite beliebig senkrecht stellen oder wagerecht legen kann.

Eine für untergeordnete Bauten noch hinreichend sichere Befestigung erhält man, wenn man die Stützen aus weichem, verzinktem Eisendraht

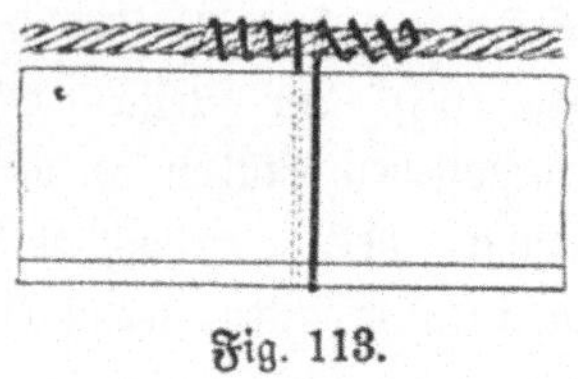

Fig. 113.

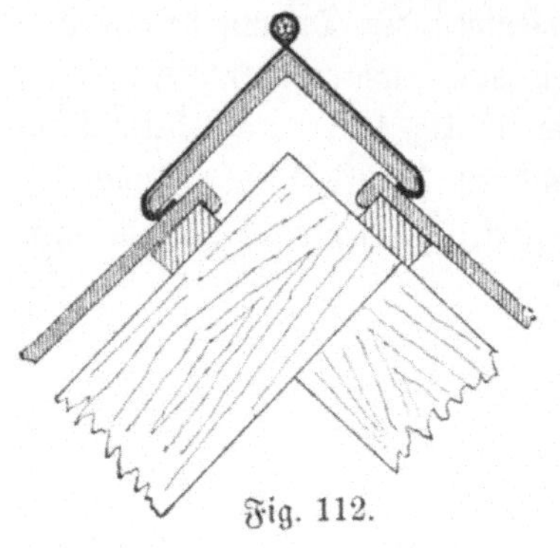

Fig. 112.

von ungefähr 3 mm Stärke, wie in Fig. 112 und 113, herstellt. Die Stützen oder vielmehr Halter bestehen in diesem Falle aus zwei unmittelbar nebeneinander liegenden Hälften, welche die Firstziegel beiderseits hakenförmig und den Firststrang mit einigen Windungen umfassen und festhalten.

An den Giebelspitzen mit hölzernen Ortgängen kann die Befestigung des Firststranges in der in Fig. 114 dargestellten Weise mittelst ca. 40×3 mm starker, verzinkter Flacheisenträger erfolgen. Die Befestigungsweise der Fig. 109—114 empfiehlt sich hauptsächlich bei Vorhanden= sein größerer abgedachter, gut in Mörtel versetzter Firstziegel, bei den kleineren Hohlziegeln ist sie weniger zu empfehlen.

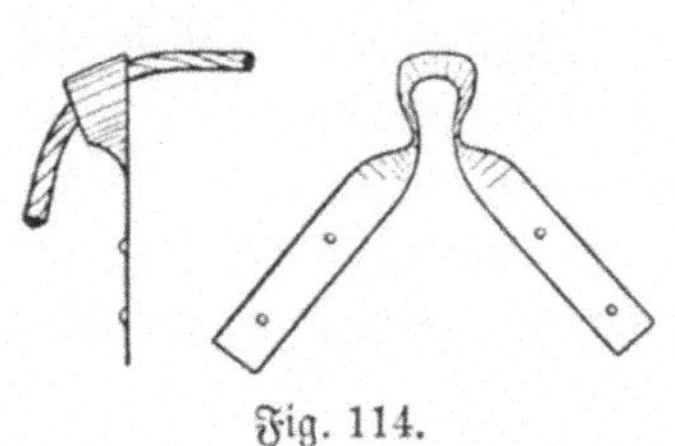

Fig. 114.

An den Ortgangbrettern und Wän= den kann die Leitung dicht anliegend mittelst der in Fig. 115 gezeichneten verzinkten eisernen Haken befestigt werden; bei massiven Wänden werden die Haken in Abständen von nicht

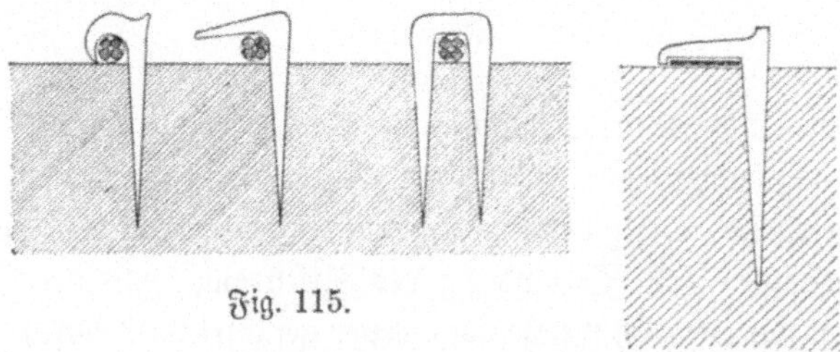

Fig. 115.

weniger als 1 m in Eichenholzdübel, welche vorher in die Mauerfugen eingetrieben worden sind, geschlagen.

Eine solide, hauptsächlich auch bei Hausschornsteinleitungen verwendbare Befestigung ergeben die in Fig. 116 dargestellten Träger aus circa $30 \times 2^1/_2$ mm starkem, verzinktem Bandeisen, welche in konisch in's Mauerwerk eingehauene Löcher eincementirt werden.

Die Befestigung auf den Dachflächen unmittelbar aufliegender Ableitungen, insbesondere bandförmiger Leitungen, geschieht mittelst ca. 30×2 mm starker, verzinkter Flacheisen (Fig. 117), welche mit ihrem oberen Ende in die Dachlatten eingehängt oder an denselben festgenagelt werden. Am unteren Ende wird ein ca. 70×20 mm großer Streifen, bei Eisenleitungen aus Zinkblech und bei Kupferleitungen aus Kupferblech bestehend, angenietet und mit den beiden umgebogenen, übereinander geschlagenen Enden derselben die Leitung festgehalten. In untergeordneten Fällen kann man sich zur Befestigung der an den Dachflächen herabgeführten

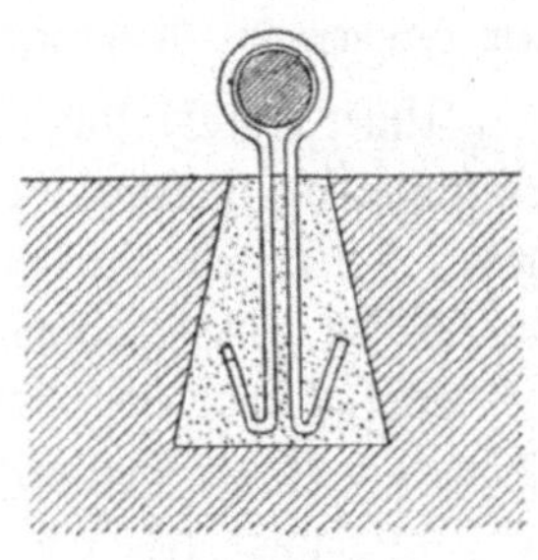

Fig. 116.

Leitungen auch bloßer Drähte, welche einerseits um die Dachlatten, anderseits um die Ableitungen geschlungen werden, bedienen.

Bei Holzcementdächern wird die Leitung am zweckmäßigsten ohne weitere Befestigung in die Kiesschüttung eingescharrt.

Was die vielfach aufgeworfene Frage betrifft, welchen Werth es hätte, den Blitzableiter mittelst Isolatoren von den Dach- und Wandflächen zu

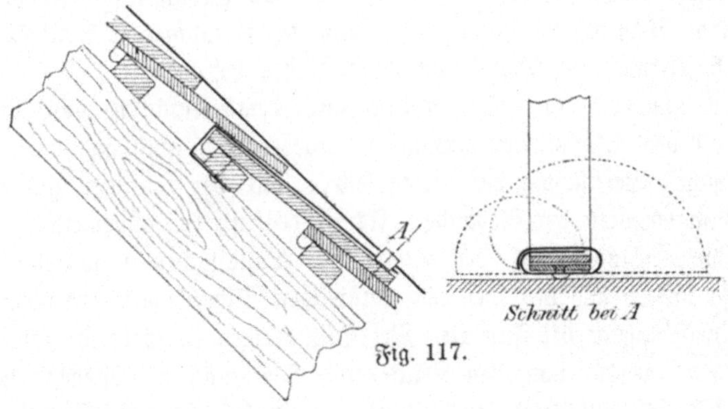

Fig. 117.

trennen, so spricht sich hierüber Melsens in seiner vierten Note über Blitzableiter, Bulletins de l'académie de Belgique, II. Serie 39, 1875, p. 846 folgendermaßen aus:

„Wenn es in der Hauptsache auch anerkannt ist, daß es keinen Werth hat, die Blitzableiter zu isoliren, so findet man doch immer noch Konstrukteure, welche Isolatoren anwenden. Ich erblicke nur Nachtheiliges in einer solchen Anordnung. Indem man dadurch die Anlage schwieriger und komplicirter macht und die Aufmerksamkeit auf mehr oder weniger untergeordnete Dinge lenkt, vermehrt man nur die Kosten der Blitzableiter. Anstatt die Leitung zu isoliren, sollte man die Kontakte mit den Dach= und Wandflächen der Gebäude möglichst vermehren, wodurch unzweifelhaft die Vertheilung und Ausbreitung der Entladung begünstigt wird, jedoch unter der ausdrücklichen Bedingung, daß man vorhandene Metallmassen berücksichtigt, und daß eine möglichst großflächige Berührung des Blitzableiters mit feuchter Erde oder dem Grundwasser stattfindet."

Unter dem Einfluß der Gewitterwolken findet, wie früher bemerkt, eine elektrostatische Ladung des ganzen Hauses und nicht bloß des Blitzableiters statt. Es ist ein Irrthum, zu glauben, daß die schlechter leitenden Baumaterialien von der atmosphärischen Entladung unberührt bleiben, wenn ein guter Blitzableiter vorhanden ist; große Mengen von Elektricität durchströmen auch die Halbleiter und sogar die schlechten Leiter im Moment der Entladung, wie die Melsens'schen und Lodge'schen Versuche klar beweisen. Die Hauptmenge der Elektricität folgt zwar dem Blitzableiter, es muß aber auch das gestörte elektrische Gleichgewicht innerhalb des ganzen Hauses wieder hergestellt werden. Das geschieht zwar meistens ohne Weiteres und ohne Hinterlassung sichtbarer Spuren, weil die Elektricität sich hier mit verhältnißmäßig geringer Dichte über große Flächen ausbreiten kann, es kommen aber auch nicht selten in der Umgebung des Blitzableiters Dach= und Wandbeschädigungen vor. Diese Blitzwirkungen werden in dem Maaße vermindert, als das Strömen der Elektricität zu und von dem Blitzableiter erleichtert wird, d. h. je mehr das Gebäude mit einem Netzwerke von Ableitungen umfaßt ist, und in je innigerem Kontakt dieses Netzwerk sich mit den Dach= und Wandflächen befindet.

Die gleichen Vortheile, welche aus dem Anschluß von Metallmassen an den Blitzableiter erwachsen, ergeben sich auch aus einer möglichst innigen Berührung des Blitzableiters mit den weniger gut leitenden Baumaterialien der Gebäude. Es ist deshalb im allgemeinen vorzuziehen, die Leitungen auf den Dach= und Wandflächen unmittelbar aufliegen zu lassen, wie dies bei den natürlichen Blitzableitern, den metallenen Dachverwahrungen, der Fall ist. Bei Blitzschlägen in Gebäude mit Blitzableitungen, welche von den Dach= und Wandflächen abstehen, werden häufig die Blitzableiterstützen gelockert, und die Dachplatten oder der Wandputz in deren Umgebung zertrümmert. Dieser Uebelstand wird vermieden oder wenigstens vermindert, sobald die Leitung in ihrer ganzen Länge das Dachdeckmaterial und die Wände berührt, weil in diesem Fall das Zuströmen der Elektricität aus dem geladenen Haus zu dem Blitzableiter, bezw. die Ausbreitung eines Theils der Entladung über dasselbe nicht bloß an den Befestigungsstellen, sondern auf die ganze Länge der Leitung an unendlich vielen Stellen mit entsprechend verminderter Intensität statt= finden kann.

Der Umstand, daß die in einem gewissen Abstand von den Dach= und Wandflächen geführten Leitungen einen unschönen Anblick darbieten, spricht ebenfalls für Anwendung der weniger sichtbaren anliegenden Leitungen. Die besten Blitzableiter sind überhaupt diejenigen, von welchen man am wenigsten sieht, d. h. diejenigen, wo die an den Gebäuden befindlichen natür= lichen Leiter, die metallenen Dachverwahrungen u. s. w. bei entsprechender An= ordnung in möglichst ausgiebiger Weise als Blitzableiter benutzt werden.

Das Bedürfniß, die Ableitungen in möglichste Berührung mit den Dach= und Wandflächen zu bringen, tritt allerdings mehr oder weniger zurück bei Blitzableitern, welche nach dem Faraday'schen Käfigsystem angeordnet sind, weil hier elektrostatische Ladungen wenigstens des Innern des Ge= bäudes ganz oder großentheils vermieden werden. Wird dieser Käfigschutz ausdrücklich angewendet, um das Innere eines Gebäudes vor sekundären Blitzwirkungen zu schützen, ohne daß vorhandene Metallmassen angeschlossen werden können oder wollen, so ist auch alles zu vermeiden, was den Käfig= schutz beeinträchtigen oder zu Seitenentladungen Veranlassung geben könnte, insbesondere die Anwendung gut leitender Theile, welche von außen her in's Innere des Gebäudes treten, wie z. B. eiserne Auffangstangen und tief in die Mauern und Dachflächen eindringende Blitzableiterstützen. Es wird deshalb von der deutschen und österreichischen Militärverwaltung für Pulver= und Munitionsmagazine Isolirung der nach dem Käfigsystem kon= struirten Blitzableiter vom Gebäude und möglichste Fernhaltung der Lei= tungen vom Dach und den Wänden vorgeschrieben. Die Isolirung und Fernhaltung geschieht mittelst gewöhnlicher Porzellanisolatoren auf ca. 1 m hohen Holzstützen. Eine vollständige Isolirung wird auf diese Weise aber allerdings nicht erreicht, weil selbst Porzellanisolatoren, wenn sie vom Regen befeuchtet sind, in Verbindung mit den regenbefeuchteten Holzstützen für den hochgespannten Blitzstrom immerhin noch eine gewisse leitende Ver= bindung mit den Dachflächen herstellen.

Aehnliche Gründe, wie bei den Pulver= und Munitionsmagazinen sprechen auch bei Gebäuden mit Strohdächern, welche mit Eisendraht ge= bunden sind, für Isolirung der Leitungen von den Dachflächen, oder wenigstens für Vermeidung eiserner Auffangstangen und eiserner Stützen, weil dieselben Funkenentladungen nach den in der Nähe befindlichen Drähten begünstigen und so zu einer Entzündung der leicht brennbaren Stroh=

bedeckung Veranlassung geben können. Es sind deshalb in Schleswig=Hol=
stein, wo noch viele ländliche Gebäude mit Stroh gedeckt sind, die in
Fig. 118 dargestellten 30—40 cm hohen Dachstützen aus Hartholz im
Gebrauch. Die Pfähle *a* durchdringen die Strohbedachung; das auf letz=
terer aufsitzende Brett *b* dient zur Regendichtung. Eine solide Befestigung
der Dachstützen wird übrigens auch dadurch erzielt, daß man dieselben
unter den Regenschutzbret=
tern soweit fortführt, daß
sie seitlich an den Dach=
sparren befestigt werden kön=
nen. Auffangstangen, wo
solche nicht entbehrt werden
können, sind bei Gebäuden
mit Strohdächern auf Holz=
pfählen zu befestigen, oder
es sind die Dachleitungen an
senkrechten Holzpfählen em=
porzuführen.

Tief in die Dachflä=
chen und Wände eingreifende
Stützen sind überhaupt über=
all da zu vermeiden, wo ihnen
eiserne Anker oder sonstige

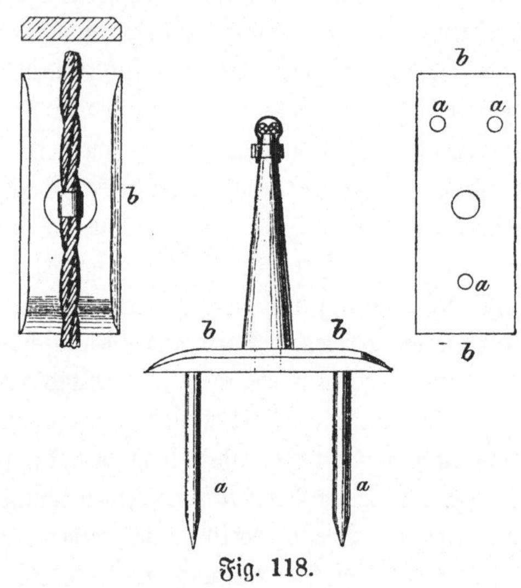

Fig. 118.

Eisentheile nahekommen können. Es sind deshalb auch aus diesem Grunde
die dicht anliegenden Leitungen, welche nur kleinere Stifte oder Halter
beanspruchen, den abstehenden Leitungen vorzuziehen.

Die Entfernung der Blitzableiterstützen von einander richtet sich nach
der Steifigkeit und der Größe der Spannung des Leitungsmaterials und
soll bei Dachleitungen nicht über $1\frac{1}{2}$ m und bei Wandleitungen nicht über
3 m betragen.

Die eisernen Befestigungsmittel jeder Art sollten stets nur in gut
verzinktem Zustand zur Anwendung kommen. Unverzinkte Eisentheile haben
selbstverständlich einen gut deckenden Anstrich zu erhalten.

Zum Schutz der Ableitungen gegen mechanische Beschädigungen empfiehlt
es sich, dieselben auf eine Höhe von ca. 2 m über dem Erdboden mit höl=
zernen Kästen, Drahtgeflechten oder Eisenröhren zu umhüllen.

VIII. Natürliche Erdleitungen.

Häufig genügen die dem Blitz von der Einschlagstelle bis zur Erde dargebotenen Metallwege allein schon, um ihn ohne Gefahr für das Gebäude abzuleiten. Die Hauptmasse der Entladung folgt hierbei den Metallleitern und springt vom untern Ende derselben in Funkenform oder in gleitenden Funken zur Erde über, wo sie sich gewöhnlich, ohne sichtbare Spuren zu hinterlassen, ausbreitet (vergl. die im II. Kapitel angeführten Beispiele), während ein kleiner Theil der Entladung sich in der ganzen Ausdehnung der Ableiter seitlich über die weniger gut leitenden Dach- und Wandflächen ausbreitet, ohne in der Regel hierbei einen Schaden anzurichten.

Die Ableitung des Blitzes mittelst bloßer Luftleitungen ohne besondere Erdleitungen wird aber um so sicherer und schadloser vor sich gehen, je größer die Zahl der dem Blitz von der Einschlagstelle an dargebotenen Metallwege ist, und je großflächiger letztere sind. Ein mit einem Metalldach und mit Metallwänden versehenes Haus, z. B. ein Wellblechschuppen, bedarf daher im allgemeinen keiner besonderen Erdleitung. Ebenso kann man nach den gemachten Erfahrungen bei einem Haus, das mit einem vielverzweigten Netz von natürlichen Leitern, wie Firstblechen, Ortgang-, Grat- und Kehlblechen, Dachrinnen und Abfallröhren versehen ist, wie dies häufig bei den mit Walmen- und Mansardendächern, Erkerthürmen und Querhausaufbauten versehenen städtischen und landhausartigen Wohnhäusern zutrifft, unter gewöhnlichen Umständen annehmen, daß der Blitz die vielen dargebotenen Metallwege den übrigen viel schlechter leitenden Gebäudetheilen vorzieht und wenigstens in seiner Hauptmasse ersteren bis zur Erde folgt, wie ja auch von dem bei jedem, selbst dem besten Blitzableiter vorkommenden seitlichen Abströmen, soweit sich dasselbe über ausgedehnte Flächen erstrecken kann, gefährliche mechanische oder Wärmewirkungen nicht zu befürchten sind. Ein Beispiel dieser Art bildet das in Fig. 119 in der Ansicht und in Fig. 120 in der Draufsicht dargestellte zweistöckige Wohnhaus mit Falzziegeldach, wo die Abdeckungen der Firste *a*, der Gräte *b*, der Kehlen *c* und Ortgänge *d*, ebenso wie die Dachrinnen *e* und

Fig. 119.

die vier bis zur Erde reichenden Abfallrohre *f* aus verzinktem, bezw. verbleitem Eisenblech bestehen und den im VI. Kapitel gestellten Anforderungen entsprechen. Es war hier nur erforderlich, die drei Schornsteinköpfe mit

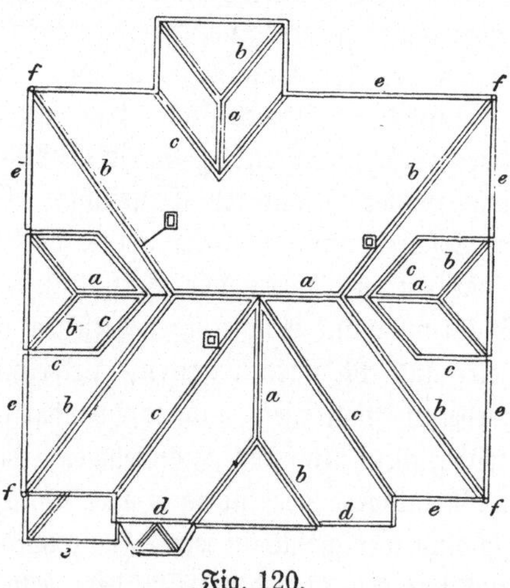

Fig. 120.

Auffangvorrichtungen zu versehen und dieselben mit den zunächst gelegenen Blechabdeckungen der Dachkanten in metallische Verbindung zu bringen, um im Hinblick auf die im II. Kapitel angeführten Blitzschlagbeispiele und bei Nichtvorhandensein einer Gas= oder Wasserleitung oder sonstiger

besonderer Anziehungspunkte mit Recht annehmen zu können, daß jeder ein=
schlagende Blitz durch das weitverzweigte natürliche Leitungsnetz auch ohne
jede künstliche Erdleitung gefahrlos abgeleitet wird.

Es ist nun aber zu beachten, daß die Gebäude, insbesondere die neueren,
oft eine Menge sichtbarer und unsichtbarer nicht an den Blitzableiter an=
geschlossener Metallwege in sich schließen, welche zu Seitenentladungen Ver=
anlassung geben können, wie z. B. eiserne Säulen und Unterzüge, eiserne
Oefen, Bänder, Anker, Schrauben u. s. w., zwischen welchen Thür- und
Fensterbeschläge, Nagelreihen, Verdrahtungen gegipster Wände und Decken,
Rohrleitungen, feuchte Dach- und Wandflächen gefährliche leitende Brücken
bilden können (vgl. oben S. 58). Die Fälle sind nicht selten, wo der Blitz
unter Durchschlagung dicker Mauern vom Blitzableiter nach solchen Metall=
massen abgesprungen ist. Diese Gefahr wird unzweifelhaft vermindert dadurch,
daß man nicht bloß für eine vielseitige widerstandslose, von Selbstinduktion
möglichst freie Ableitung des Blitzes von der Einschlagstelle an bis zur
Erde sorgt und alle den Ableitungen nahekommenden größeren Metall=
massen an dieselben anschließt, sondern daß man den Blitzableiter auch mit
einer Erdleitung versieht, welche eine hinlänglich widerstandslose Aus=
breitung des Entladungsstromes in der Erde gestattet. Die Anordnung
guter Erdleitungen ist in allen Fällen auch bei mehrfach verzweigten Luft=
leitungen in's Auge zu fassen, wenn die Konstruktion und Einrichtung des
zu schützenden Gebäudes die Möglichkeit von gefährlichen Seitenentladungen
begünstigt.

Da es besonders bei bestehenden Häusern in der Regel schwierig ist,
alle einschlägigen Verhältnisse richtig zu übersehen, so empfiehlt es sich im
allgemeinen, und insbesondere in Zweifelsfällen, überall da, wo man auf
einen sicheren Blitzschutz rechnen will, auch eine wirksame Erdleitung an=
zubringen. Es ist nun wohl zur Verminderung der Erschütterungen im
Falle des Einschlags von Werth, daß der Uebergangswiderstand einer Erd=
leitung ein möglichst geringer ist, doch genügt es schon, wenn er nur im
Vergleich zu allen anderen zufällig vorhandenen Erdwegen ein erheblich
geringerer ist.

Die absolute Güte einer Erdleitung ist gleichbedeutend mit der Ge=
schwindigkeit, mit welcher die Ausbreitung der Entladung in der Erde vor
sich geht, und diese Ausbreitungsgeschwindigkeit ist proportional dem Produkt
der elektrostatischen Kapacität des mit der Erde in Berührung stehenden Theils
des Blitzableiters mal dem Leitungsvermögen des berührenden und umgeben=
den Untergrunds. Was also einem Boden an Leitungsfähigkeit abgeht, kann
durch entsprechende Vergrößerung der Kapacität, bezw. der erdberührten Ober=

fläche des im Boden befindlichen Theils des Blitzableiters ersetzt werden. Es ist damit die Möglichkeit gegeben, selbst in verhältnißmäßig trockenem Boden nicht bloß relativ, sondern auch absolut gute Erdleitungen herzustellen. Die Ausbreitungsfähigkeit wächst mit der Oberfläche und insbesondere mit der Längenausdehnung der Körper. Deshalb sind langgestreckte cylinder-, band- oder drahtförmige Erdleitungsformen runden oder quadratischen Platten vorzuziehen, und geben aus diesem Grunde die unterirdischen weitverzweigten Gas- und Wasserleitungsröhren mit ihrer sehr großen erdberührenden Oberfläche die besten, allen anderen weit überlegenen Erd-leitungen ab. Diese Ueberlegenheit ist so groß, daß in der Regel selbst die beste künstliche Erdleitung nicht davor schützt, daß der Blitz vom Blitz-ableiter nach den im Gebäude in unmittelbarer Nähe des Blitzableiters auf-steigenden Gas- und Wasserleitungen überspringt und auf dem Wege dahin mehr oder weniger große Zerstörungen anrichtet.

Das Gutachten der Königl. sächsischen technischen Deputation über den Anschluß von Gas- und Wasserleitungen an die Blitzableiter vom 5. Januar 1882 spricht sich in dieser Beziehung zutreffend folgender-maßen aus:

„Wegen des ziemlich großen Querschnitts ihrer metallenen Wandungen und insbesondere wegen der großen Fläche, mit der sie die Erde berühren, müssen die Rohrnetze der Gas- und Wasserleitungen angesehen werden als Blitzableiter von einer Wirksamkeit, welche der der besten absichtlich errichteten Blitzableiter mindestens gleichkommt und sie in den meisten Fällen bei weitem übertrifft. Dementsprechend hat denn auch die Erfahrung gezeigt, daß Gas- und Wasserleitungsröhren in Ge-bäuden häufig vom Blitz getroffen werden. Haben die Gebäude keinen Blitzableiter, so schlägt der Blitz durch diejenigen Theile des Gebäudes hindurch, welche die Lei-tungen überragen; sind Blitzableiter vorhanden, welche nicht direkt mit der Leitung in Verbindung stehen, oder eine andere ganz vorzügliche Ableitung nach der Erde haben, so springt der Blitz vom Blitzableiter nach der Röhrenleitung ab — im einen, wie im andern Fall sind die vom Blitzableiter oder von einer Abzweigung desselben durchschlagenen Theile des Gebäudes sammt den in ihnen etwa befindlichen lebenden Wesen der Beschädigung durch den Blitz ausgesetzt."

Eine größere Anzahl von Beispielen dieser Art ist in der von Professor Dr. Neesen im Auftrag des Elektrotechnischen Vereins-in Berlin heraus-gegebenen Broschüre „Blitzgefahr Nr. 2" aufgeführt. Die Ueberlegenheit der Gas- und Wasserleitungen über andere Erdleitungen, d. h. die Neigung des Blitzes zum Abspringen nach Gas- und Wasserleitungen, ist ferner auch experimentell durch Professor Dr. Töpler in Dresden nachgewiesen worden. (Vgl. Elektrotechn. Zeitschrift 1884, S. 246—251.)

Häufig kommt es vor, daß Gebäude, welche mit guten Blitzableitern versehen waren, die wiederholt Blitzschläge ohne Gefahr abgeleitet hatten, dies nicht mehr vermochten, nachdem Gas= und Wasserleitungsröhren in die Gebäude eingeführt waren. Diesem Mangel kann nur durch eine gegenseitige metallische Verbindung abgeholfen werden. Es gestaltet sich demnach in Städten und Orten mit Gas= und Wasserleitungen die Herstellung der Erdleitungen für Blitzableiter sehr einfach, indem man nur die Ableitungen an jene Rohrleitungen anzuschließen braucht.

Die ursprünglichen Befürchtungen der Gas= und Wasserfachmänner, daß die Rohrleitungen durch den Anschluß der Blitzableiter Schaden leiden könnten, haben sich als unbegründet erwiesen. Sie haben deshalb jetzt auch in der Mehrheit ihren Widerstand gegen den Anschluß der Blitzableiter an die Gas= und Wasserleitungen fallen gelassen, und in manchen Orten, wo früher der Anschluß verboten war, wird er jetzt ausdrücklich verlangt wegen der dadurch gewährleisteten größeren Sicherheit der Rohre vor Beschädigungen durch Blitzschlag. Leider wird die Erlaubniß des Anschlusses vielfach unnöthigerweise an mancherlei erschwerende Bedingungen geknüpft, wie dies auch bei den neuesten Berliner Vorschriften vom 6. September 1897 der Fall ist. Es muß dort die Gestattung des Anschlusses um eine hohe Jahresgebühr erkauft werden. Dieselbe beträgt für den Anschluß an beide Rohrnetze der Gas= und Wasserleitungen pro Gebäude zusammen 20 M., was einer Erhöhung der Blitzableiteranlagekosten um circa 500 M., d. h. einer Verdoppelung bis Verdreifachung der gewöhnlichen Anlagekosten entspricht, und ist es begreiflich, daß aus diesem Grunde viele Gebäudebesitzer auf die Anbringung von Blitzableitern auf ihren Häusern ganz verzichten.

Der Anschluß der Blitzableiter an Gas= und Wasserleitungen, mag er noch so schlecht sein, macht, wie die Erfahrung lehrt, den Blitzschlag für die Rohrleitungen weit ungefährlicher, als wenn der Blitz in das ungeschützte Haus schlägt und durch Steine, trockene Erde und Sand hindurch in Funkenform auf die Rohre überspringt.

Im Jahre 1889 erklärte sich der Verein der Gas= und Wasserfachmänner in seiner Generalversammlung zu Stettin gegen den Anschluß unter anderem mit dem Bemerken, daß man von den Gas= und Wasserleitungen alles fern halten müsse, was möglicherweise eine Beeinträchtigung der Erfüllung ihrer Aufgabe herbeiführen könnte. — Es müßte also auch das Einschlagen des Blitzes durch Steine, Sand und Erde hindurch in die Rohrleitungen, wodurch sie Zerstörungen ausgesetzt sind, verhindert werden. Der Blitz läßt sich aber nicht gebieten, — er strebt vielmehr als ein natürlicher Feind jedes Widerstandes gleichsam den widerstrebenden Gas= und Wasserfachmännern zum Trotz mit besonderer Vorliebe ihren Rohr-

leitungen zu, und bleibt ihnen deshalb nur das eine Mittel, ihm nach=
zugeben und ihm auf seinem Wege dahin einen möglichst geringen
Widerstand entgegenzusetzen, d. h. den Blitzableiter entweder bis in un=
mittelbare Nähe der Rohrleitungen zu führen, damit die Funkenstrecke
möglichst verkürzt wird, oder besser noch eine vollständige metallische
Verbindung zwischen beiden herzustellen. Die Gas= und Wasserwerks=
verwaltungen hätten also allen Grund, statt den Anschluß der Blitz=
ableiter an ihre Rohrleitungen zu verbieten oder zu erschweren, statt
ihn sich theuer bezahlen zu lassen und damit der Vermehrung der
Blitzableiter in gemeinschädlicher Weise entgegen zu wirken, auf jeden Blitz=
ableiteranschluß eine Prämie zu setzen. Durch die Einführung der Gas=
und Wasserleitungen in die Häuser wird die Blitzgefahr für letztere natur=
gemäß erhöht, dieselbe kann aber vollständig beseitigt werden durch gute,
an die Gas= und Wasserleitungen angeschlossene Blitzableiter. Eine schwere
Verantwortung ruht daher auf denen, welche, nachdem sie eine Quelle der
Gefahr in die Häuser eingeführt haben, der Anwendung von Mitteln,
diese Gefahr zu beseitigen, Hindernisse in den Weg legen.

Der Anschluß der Erdleitungsdrähte der Blitzableiter von Telegraphen=,
Telephon=, elektrischen Licht= und Kraftanlagen an die Gas= und Wasser=
leitungen im Innern der Gebäude wird allgemein geduldet, ohne daß
für die Art und Weise des Anschlusses irgend welche Vorschriften gegeben
werden. Es sind hieraus bis jetzt Mißstände weder für die in den Ge=
bäuden befindlichen Rohrleitungen, noch für die im Boden liegenden er=
wachsen, und doch haben jene Drähte oft ganz bedeutende atmosphärische
Entladungen abzuleiten; in gleicher Weise kann auch der Anschluß der
etwas dickeren Gebäudeblitzableiterdrähte an die ober= und unterirdischen
Rohrleitungen, so weit sie sich im Eigenthum der Gebäudebesitzer befinden,
frei gegeben werden. In Nürnberg, wo der Anschluß der Gebäudeblitz=
ableiter an die städtischen Gas= und Wasserleitungen obligatorisch ist, haben
sich hieraus nach den vom Verfasser beim dortigen Magistrat eingezogenen
Erkundigungen bis jetzt nicht die geringsten Nachtheile für die Rohrleitungen
ergeben.

Die Hauptgründe, welche die Gas= und Wasserfachmänner gegen
den Anschluß der Blitzableiter in's Feld führten, waren die, daß die
Rohrleitungen keine ununterbrochenen oder vollkommen metallisch zusammen=
hängenden, in den Stößen verlötheten Leitungen bilden, sondern im Gegen=
theil aus einer großen Anzahl einzelner, mit kittgedichteten Muffen zusammen=
geschraubter Stücke bestehen, und infolge dieser vielen Leitungswiderstände
als hervorragend schlechte Blitzableiter angesehen werden müßten. Auch

ließen sich die von ihnen für nothwendig gehaltenen vollkommen metallischen Anschlüsse der Blitzableiter nicht oder nur schwer bewerkstelligen. In Ermangelung eines vollkommen metallischen Zusammenhanges der Rohrstücke und einer vollkommenen metallischen Verbindung mit dem Blitzableiter müsse ein Ueberspringen des Funkens und eine Beschädigung der Rohre mit Sicherheit erwartet werden. Auch die Straßenrohrleitungen, welche aus gußeisernen Muffenröhren mit Bleidichtung bestehen, seien für die Fortleitung der Elektricität und daher zur Benutzung für Blitzableiterzwecke ungeeignet. Die Röhren seien mit einem Asphaltüberzuge versehen, welcher ein Abströmen der Elektricität zur Erde verhindere. Die inneren Flächen der Muffen seien in der Regel angerostet, und so bilde sich in jeder Muffe ein schlecht leitender, dem Strome Widerstand leistender Zwischenraum, der eine Beschädigung der Rohre herbeiführen könne. Die Erfahrungsthatsachen widersprechen nun aber allen diesen Befürchtungen.

Ebenso, wie es sich bei einer Menge genau untersuchter Blitzschläge in Gebäude erwiesen hat, daß diskontinuirliche natürliche oder künstliche Luftleitungen, wenn ihre einzelnen Theile an den Stößen nur genügend große Berührungsflächen besaßen, den Blitz vollkommen schadlos abzuleiten im Stande waren, auch wenn sie wegen Rost- und Farbschichten an den Berührungsstellen einen sehr großen Ohm'schen Widerstand aufwiesen, so haben sich auch die, sowohl in den Gebäuden selbst, als im Boden befindlichen Rohrleitungen zur unschädlichen Ableitung des Blitzes als vollkommen ausreichend erwiesen — wie dies u. a. die in der oben erwähnten „Blitzgefahr Nr. 2" aufgeführten Beispiele von Blitzschlägen in Gebäude beweisen.

Uebrigens beweisen auch die vorgenommenen Messungen, insbesondere die von Professor Dr. Kohlrausch in der Elektrotechn. Zeitschrift 1888, S. 228 ff. mitgetheilten, daß die mit Mennigekitt eingesetzten Rohrverschraubungen stets gute metallische Kontakte ergeben, und daß hauptsächlich auch die gußeisernen Straßenrohre, bei welchen die Muffenzwischenräume mit Theerstricken und eingegossenen und verstemmten Bleiringen gedichtet sind, wenn sich daselbst auch im Laufe der Zeit eine Oxydschicht angesetzt hat, zur Ausbreitung der Blitzentladung und Verhinderung gefährlicher Wärmewirkungen vollkommen ausreichende Kontakte darbieten. Da bei Eisen schon ein Querschnitt von 50 qmm ausreicht, um die stärksten ungetheilten Blitzschläge unschädlich abzuleiten, sind auch die gewöhnlich nicht unter 1 cm starken Schrauben der mit isolirenden Zwischenlagen gedichteten Flanschenverbindungen hierzu mehr als genügend. Die von den Professoren Dr. Kohlrausch, Dr. Ulbricht u. a. verfaßte Denkschrift des Verbandes deutscher Architekten- und Ingenieurvereine über den Anschluß der Gebäude-blitzableiter an Gas- und Wasserleitungen vom Jahr 1892 spricht sich auf S. 22 ff. über diesen Gegenstand folgendermaßen aus:

„Aber auch in denjenigen Fällen, in welchen die Messung einen verhältniß-mäßig bedeutenden Ausbreitungswiderstand ergiebt, ist ein größeres Rohrnetz als Erdleitung durchaus nicht werthlos. Weder die durch die Asphaltirung der Rohre gebildete dünne Isolirschicht, noch schlecht leitende Rohrverbindungen nehmen dem Netze seine vorzüglichen ausbreitenden Eigenschaften hinsichtlich einer Gewitterentladung, deren hohe Spannung das Durchdringen der dünnen Isolirungen in unzähligen Fünkchen ermöglicht. Selbst die Legung des Netzes in nahezu trockenem Boden ent-werthet dasselbe für den Blitzableiteranschluß nicht, da es, abgesehen von der Lei-tungsfähigkeit des auch nur schwach feuchten Bodens, schon in seiner elektrostatischen Kapacität die Eigenschaft besitzt, die Entladung auf sich zu lenken und in sich auf-zunehmen.“

Professor Dr. Meidinger sagt in seiner Geschichte des Blitzableiters S. 200 ff.:

„Es läßt sich a priori erwarten, daß selbst bei den stärksten Blitzentladungen die in Folge einer Theerschicht zwischen dem Gußeisen und Blei etwa überspringenden Funken auf das Eisen nicht zerstörend einwirken, da sie wegen der Größe der an einander stehenden Metallflächen und ihrer geringen Entfernung nur schwach sein können 2c.; ein etwaiger hoher galvanischer Widerstand der Verbindungsstelle beweist nichts in Betreff des Verhaltens hoch gespannter Elektricität 2c.“

Einige Vorsicht mag ja wohl geboten sein bei solchen unterirdischen Gasrohrleitungen, welche bloß mit Hanf und Theer gedichtet sind, was aber glücklicherweise nur äußerst selten bei einzelnen ganz alten Anlagen vorkommt.

Die Verbindung des Blitzableiters an seinem unteren Ende mit der Gas- und Wasserleitung genügt im allgemeinen zur Verhinderung des Abspringens des Blitzes nach den im Gebäude aufsteigenden Rohrleitungen, und wird das um so sicherer der Fall sein, je weiter die Dach- und Wand-leitungen des Blitzableiters von den Rohrleitungen entfernt bleiben.

Durch den unteren Anschluß wird zwar das Zustandekommen von Spannungsunterschieden zwischen den oberen Theilen der Rohrleitungen und den Luftleitungen des Blitzableiters, die zu Seitenentladungen Ver-anlassung geben könnten, eingeschränkt, aber nicht völlig aufgehoben. Die oberen Enden der Rohrleitungen wirken nach wie vor wie Auffangstangen, und wenn sie nicht durch die Auffangstangen oder sonstigen Auffangstellen des Blitzableiters genügend gedeckt sind, kann der Blitz unter Durch-schlagung des Dachs und Verschmähung des Blitzableiters seinen Weg direkt zu den inneren Rohrleitungen nehmen. Ein Abspringen des Blitzes vom Blitzableiter nach den im Gebäude befindlichen Rohrleitungen ist trotz

des unteren Anschlusses hauptsächlich dann zu befürchten, wenn die in un=
mittelbarer Nähe vorbeiführenden Luftleitungen des Blitzableiters eine
große Selbstinduktion besitzen (vergl. oben S. 63).

Aus diesen Gründen thut man gut daran, die in den Gebäuden be=
findlichen Gas= und Wasserleitungen, wenn sie den Dachflächen oder den
Blitzableitungen auf mehr als 3 m nahe kommen, sicherheitshalber auch
an ihrem oberen Ende und zwar mittelst eines zu irgend einer Stelle
des Blitzableiters aufsteigenden Drahtes oder Bandes mit diesem zu ver=
binden, sonst aber mit den Luftleitungen des Blitzableiters die Nähe der
Gas= und Wasserleitungen bis zu dem unteren Anschluß möglichst zu
meiden.

Es ist oben S. 139 ff. ausgeführt worden, daß man bei entsprechen=
der Anordnung des Luftleitungsnetzes unter gewissen Umständen auf jede
Art von Erdleitung verzichten kann. Wenn nichts vorhanden ist, auf
das der Blitz von dem ihm dargebotenen bequemem Metallwege abspringen
kann, so wird er diesem auch sicher bis zur Erde folgen und das Gebäude
verschonen; aber auch auf größere Metallmassen und selbst Gas= und
Wasserleitungen springt er nicht über, wenn diese nur weit genug von
dem Blitzableiternetz entfernt sind, und wenn zugleich keinerlei gut leitende
Brücken zwischen beiden bestehen. Die Gefahr des Abspringens wird
natürlich noch weiter vermindert, wenn der Blitzableiter irgend eine andere
gute Erdleitung besitzt. Man kann dann mit Sicherheit annehmen, daß
bei einer allseitigen Entfernung der Gas= und Wasserleitungsröhren von
wenigstens 6 m vom Blitzableiter ohne gut leitende Brücken dazwischen
die Gefahr eines Abspringens ausgeschlossen ist.

Springt der Blitz nur durch die Luft auf eine Gas= oder Wasser=
leitung über, welche einen für die ungetheilte Ableitung desselben genügen=
den Querschnitt besitzt, so findet in der Regel eine Beschädigung der Rohr=
leitung auch an der Einschlagstelle nicht statt, wohl aber können zufällig
in der Nähe befindliche Menschen und Thiere Schaden leiden.

Die Gefahr einer Beschädigung der **unterirdischen** Gas= und Wasser=
leitungsrohre durch Blitzschläge, ist eine äußerst geringe, weil die Erde selbst
im trockensten Zustande noch so viel Leitungsfähigkeit besitzt, um dem
Blitz von der Einschlagstelle in die Erde an sofort eine allseitige Ausbrei=
tung zu gestatten, so daß er die Rohrleitungen nicht bloß von einer
einzigen, sondern an unendlich vielen Stellen mit verhältnißmäßig geringer
Intensität trifft. Es liegt also kein Grund vor, nur zum Schutz dieser **Rohr=
leitungen** gegen überspringende Funken von in der Nähe befindlichen Blitz=
ableitern den Anschluß etwa polizeilich zu verlangen. Höchstens in Orten,

wo die unterirdischen Gas- und Wasserleitungsröhren in ganz trockenem sandigem, kiesigem oder felsigem Boden liegen, mag zu deren Schutz die Vorsicht geboten sein, mit nicht angeschlossenen Blitzableitern dem Rohrnetz auf nicht mehr als 6 m nahe zu kommen.

Befindet sich in dem zu schützenden Gebäude selbst keine Gas- oder Wasserleitung, führt aber außerhalb desselben eine solche vorbei, so ist bei einer Entfernung von mehr als 6 m bei jeder Bodenart ein gefährlicher Einfluß der Rohrleitung auf das **Gebäude** nicht mehr zu befürchten, und könnten also die Rohrleitungen in diesem Fall bei der Anordnung eines Blitzableiters unbeachtet bleiben. Ihr Vorzug als beste Erdleitung wird aber natürlich durch diese Entfernung nicht beeinträchtigt, und es wird im einzelnen Fall nur eine Kostenfrage sein, ob durch den Anschluß der Ableitungen an die entferntere Gas- oder Wasserleitung eine natürliche Erdleitung zu bewerkstelligen ist, oder ob besondere künstliche Erdleitungen anzuordnen sind.

Der Anschluß eines Blitzableiters an die Gas- und Wasserleitung macht, wenn wenigstens 2 Ableitungen unten angeschlossen sind, in der Regel jede weitere Erdleitung entbehrlich. Werden einzelne Ableitungen nicht angeschlossen, so ist es wohl gut, sie mit besonderen Erdleitungen zu versehen, unbedingt nothwendig ist dies aber nicht. Z. B. bei einzelnen Regenabfallrohren, welche als Ableitungen dienen, kann, wenn die Prädisposition zu Seitenentladungen von dort aus eine ganz geringe ist, unbedenklich auf die Anbringung von Erdleitungen an denselben verzichtet werden, es wird sich dann eben die Entladung weniger gleichmäßig über alle Ableitungen vertheilen und in der Hauptsache den mit den Rohrsystemen verbundenen Ableitern folgen.

Sind Gas- **und** Wasserleitungen vorhanden und kommen diese sich auf mehr als 3 m nahe, so ist an beide anzuschließen. Es ist auch zu vermeiden, daß eine Anschlußleitung an eine Rohrleitung unverbunden über eine andere Rohrleitung hinwegführt, weil sonst die Möglichkeit eines Ueberspringens des Blitzes zwischen beiden Rohrleitungen besteht.

In städtischen Wohngebäuden steigen die Wasserleitungen gewöhnlich bis in den Dachstock, und macht es dann keine Schwierigkeit, mittelst eines vom oberen Ende der Rohrleitung aufsteigenden Drahts-, Drahtseils oder Bandes eine metallische Verbindung mit irgend einer nächst gelegenen Stelle der Dachleitungen herzustellen. Sind dann noch in den Regenabfallrohren mehrere äußere, je wenigstens 3 m von den Gas- und Wasserleitungen entfernte Ableitungen vorhanden, so kann, im Falle jenes oberen Anschlusses auf den unteren Anschluß der äußeren Ableitungen an die Gas- oder Wasserleitung verzichtet werden.

Besitzt das Gebäude ein Mansardendach, so wird es in der oberen Blechplattform und den Blechverwahrungen der Gräte der Mansardendachflächen, beziehungsweise den metallenen Ortgängen eine mehr oder weniger große Zahl natürlicher Leitungen besitzen, so daß in solchen Fällen zur Vervollständigung des bereits vorhandenen natürlichen Blitzschutzes nichts weiter als der obere Rohrleitungsanschluß und die Ausrüstung der Schornsteinköpfe mit Auffangvorrichtungen erforderlich ist. Versäumt man je auch das Letztere, so erwächst daraus keine große Gefahr; es wird dann eben im Falle des Blitzeinschlags nur der Schornsteinkopf beschädigt werden, (welcher Schaden von der Feuerversicherung ersetzt wird), im Uebrigen aber wird der Blitz von der metallischen Schornsteinverwahrung am Dachanschluß angezogen, durch die metallene Dachplattform und die sich daran anschließenden weiteren Leitungen unschädlich abgeleitet werden. Es ist ersichtlich, daß bei solchen Gebäuden unter Umständen ein ausreichender Blitzschutz auf höchst einfache Weise mit wenigen Mark schon erzielt werden kann. Bezüglich des Anschlusses der Blitzableiter an die in den Gebäuden aufsteigenden Gas- und Wasserleitungen siehe auch das im IV. Kapitel, S. 56—60 Gesagte.

Die Berührung der in den Gebäuden aufsteigenden Rohrleitungen durch Lebewesen ist, wie oben S. 58 ausgeführt, während eines in unmittelbarer Nähe befindlichen Gewitters zu vermeiden, gleichgültig, ob die Rohrleitungen speciell als Blitzableiter benutzt werden oder nicht. Für die mit der Reparatur von Straßenrohrleitungen beschäftigten Arbeiter besteht jedoch eine ernstliche Gefahr wohl nicht, auch wenn während eines Blitzeinschlags diese Leitungen an mehreren Stellen unterbrochen sein sollten, weil der Entladung hier eine so große Ausbreitungsfläche und eine so reichliche Gelegenheit zum Abströmen zur Erde dargeboten ist, daß sie schon in geringer Entfernung von den Blitzableiteranschlüssen kaum mehr eine gefährliche Wirkung ausüben kann, wenigstens liegen bis jetzt solche Erfahrungen in Württemberg nicht vor.

Der untere Anschluß kann beliebig an das Hauptstraßenrohr oder an das Hauseinlaufrohr außerhalb oder innerhalb des Gebäudes oder an das untere Ende der im Gebäude aufsteigenden Rohrleitungen erfolgen. Der Rohrleitungsquerschnitt wird dort stets ein für die unschädliche Ableitung der gesammten Entladung mehr als ausreichender sein. Auf den Anschluß an das Hauseinlaufrohr oder die im Gebäude aufsteigende Rohrleitung wird man meistens angewiesen sein, weil der Anschluß an das Haupt straßenrohr in der Regel mit technischen Schwierigkeiten verbunden oder verboten sein wird.

Der Hausbesitzer ist jedenfalls berechtigt, seinen Blitzableiter an das ihm selbst gehörende Einlaufrohr oder die in seinem Gebäude befindlichen Rohrleitungen anzuschließen, wenn mit der betreffenden Gas- oder Wasserwerksverwaltung nicht ausdrücklich etwas anderes vereinbart worden ist. Sollte aber je vertragsmäßig auch jede Art von innerem Anschluß verboten sein, so braucht deshalb auf die Benutzung der Gas- und Wasserleitungen als Erdleitung doch nicht verzichtet zu werden. Man führe dann nur die Ableitungen bis in unmittelbare Nähe der Gas- oder Wasserleitung und lasse sie daselbst zur Erleichterung des Uebergangs der Entladung blitzplattenförmig oder büschelförmig endigen. Daran kann der Gebäudebesitzer ernstlich ebensowenig gehindert werden, als wenn er seine Regenabfallrohre, jene besonders beliebten natürlichen Blitzwege, in unmittelbarster Nähe von Gas- oder Wasserleitungeu herabführt, was bekanntlich oft schon ein Abspringen des Blitzes auf die Rohrleitungen unter Zertrümmerung der zwischenliegenden Mauern und Beschädigung der Gas- und Wasserleitungen zur Folge hatte, während anderseits bei einer metallischen Verbindung beider, wenn dieselbe auch noch so schlecht war, der Uebergang schadlos verlief.

Manche Blitzableitervorschriften verlangen eine Ueberbrückung der Eingangs- und Ausgangsröhren von Gas- und Wassermessern, wenn die Rohrleitungen von ihrem oberen Ende aus an den Blitzableiter angeschlossen sind, oder wenn der untere Anschluß hinter dem Gas- oder Wassermesser stattfindet. Diese Vorsichtsmaßregel ist erfahrungsgemäß nicht begründet. Das Gehäuse der Wassermesser ist stark genug, um den stärksten Blitzschlag schadlos abzuleiten, und der feine Mechanismus im Innern bleibt von der Entladung, welche nur an der Oberfläche verläuft, unberührt. Aehnlich verhält es sich bei den Gasmessern; hier besteht zwar die metallische Hülle aus dünnem Weißblech, sie ist aber bei ihrer größeren Ausdehnung stark und großflächig und auch leitend genug, um der Abführung des in der Regel verzweigten Entladungsstroms gewachsen zu sein.

Die gewöhnlich aus demselben Material wie die Luftleitungen bestehenden Zuleitungen zu den Gas- und Wasserleitungen führt man, um sie gegen mechanische Beschädigungen zu schützen, und damit sie zugleich als Oberflächenleitungen dienen (siehe IX. Kapitel), in einer Tiefe von einigen Decimetern unter der Erdoberfläche und unter Berücksichtigung etwa vorhandener dauernd feuchter Stellen bis zur Anschlußstelle, wo sie dann erst auf die erforderliche Tiefe versenkt werden.

Der Anschluß an die Rohrleitungen selbst erfolgt in der Regel mittelst Rohrschellenverbindungen. Da es unmöglich oder wenigstens schwierig und bei Gasleitungen gefährlich ist, dieselben so stark zu erhitzen, daß das Zinnloth an ihnen haftet oder angeschmolzen wird, muß auf Löthverbindungen in der Regel verzichtet werden. Es besteht hierzu aber auch kein Bedürfniß, denn es lassen sich auf verschiedene andere Arten genügend dichte Verbindungen herstellen. Bei kupfernen Zuleitungen verwendet man zweckmäßigerweise einen ca. 100 mm breiten, 2 mm dicken Streifen aus Kupferblech, der sich der Form des zuvor blank geschabten Gas= oder Wasserleitungsrohrs möglichst genau anschließt und in zwei Lappen endigt, welche mittelst Schrauben kräftig zusammengezwängt werden, so daß der Blechstreifen die Rohrfläche möglichst dicht berührt. Zwischen die Lappen der Schelle legt man das auseinander gedrehte Drahtseil, den breitgeschlagenen Draht oder das Band der Zuleitung, welche dann mit dem Anziehen der

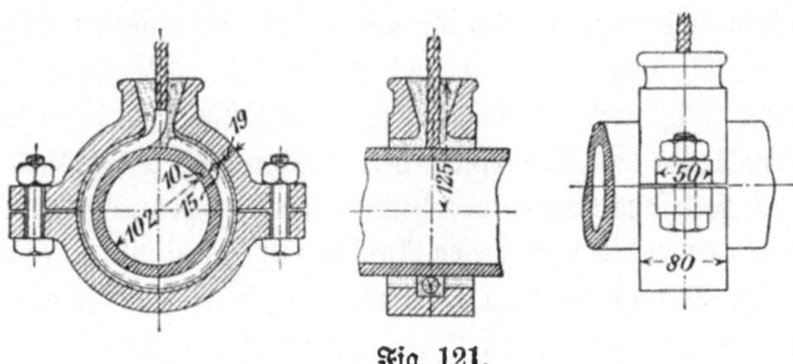

Fig. 121.

Schrauben festgeklemmt wird; zu innigerer Berührung zwischen Rohr und Schelle kann man zwischen beide auch noch einen dünnen Walzbreistreifen einlegen.

Von manchen Stadtverwaltungen wird die Verwendung der vom Ingenieur der Hamburger Stadtwasserkunst Samuelson konstruirten, für Kupfer= und Eisenleitungen anwendbaren Schellenverbindung Fig. 121 vorgeschrieben. Das Blitzableiterkabel wird um das gut von dem Asphaltüberzug gereinigte Rohr gewickelt, über die Umwicklung eine kräftige aus zwei Theilen bestehende Gußeisenschelle gelegt, hierauf in der beim Rohrverlegen üblichen Weise der ringförmige Zwischenraum zwischen dem Rohr und der Schelle an den beiden Außenseiten mit Thon zugeklebt, dann in den Eingußtrichter Weichblei gegossen, und schließlich dieser Einguß gleich den Muffen gußeiserner Röhren durch kräftiges Schlagen verstemmt.

Bei Drahtseilblitzableitern und bei bandförmigen Ableitern wird eine einfache und gute Verbindung dadurch bewerkstelligt, daß man das in seine

Einzeldrähte aufgelöſte Drahtſeil oder das Band um das blankgeſchabte Rohr ſchlingt und eine gewöhnliche Anbohrſchelle umlegt. Da die Schelle das Rohr nicht dicht umſchließt, ſo werden die Fugen zwiſchen Rohr und Schelle mit Lehm verſtrichen, ebenſo die anderen offenen Stellen. Sodann werden die Hohlräume der Schelle mit Blei ausgegoſſen.

Außerdem kann aber auch eine der oben S. 127—129 für die Auffangſtangenanſchlüſſe empfohlenen Verbindungen Anwendung finden, wobei nur zu beachten iſt, daß jeder ſichtbar bleibende Anſchluß eine dichte Berührungsfläche zwiſchen Rohr und Blitzableitung von wenigſtens 20 qcm und jeder im Boden befindliche nicht ſichtbar bleibende Anſchluß eine ſolche von wenigſtens 40 qcm beſitzen muß, auch iſt für einen guten dauer=haften Anſtrich der Verbindungsſtelle Sorge zu tragen.

Da wenigſtens in Württemberg bis jetzt kein einziger Fall einer Be=ſchädigung von unterirdiſchen Gas= und Waſſerleitungsrohren durch Blitz=ſchlag bekannt geworden iſt, obwohl dieſelben ſchon eine Menge ſtarker Blitz=ſchläge abzuführen hatten, und da die zahlreichen vorhandenen Blitzableiter=anſchlüſſe, obwohl viele derſelben nach den üblichen Begriffen mehr oder weniger ſchlecht ſind, noch zu keinerlei Unzuträglichkeiten geführt haben, be=ſteht in dieſem Lande kein Bedürfniß, den Anſchluß der Blitzableiter an die im Beſitze der Gebäudeeigenthümer befindlichen Hausleitungs= und Haus=einlaufrohre zu verbieten oder dieſen Anſchluß an irgend welche erſchwerende oder koſtſpielige Bedingungen zu knüpfen, dagegen erſcheint es aus ſtraßen=polizeilichen Gründen gerechtfertigt, den unmittelbaren Anſchluß an die in der Straßenfahrbahn liegenden Hauptſtraßenrohre zu verwehren. Wenn man denſelben aber allgemein geſtatten will, ſo möge das immerhin von der Erfüllung gewiſſer Bedingungen abhängig gemacht werden. Zur Ver=meidung von Streitigkeiten wird es z. B. angezeigt ſein, die Beſtimmung des § 14 der in Berlin geltenden Anſchlußbedingungen zu treffen, welche lautet:

„Die Direktion der Gas= und Waſſerwerke behält ſich das Recht vor, über die der Stadtgemeinde als Eigenthum gehörigen Rohrleitungen frei zu verfügen, die=ſelben zu verändern oder zu beſeitigen, ohne daß ſie auf vorhandene Anſchlüſſe von Blitzableitungen Rückſicht zu nehmen hat. Wenn ein Anſchluß wegen Arbeiten an den Rohrleitungen fortfällt und an einer anderen Stelle oder an einer anderen Rohr=leitung wieder angebracht werden ſoll, ſo trägt der Eigenthümer alle hieraus ent=ſtehenden Koſten.“

In Orten, wo ausnahmsweiſe die im Boden liegenden Muffenröhren keine Bleidichtungen haben und zugleich die Bodenverhältniſſe keine gute Ausbreitung der Entladungen geſtatten, mag es einige Berechtigung haben, den Blitzableiteranſchluß zu verbieten und zu verlangen, daß die Blitzableiter überall wenigstens 6 m von den Rohrleitungen entfernt zu bleiben haben, bezw. da, wo nur theilweise solche schlechte Rohrverbindungen vorhanden sind, die Bestimmung zu treffen, daß Blitzableiter nur an solche Rohrnetze angeschlossen werden dürfen, welche aus mit eingestemmtem weichem Metall gedichteten Muffenrohren oder aus verschraubten Flanschenrohren bestehen.

Natürliche Erdleitungen von gleicher Güte, wie die Gas- und Wasserleitungen bilden auch die Schienengeleise der Eisenbahnen. Dieselben sind widerstandsfähig genug, um auch bei nicht unmittelbarer Berührung mit der Blitzableitung den Schlag gefahrlos aufnehmen und ableiten zu können; durch guten unmittelbaren Kontakt wird aber die Wirksamkeit des Blitzableiters erhöht, und empfiehlt sich deshalb die Anwendung von Laschenverbindungen mit wenigstens 40 qcm Berührungsfläche, welche an der untern Seite der Schienen anzubringen sind.

Ebenfalls gute natürliche Erdleitungen liefern eiserne Brunnen oder Pumpen und in Fabriken und Mühlen die eisernen Wasserräder und Turbinen, an deren feststehenden Theilen die Zuleitungen, wie oben S. 129 beschrieben, anzuschließen sind.

IX. Künstliche Erdleitungen.

a. Allgemeiner Theil.

Die Erdleitungen haben den Zweck, einen möglichst widerstandslosen Ausgleich der bei einem Blitzschlag den Blitzableiter durchströmenden elektrischen Massen mit denjenigen der Erde zu vermitteln, damit der Blitz nicht vom Blitzableiter abspringt und jenen Ausgleich auf einem andern Weg unter Gefährdung des zu schützenden Hauses sucht. Es muß deshalb bei der Herstellung eines Blitzableiters denjenigen Stellen der Erdoberfläche, welche wegen ihres Feuchtigkeitsgehalts, d. h. wegen ihrer besseren Leitungsfähigkeit im Vergleich zu ihrer Umgebung geeignet sind, dem Entladungsstrom eine verhältnißmäßig widerstandslose Ausbreitung in der Erde zu gestatten, eine besondere Beachtung geschenkt werden. Als solche Stellen sind anzusehen stehende und fließende Gewässer und das Grundwasser, ferner solche Stellen der Erdoberfläche, welche von Jauche, sonstigen Abwassern der Gebäude und von zusammenfließendem Regenwasser vorzugsweise befeuchtet sind oder werden, endlich mit Gras und Buschwerk besetzte Stellen und diejenigen Theile von Hausgärten, welche im Sommer bei trockener Witterung regelmäßig begossen werden.

Obwohl nun die elektrische Leitungsfähigkeit feuchter Erde bedeutend geringer (ca. 1000 Millionenmal geringer) als diejenige des Blitzableitermaterials ist, so könnte sich doch der Entladungsstrom des Blitzes selbst in trockener Erde in gleich widerstandsloser Weise ausbreiten, wie in dem Metall des Blitzableiters, wenn dieser mit der Erde in eine der geringeren Leitungsfähigkeit der letzteren entsprechende großflächige Berührung gebracht werden könnte; dazu wären aber Metallflächen oder Erdplatten von so ungeheurer Ausdehnung erforderlich, daß die Ausführung von Blitzableitern zur Unmöglichkeit würde. Es kann nun aber glücklicherweise unbeschadet der Wirksamkeit eines Blitzableiters der Erdübergangswiderstand bedeutend größer sein, als der Leitungswiderstand im Blitzableiter selbst, und genügt es, wenn ersterer nur im Vergleich zu allen andern zufällig vorhandenen Erdübergängen ein verhältnißmäßig geringer ist. Man kann deshalb in den meisten Fällen mit einer verhältnißmäßig geringen Oberfläche der Erdleitungskörper auskommen. Die zu wählende Größe der erdberührenden Fläche hängt von der Leitungsfähigkeit des Untergrunds und von der Lage, Zahl und Form der Erdleitungskörper ab. Trockene Erde erfordert größere Berührungsflächen als feuchte Erde und Wasser, die Berührungsflächen können anderseits um so kleiner sein, je größer die Anzahl der räumlich von einander getrennten Erdleitungskörper und je größer ihre Längenausdehnung im Vergleich zu ihrer Breitendimension oder ihrem Querschnittsumfang ist, während die Größe ihrer Masse oder ihr Gewicht nur in Bezug auf die Zerstörbarkeit des Materials durch Oxydation in Betracht kommt.

Bei Anwendung einer einzigen, aus einer quadratischen, senkrecht ins Grundwasser gestellten Platte bestehenden Erdleitung wird für kleinere Gebäude schon eine Größe von $^1/_2$ qm, d. h. von 1 qm beiderseitiger Oberfläche für genügend erachtet. Eine solche Platte kann ersetzt werden durch 2 räumlich von einander getrennte Platten von je $^1/_4$ qm oder durch 3 Platten von je $^1/_9$ qm beiderseitiger Oberfläche. Langgestreckte bandförmige, cylindrische und stabförmige Erdleitungsformen sind günstiger als kreisrunde oder quadratische Platten, so besitzt z. B. ein 50 m langes, 2 cm breites Band von 2 qm beiderseitiger Oberfläche, eine ca. siebenmal größere Ausbreitungsfähigkeit als eine quadratische Platte mit 2 qm beiderseitiger Oberfläche. Ein 150 m langer 4 mm dicker Draht von 2 qm Oberfläche besitzt eine ca. fünfzehnmal bessere Ausbreitungsfähigkeit als eine 1 qm große quadratische Platte von 2 qm beiderseitiger Oberfläche.[1]

Netzförmige Erdleitungsformen besitzen nach den Untersuchungen von Professor Dr. Ulbricht in Dresden (Elektrotechn. Zeitschrift 1883, S. 18—26) nahezu denselben Ausbreitungswerth wie gleich große und gleich geformte Massivplatten.

Die Anwendung gedrängter Erdleitungsformen rechtfertigt sich im allgemeinen nur, wenn es sich um die Versenkung in bereits vorhandene Brunnenschächte handelt. Wenn aber zur Erreichung des Grundwassers

---

[1] Die Verhältnisse beim Uebergang des hochgespannten Entladungsstroms des Blitzes zur Erde liegen zwar etwas anders als beim gewöhnlichen galvanischen Gleichstrom, für welchen obige Zahlen berechnet sind, doch geben diese immerhin ein ungefähres Bild über das Verhalten der einzelnen Erdleitungsformen auch für Blitzentladungen.

tiefe Schächte erst gegraben werden müssen, fragt es sich, ob es nicht zweck=
mäßiger ist, davon abzusehen und nur Oberflächenleitungen in lang=
gestreckten seichten Gräben in Anwendung zu bringen.

Zahlreiche Beobachtungen von Blitzschlägen in ungeschützte Gebäude
(vergl. insbesondere auch die im II. Kapitel beschriebenen Beispiele) weisen
darauf hin, daß der Blitz nicht in koncentrirtem Strom von der Ein=
schlagstelle an nach einer bestimmten, nach den üblichen Begriffen besten
Entladungsstelle der Erde, z. B. nach irgend einer nächstgelegenen Stelle
des Grundwassers strebt, um sich erst von hier an auszubreiten. Der
Blitz hat vielmehr seinem Wesen nach das Bestreben, sich von der Ein=
schlagstelle an sofort nach allen Richtungen über alle ihm dargebotenen
Leiter und Halbleiter auszubreiten, mögen sie hinführen wo sie wollen.

Bei einem Einschlag in die Erde selbst wird höchstens an der Ein=
schlagstelle ein leichter Erdaufwurf stattfinden, und von hier an sofort
die allseitige Ausbreitung, ohne daß weitere Spuren hinterlassen werden,
hauptsächlich über die durch den Gewitterregen befeuchtete Erdoberfläche
hinweg stattfinden, welch' letztere erfahrungsgemäß aber auch in trockenem
Zustand die nöthige Leitungsfähigkeit zur Ermöglichung einer allseitigen
Ausbreitung der Blitzentladung besitzt. Nur in ganz seltenen Fällen, bei
vollständig trockenem Sandboden und hohem Grundwasserstand kann es
vorkommen, daß der Blitzfunke unter Bildung von sogenannten Blitzröhren
in vollem Strahl in's Grundwasser schlägt und dort erst sich ausbreitet.

Der Blitzweg oder die Blitzwege von der Einschlagstelle in ein Gebäude
an sind zwar bestimmt vorgezeichnet, sie richten sich aber ganz nach den
zufällig vorhandenen Leitern und Halbleitern. Oft ist beobachtet worden,
daß der Blitz metallenen Dachrinnen und Abfallrohren folgte, wenn sie auch
ganz wo anders hin, als zu den nach den üblichen Begriffen besten Ent=
ladungsstellen in der Umgebung des Gebäudes führten; es ist keine Frage,
daß der Blitz dorthin hauptsächlich gravitirt, wenn die Leitungsbedingungen
von der Einschlagstelle an zu jenen besten Entladungsstellen günstige sind;
sind sie aber ungünstige, und findet der Blitz zu andern, wenn auch weniger
gut leitenden Stellen der Erde mehrere besonders gut leitende Wege vor,
so wird er diese bevorzugen. Es ist hauptsächlich bei mehrfachen Ableitungen
die Größe des Ohm'schen Uebergangswiderstands einer Erdleitung auf
die Wirksamkeit des Blitzableiters nicht in dem Maaße von Einfluß, wie
man seither fast allgemein annahm. Das ist für eine rationelle Blitz=
ableiterkonstruktion von höchster Bedeutung, weil man von diesem
Gesichtspunkt aus in vielen Fällen besondere Leitungen sparen, alle zufällig
an den Gebäuden befindlichen mehr oder weniger zusammenhängenden

Metallmassen mit Vortheil unmittelbar als Blitzableiter benutzen kann, und nicht allzu ängstlich nach einer relativ besten Entladungstelle in der Umgebung des Gebäudes zu suchen braucht.

Von nicht minderer Bedeutung ist die Thatsache, daß die Ausbreitung der Blitzentladungen sich hauptsächlich schon in den obersten Schichten der Erde vollzieht, und daß insbesondere die oberste Humusschicht theils vermöge ihres natürlichen Feuchtigkeitsgehalts, theils infolge ihrer Befeuchtung durch den fast jeden Blitzschlag begleitenden oder ihm vorausgehenden Gewitterregen eine nicht zu unterschätzende Ausbreitungsfähigkeit besitzt. Die Erfahrung hat gelehrt, daß die Benutzung des Grundwassers oder Brunnenwassers keineswegs, wie vielfach angenommen wird, die einzige und beste Gewähr für die Güte einer Erdleitung bildet, und ist die Annahme unbegründet, daß bei trockenem, sandigem oder felsigem Untergrund ohne Grundwasser die Herstellung eines guten Blitzableiters unmöglich oder nur mit unverhältnißmäßig großen Kosten zu erreichen sei.

Will man den Blitz nur auf einem einzigen Weg an einen bestimmten Punkt hinleiten, von dem man glaubt, er bilde die beste, widerstandsloseste Entladungsstelle, so muß er das auch wirklich sein, sonst besteht die Gefahr des Abspringens wenigstens eines Theils des Blitzes vom Blitzablieter innerhalb des Bereichs des Gebäudes. Man ist nun aber nicht immer so glücklich, die relativ beste Entladungsstelle zu finden; die Untergrundverhältnisse sind in den meisten Fällen nicht genügend bekannt, mehrere tiefe Probelöcher zu graben ist zu umständlich, der Stand des Grundwassers ist ein sehr verschiedener je nach der Jahreszeit, so daß es leicht vorkommen kann, daß die Erdplatte, die man tief ins Grundwasser versenkt zu haben glaubt, über kurz oder lang im Trockenen sitzt. Will man aber möglichst tief unter den vorgefundenen Wasserspiegel hinabgraben, um sicher zu sein, daß die Erdplatte auch während der trockensten Jahreszeit unter Wasser bleibt, so stellen sich diesem Bestreben in der Regel nicht geringe technische Schwierigkeiten entgegen. Das einsickernde Grundwasser unterwäscht das Erdreich, welches nachstürzt und das Weitergraben unmöglich macht oder die Arbeiter gefährdet; oder es ist ein Absteifen der Schachtwände und ein Auspumpen des Wassers nöthig, was aber als zu kostspielig in der Regel unterlassen wird. Für die Anwendung des Erdbohrers fehlen gewöhnlich die geeigneten Apparate und das für diese Arbeit geübte Personal. Nicht immer gestatten die Bodenverhältnisse das Einrammen bezw. Einbohren von Eisenstäben, Eisenröhren, abessynischen Brunnen und dergl., abgesehen davon, daß es in diesen Fällen oft sehr fraglich ist, ob man auf Wasser trifft und dauernd genügend große Berührungsflächen mit feuchter Erde erhält. Es ist aber auch bekanntlich das Leitungsvermögen des Wassers um so geringer, je reiner es ist. Steine und Sand leiten viel schlechter als Lehm und Humuserde, und verhalten sich deshalb die in Grundwasser führende Gesteinsschichten versenkten Erdleitungen, für welche nur gedrängte Formen von verhältnißmäßig geringer Oberfläche möglich sind, bezüglich ihrer Ausbreitungsfähigkeit viel ungünstiger als langgestreckte Erdleitungskörper, Bänder, Drähte u. dergl., welche in die obere Humus= schicht mit ihrer natürlichen, sowie der durch den Regen und das Ge= brauchswasser der Gebäude erzeugten Feuchtigkeit, leicht verlegt werden können. Dazu kommt, daß die durch Influenz der Wolkenelektricität erzeugte Erdelektricität an der äußersten Erdrinde ihre größte Dichtigkeit erreicht und die Entladung deshalb auch vorzugsweise dort ihren Ausgleich sucht. Die Oberflächenleitungen haben auch den Vortheil, daß jederzeit leicht aufgegraben, nachgesehen und Defekte leicht reparirt werden können, was bei Tiefenleitungen, soweit sie nicht in Brunnenschächte versenkt sind, mit mehr oder weniger großen Schwierigkeiten und Kosten verknüpft ist.

Alle diese Gründe sprechen dafür, daß den mehr an der Erdoberfläche verlaufenden, langgestreckten Leitungen überhaupt der Vorzug vor den in tiefe Schächte oder Bohrlöcher versenkten Tiefenleitungen zu geben ist, und daß es nur dann angezeigt ist, das Grundwasser oder unterirdische wasser= führende Schichten als Erdleitungen mit zu benutzen, wenn dieselben sich in leicht erreichbarer Tiefe vorfinden.

Es ist ferner keineswegs nothwendig, wie manche glauben, daß die Erdleitungen tiefer als die Fundamente der Gebäude liegen müssen, um letztere vor zu großen Erschütterungen oder gar vor dem Einsturze bei eintretendem Blitzschlag zu schützen. Diese Annahme beruht auf einer völligen Verkennung der thatsächlichen Vorgänge bei Blitzschlägen. Es ist wenigstens in Württemberg bei ungeschützten Gebäuden, welche vom Blitz getroffen wurden, noch niemals die geringste Beschädigung der unter dem Boden befindlichen Gebäudetheile, Umfassungsmauern und Funda= mente beobachtet worden. Am wenigsten besteht eine solche Gefahr bei geschützten Gebäuden, wenn die Ableitungen in großflächige Berührung mit der das Gebäude umgebenden Erde gebracht werden.

Auch der Einwand ist unbegründet, daß, weil im Hochsommer bei anhaltend trockener Witterung die obere Erdrinde vollständig ausgetrocknet ist, ein nicht mit Regen begleiteter Blitz bei nur oberflächig verlegter Erd= leitung keine genügende Ableitung findet. Es ist zunächst zu bemerken, daß Blitzschläge, die nicht mit Regen begleitet sind, zu den äußersten Selten= heiten gehören. Es war dies z. B. in Württemberg unter den 130 Blitz=

schlägen des Jahres 1896 nur bei einem einzigen und unter den 143 Blitzschlägen des Jahres 1897 nur bei zwei Blitzschlägen der Fall, aber auch in solchen seltenen Fällen wird ein richtig konstruirter Blitzableiter mit der nöthigen Anzahl richtig dimensionirter Ableitungen, den erforderlichen Metallanschlüssen und im Humus verlegten Oberflächenleitungen mit genügend großer erdberührter Oberfläche seinen Dienst nicht versagen. Denn wenn nichts besseres da ist, nimmt der Blitz zu seiner Ausbreitung auch mit trockener Erde vorlieb; selbst die trockenste Erde besitzt noch die zur Ausbreitung einer Blitzentladung erforderliche Leitungsfähigkeit, wie eben jene ohne Regen verlaufenen Blitzschläge in ungeschützte Gebäude bewiesen haben. Es geht das übrigens auch aus den Laboratoriumsversuchen mit Funkenentladungen, insbesondere den von Melsens angestellten, unzweideutig hervor; vergl. dessen 3. u. 4. Note über Blitzableiter. Bulletins de l'académie de Belgique, II. Série, T. 38, p. 320—348 und T. 39, p. 831—853.

Wenn trockene Erde auch einen sehr großen Leitungswiderstand besitzt, so ist er immer noch viele Millionenmal geringer als derjenige der Luft; durch die Luft kann man mittelst nicht isolirter Drähte die Elektricität über ganze Kontinente leiten, während sie sich bei der Einbettung der Drähte in trockene Erde sofort verliert. Eine ernstliche Gefahr des Abspringens des Blitzes vom Blitzableiter bestände nur dann, wenn die über den Boden sich erhebenden, aus Stein und Holz bestehenden Gebäudetheile besser leiten würden als trockene Erde, das ist aber nicht der Fall, so lange sie nicht auch vom Regen befeuchtet sind, während die Erde schon in geringer Tiefe unter der Oberfläche auch während der trockensten Jahreszeit einen gewissen Feuchtigkeitsgehalt besitzt. Die unter dem Boden befindlichen Gebäudefundamente werden wohl einen größeren Feuchtigkeitsgehalt besitzen als die über dem Boden befindlichen Gebäudetheile, es wird das aber keinen Grund zum Abspringen des Blitzes vom Blitzableiter bilden, sondern in Verbindung mit der umgebenden Erde zur unschädlichen Ausbreitung der Entladung beitragen.

Dauernd feuchte Stallwände können allerdings, wie auch bei gut angelegten Tiefenleitungen, zu einem Abspringen des Blitzes vom Leiter Veranlassung geben. Dieser Gefahr wird dadurch vorgebeugt, daß man die Ableitungen an jenen Stellen herabführt, wodurch bezweckt wird, daß die Ausbreitung eines Theils der Entladung über jene feuchten Flächen in einer für das Gebäude unschädlichen Weise vor sich gehen kann.

Man kann endlich einwenden, daß manche Blitzschläge ganz kurze Zeit nach dem Beginne des Gewitterregens stattfinden. In diesen Fällen können die Dach- und Wandflächen des Gebäudes in der Umgebung des

Blitzableiters naß sein, während der Regen noch nicht bis zu den zu ihrem Schutz gegen mechanische Beschädigungen einige Decimeter unter die Erdoberfläche zu legenden Erdleitungen gedrungen ist, so daß die Dach- und Wandflächen der Gebäude eine bessere Ableitungsfähigkeit besitzen würden, als die die Erdleitungen unmittelbar umgebende noch nicht durchnäßte Erde, wodurch gefährlichen Seitenentladungen Vorschub geleistet werden könnte; auch diese Befürchtung ist nicht begründet, weil die an und für sich besser als Stein und Holz leitende Humusschicht den Regen schwammartig aufsaugt und deshalb sofort viel mehr Feuchtigkeit aufzunehmen im Stande ist, als die wasserdichten Dach- und Wandflächen, an welchen das Wasser rasch abfließt. Die trockene Erdschicht von geringer Dicke, welche allenfalls die Erdleitungskörper von der regendurchnäßten Terrainoberfläche trennt, wird aber einer allseitigen widerstandslosen Ausbreitung des hochgespannten Entladungsstromes des Blitzes ebensowenig ein ernstliches Hinderniß darbieten, als dies erfahrungsgemäß der isolirende Asphaltüberzug der unterirdischen Gas- und Wasserleitungsröhren thut (vergl. oben S. 146).

Man wird aber immerhin bei der Anordnung der Oberflächenleitungen die Vorsicht gebrauchen, die in der Umgebung des Gebäudes etwa vorhandenen oberflächig gelegenen, dauernd feuchten Stellen zu berücksichtigen und z. B. die Abflußstellen des Tag- und Abwassers der Gebäude, dauernd beschattete Stellen, ferner solche, welche mit Jauche durchtränkt oder mit Buschwerk bewachsen sind, sowie die auf der sogenannten Wetterseite gelegenen Stellen, welche vom Gewitterregen am schnellsten befeuchtet werden, oder tiefer gelegene Punkte des Terrains, wo das Regenwasser zusammenläuft, in die Erdleitung einbeziehen. Es ist aber keineswegs nöthig, solche Stellen in ängstlicher Weise bis auf große Entfernungen vom Gebäude aufzusuchen, und wird es unter der Voraussetzung der Anwendung langgestreckter, großflächiger Erdleitungen im allgemeinen genügen, wenn nur die weniger als 10 m von dem zu schützenden Gebäude entfernten dauernd feuchten Stellen berücksichtigt werden; sind aber bedeutend überlegene Erdleitungen von sehr großer Kapacität vorhanden, wie z. B. Gas- und Wasserleitungen, so braucht auf eine Einbeziehung feuchter Stellen in der Umgebung des Gebäudes weniger Rücksicht genommen zu werden.

Es dürfte nun von Interesse sein, auch die Ansichten einiger anerkannter Autoritäten über den Werth der Oberflächenleitungen zu hören.

Professor Melsens sagt bei Besprechung der „Instructions sur les paratonnerres" der Pariser Akademie der Wissenschaften vom Jahre 1867 in seinen „Notes et commentaires sur la question des paratonnerres", Bruxelles 1882, p. 142 etc.:

„Ich habe wohl auch die Nothwendigkeit einer guten Verbindung der Blitz= ableiter mit der Erde hervorgehoben, aber ich kann nicht annehmen, daß es nöthig ist, das Grundwasser zu benutzen, wenn man es in großer Entfernung suchen muß. Es scheint mir, daß man den Boden mit seiner natürlichen Feuchtigkeit zu oft als einen von aller Leitungsfähigkeit entblößten Körper betrachtet, was nicht der Fall ist, hauptsächlich nicht für Funken von hoher Spannung, selbst nicht für die Entladung gewöhnlicher Elektrisirmaschinen.

Im französischen Departement Puy de Dôme hat man die obere Humusschicht mit einer Dicke von ca. 0,3 m zur Erdleitung benutzt, und die Resultate waren sehr be= friedigend (Comptes rendus du Congrès des Electriciens 1881, p. 61). Die von R. P. Secchi bei den Klostergebäuden des Monte=Cassino getroffenen Anordnungen sind ähnlicher Art; die Leiter stehen einfach in Verbindung mit den Felsen und der geringen Menge Humus, welche sich auf dem Gipfel des Berges vorfindet (Comptes rendus du Congrès p. 76 et 228)."

Bei Besprechung der Blitzgefahr in Schleswig=Holstein in der Elektro= technischen Zeitschrift 1885, S. 9—11, sagt Professor Dr. Leonhard Weber:

„Die vom Regen benetzte Erdoberfläche muß auf Grund von acht Berichten unter Umständen als ein ebenso wichtiger Entladungspunkt wie das Grundwasser angesehen werden."

Und an anderer Stelle:

„Bei vorherigem Regen sammeln sich an der Erdoberfläche unter Umständen bedeutende Elektricitätsmengen an, deshalb sind besondere Erdplatten anzuordnen, welche diese Mengen zum Ausgleich gelangen lassen."

Bei der Besprechung des Blitzschlags in die Kirche zu Preetz (Elektrotechnische Zeitschrift 1891, S. 697 ff.), wo der Blitz von einem mit ins Grundwasser versenkten Erdplatten versehenen und an die Gas= und Wasserleitung angeschlossenen Blitzableiter abgesprungen ist, erklärt dieselbe Autorität den Grund des Abspringens u. a. auf folgende Weise:

„Eine andere Erklärung knüpft an die wiederholt von mir als wahrscheinlich bezeichnete Thatsache an, daß mitunter die Blitzentladung nicht sowohl zu den großen Leitermassen des Grundwassers, der Gas= und Wasserrohre rc., als vielmehr auf die äußerste, das betroffene Gebäude umgebende Erdoberfläche, insbesondere die nasse oder mit Gras bewachsene Erde gerichtet zu sein scheint. In dem vorliegenden Falle war die Kommunikation zwischen der die Kirche umgebenden Erdoberfläche und den Metalltheilen der Kirche vorzugsweise durch die Abfallrohre der Dachrinnen ver= mittelt."

Werner von Siemens empfahl für Fälle, wo das Grundwasser schwer zu erreichen ist, das ganze Gebäude in geringer Tiefe unter der Erdoberfläche mit einem Drahtseil zu umgeben und alle Ableitungen mit

demselben zu verbinden. Das kaiserliche Stammschloß auf dem Hohen=
zollern soll früher öfter von Blitzschlägen heimgesucht worden sein. Seit
nun aber vor einer längeren Reihe von Jahren der Blitzableiter nach
Siemens'schem Vorschlag mit einer ausgedehnten Oberflächenleitung ver=
sehen worden ist, ist keinerlei Blitzschaden an dem Gebäude mehr ent=
standen.

Hofrath Professor Dr. Meidinger, der bekannte Verfasser der „Ge=
schichte des Blitzableiters", ertheilt in seiner im Auftrage des Großh. Bad.
Ministeriums des Innern verfaßten Schrift über Blitzableiter (Karlsruhe
Braun'sche Hofbuchdruckerei) auf S. 30 folgenden Rath:

„Steht das Grundwasser so tief, daß es schwer zu erreichen ist, so verbindet
man die Wandleitung unmittelbar mit einem mindestens 30 m langen verzinkten
eisernen Rohr, welches in erdigem Boden ganz nahe unter der Erdoberfläche etwa
10—20 cm tief liegt."

Kommissionsrath Barthold bei der Königl. Sächsischen Brandver=
sicherungskammer, welcher bei seiner langjährigen dienstlichen Thätigkeit
als Techniker jener Anstalt mehr als 800 Blitzschläge in Gebäude näher
untersucht hat, spricht sich in seiner Schrift über Gewitterschäden (Leipzig,
Arthur Felix) über die Erdleitungen folgendermaßen aus:

„Da sich die elektrischen Strömungen im Wesentlichen an der Erdoberfläche
vollziehen, und daher die durch den Gewitterregen naß gewordene Erdoberfläche die
freie Bewegung der elektrischen Strömungen begünstigt, während die damit in Ver=
bindung stehenden Abflüsse und Ansammlungsstellen des Regenwassers als kräftige
Leitungen und Koncentrationsstellen der Erdelektricität zu betrachten sind, so muß in
Zukunft auf diesen, seither nicht oder nicht in der erforderlichen Weise beachteten
Umstand vorzugsweise Rücksicht genommen werden. Bei einer guten Blitzableitung
müssen die Ableitungen während eines Gewitters da, wo sie in den Boden einge=
führt sind, vom Wasser, sei es auch nur von zusammengeflossenem Gewitterregen,
umgeben sein. Tief gelegenes Grundwasser kann unbeachtet gelassen werden. In
allen den Fällen, in denen vorhandene Blitzableiter, obschon sie im Uebrigen größten=
theils vorschriftsmäßig ausgeführt waren, nicht oder nicht gehörig funktionirt haben,
habe ich gefunden, daß die Einführung der Erdleitungen in den Boden an einer
gegen die Umgebung erhöhten Stelle oder an einer gegen das Regenwasser ge=
schützten trockenen Stelle erfolgt war."

Geheimer Regierungsrath Professor Dr. Aron in Berlin, äußerte
sich bei der Blitzableiterdiskussion des Elektrotechnischen Vereins am 16.
Mai 1897 u. a. folgendermaßen:

„Man hat hervorgehoben, daß man die zufällig am Hause bestehenden Metall=
theile als Leiter benutzen soll. Ich kann gar nicht genug darauf hinweisen, daß man
auch den zufällig bestehenden guten Erdleiter, die nasse Erdoberfläche, da es in der
Regel beim Gewitter heftig regnet, benutzen soll. Die Erdoberfläche ist ein ganz vor=
trefflicher Ableiter, und ich glaube, daß man darin bisher dadurch viel versehen hat,

daß man immer zu dem Grundwasser gelangen wollte. Die Vorschläge, die Bau=
rath Findeisen gerade für Erdleitungen gemacht hat, halte ich für ausgezeichnet.
Es giebt Fälle, wo der beste Blitzableiter keinen Schutz hat gewähren können, immer
wieder schlug der Blitz in die Gebäude, weil ein guter Erdleiter nicht zu erreichen
war. Dagegen als man die Erdfeuchtigkeit benutzte, indem man rings um das Haus
ein Kabel als Erdleiter legte, hörten die Blitzschläge für immer auf. In anderen
Fällen, wo man Grundwasser hat finden können, z. B. in einem tiefen Felsen=
brunnen, hat man sich überzeugt, daß dieses Grundwasser nicht einmal eine gute
telegraphische Erde besitzt, also zum Telegraphiren nicht geeignet ist. Das Grund=
wasser kommt in einen solchen Brunnen, der sich in steinigem Boden befindet, oft
auf einem langen Wege, der zwischen Felsen hingeht und daher einen sehr großen
Widerstand bietet. So kann man also Grundwasser finden und hat bei weitem
nicht die Wirkung eines so guten Leiters, wie wenn man das feuchte Erdreich an
der Oberfläche benutzt."

Dr. Nippoldt in Frankfurt, welchem 30jährige Erfahrungen auf
dem Gebiete des Blitzableiterwesens zur Seite stehen, zieht überhaupt
die Oberflächenleitungen den Tiefenleitungen vor, und begründet dies
im der Elektrotechnischen Zeitschrift 1897, S. 465, wie folgt:

„In tiefen Schächten können nur Metallkörper von kleiner Kapacität unter=
gebracht werden, sofern man die Kosten nicht übermäßig erhöhen will, dagegen lassen
sich Elektroden mit großer Kapacität (d. h. weit verbreitete) in den oberen Erd=
schichten mit weitaus geringerem Kostenaufwande herstellen. Was diesen Schichten
an Leitungsvermögen abgeht, bringt die größere Kapacität wieder ein. Es ist übrigens
ein Irrthum zu glauben, daß das reine Wasser eines Brunnens stets ein besseres Lei=
tungsvermögen besitze, als das der oberen Erdschichten, welche zwar nur von soge=
nanntem Tagwasser, aber oft von sehr schmutzigem angefeuchtet werden, welches im
Gegentheil die Elektricität besser leitet als Trinkwasser ꝛc.

Wenn eine im Grundwasser gelegene Elektrode nach langanhaltendem Regen=
mangel thatsächlich die beste Entladestelle bildet, so kann deren Bedeutung bei ein=
tretendem Regen sofort verloren gehen, wenn die oberen von menschlichen und thieri=
schen Abfällen durchseuchten Erdschichten infolge des eindringenden Regens auf weite
Strecken ein hohes Leitungsvermögen annehmen. Diese Gefahr liegt aber gerade
bei Gewitterregen fast stets vor."

Die deutsche und österreichische Militärverwaltung verwenden bei
schlechten Untergrundverhältnissen Oberflächenleitungen mit rings um das
Gebäude in den Humus verlegten Drahtseilen mit geradlinigen oder fächer=
förmigen Ausläufern sogar bei den gefährlichsten Gebäuden, den Pulver=
magazinen.

Das häufig vorkommende Abspringen des Blitzes von Gebäude=
theilen oder Blitzableitern auf Gas= und Wasserleitungen mit ihrem
ganz geringen Uebergangswiderstand hat dazu geführt, daß vielfach
ohne Rücksicht auf die lokalen Verhältnisse nur solche Blitzableiter als
tauglich anerkannt werden wollen, welche einen minimalen Uebergangs=

widerstand für den galvanischen Strom von nicht mehr als 10 Ohm auf=
weisen. Ein solches Verlangen ist in seiner Allgemeinheit unbegründet
und die Ausführung von Blitzableitern unnöthigerweise erschwerend. Es
wird dadurch das Vertrauen auf die Wirksamkeit derjenigen Blitzableiter,
welche einen größeren Uebergangswiderstand aufweisen, in unberechtigter,
gemeinschädlicher, die Verallgemeinerung des Blitzschutzes hindernder Weise
erschüttert. In vielen Gegenden und Orten ist die Erreichung eines
so geringen Widerstandes wegen des steinigten Bodens und des Mangels
an Grundwasser gar nicht möglich. Die Güte einer Erdleitung ist ein
ganz relativer Begriff. Eine Erdleitung von 5 Ohm Widerstand in un=
mittelbarer Nähe einer nicht angeschlossenen Gas= oder Wasserleitung mit
weniger als 1 Ohm Widerstand kann schlecht sein, während eine andere mit
sehr hohen Ohm'schen Widerstande ausreicht, oder selbst gar keine Erdleitung
erforderlich ist, wenn keine Gelegenheit zum Abspringen des Blitzes von
einem sonst gut angelegten Blitzableiter vorhanden ist, und im letzteren
Fall der Uebergang zur Erde von den unteren Blitzableiterenden ohne
weitere Hilfsmittel in unschädlicher Weise vor sich gehen kann; denn
viel häufiger noch als auf Gas= und Wasserleitungen springt der Blitz
von Blitzableitern auf metallene Dachrinnen und Abfallrohre über, welche
eine nach den üblichen Begriffen viel schlechtere Erdleitung als der Blitz=
ableiter, bezw. gar keine besitzen.

Die Güte einer Erdleitung ist nicht ausschließlich nach den Angaben
eines Galvanometers oder einer Meßbrücke zu beurtheilen, und ist bei son=
stiger richtiger Anordnung des Blitzableiters die absolute Größe des
Ohm'schen Uebergangswiderstandes von untergeordneter Bedeutung.

Es genügt, wenn die Summe der Leitungs= und Ausbreitungswider=
stände auf ein der Oertlichkeit entsprechendes Minimum gebracht wird.
Wie groß aber dieses Minimum — mit der Meßbrücke gemessen — ist,
ist mehr oder weniger gleichgültig. Bei in den Humus verlegten Ober=
flächenleitungen wird übrigens der Uebergangswiderstand, der bei trockenem
Wetter gemessen enorm groß wäre, durch den Gewitterregen sofort auf
ein ganz geringes Maaß reducirt. Es kommt hauptsächlich darauf an, die
Energie des Blitzes durch möglichste Theilung des Entladungsstroms über
und unter der Erde zu schwächen, und ist es besser, der die Ableiter
durchströmenden Elektricität Gelegenheit zu geben, durch ausgedehnte Erd=
leitungen von großer Kapacität an unendlich vielen räumlich getrennten
Punkten mit wesentlich verminderter Stromintensität zur Erde abzufließen,
als den ganzen ungetheilten Entladungsstrom einer einzigen vermeintlich
besten Entladungsstelle zuführen zu wollen. Das ist auch der Standpunkt

von Melsens, welcher in seinen „Notes et commentaires", S. 99, zu dem Schlusse gelangt:

„Weniger die Leitungsfähigkeit des Bodens und des Wassers, als die Ausdehnung der metallischen erdberührten Oberfläche ist ins Auge zu fassen, um den Abfluß der Blitzentladung zur Erde zu erleichtern."

Anderseits darf aber auch der Werth großflächiger Erdleitungskörper nicht auf Kosten des Luftleitungsnetzes überschätzt werden. Bei vielen Blitzschlägen in Gebäude mit Blitzableitern, welche eine erwiesenermaßen schlechte Erdleitung besaßen, haben die Blitzableiter doch jeden Gebäudeschaden abgewendet und in den weitaus meisten Fällen haben sie wenigstens zur wesentlichen Verminderung des Schadens beigetragen, während wieder in anderen Fällen die besten Erdleitungen ein Abspringen des Blitzes von unzureichenden Luftleitungen nicht zu verhindern vermochten. Die Erdleitungen bilden wohl einen wichtigen, aber nicht, wie in vielen Blitzableiterschriften mit größtem Nachdruck betont wird, den weitaus wichtigsten Bestandtheil eines Blitzableiters. Mindestens ebenso wichtig ist eine richtige Anordnung der Luftleitungen, Ausstattung derselben mit einer den lokalen Verhältnissen entsprechenden möglichst großen Kapacität unter doppelseitigem Anschluß, bezw. Einschluß aller am Gebäude befindlichen Metallmassen von größerer Ausdehnung. Das Abspringen des Blitzes vom Blitzableiter auf Metallmassen wird sofort aufhören, wenn keine mehr da sind, auf die er überspringen kann, wenn sie nämlich selbst in den Blitzableiter eingeschlossen werden; das häufige Abspringen nach Dachrinnen, Abfallröhren 2c. hört auf, sobald man diese selbst zu Blitzableitern macht, wozu sie sich wegen ihrer großen Kapacität und geringen Selbstinduktion vorzüglich eignen; auch wird, wie schon früher bemerkt, bei Blitzschlägen oft ohne alles Weitere eine natürliche Erdleitung gebildet durch den Wasserstrahl des Ausgusses der Abfallrohre und die regenbefeuchtete Erdoberfläche, welche allen kostspieligen künstlichen Tiefenleitungen mit minimalem Ohm'schen Uebergangswiderstand überlegen ist. Gute Erdleitungen, besonders solche mit sehr großer elektrischer Kapacität, wie z. B. die Gas- und Wasserleitungen, tragen zwar viel zur Verhinderung von Seitenentladungen und zur Verminderung von Erschütterungen bei, wie dies auch die Töpler'schen Versuche, Elektrotechn. Zeitschr. 1884, S. 246—251, beweisen, die Seitenentladungen ganz zu verhindern, sind sie aber nicht im Stande.

Oliver Lodge, welcher eingehende Studien über die Ursachen von Seitenentladungen angestellt hat, deren Resultate mit den bei Blitzschlägen in Gebäude gemachten Erfahrungen im Wesentlichen übereinstimmen, sprach sich in seinem ersten im Jahr 1888 vor der Society of arts in London gehaltenen Vortrag über Blitzableiter über den Werth der Erdleitungen u. a. folgendermaßen aus:

„Eine gute Erdleitung ist eine gute Sache, aber eine Erde, so gut sie auch sei, und sei sie die Erde des Paradieses, wird doch die Tendenz zu Seitenentladungen nicht verhindern können.

Man giebt oft, wenn ein geschütztes Haus vom Blitz getroffen wird, der schlechten Erdleitung die Schuld. Selten jedoch hat man beweisen können, daß die Erde, die vom Blitz gewählt worden ist, besser war; sie war im Gegentheil oft viel schlechter. Es ist ein Irrthum, sein Vertrauen in die Angaben eines Galvanometers oder einer Wheatstone'schen Meßbrücke zu setzen. Diese Instrumente sind unfähig uns über die wichtigsten Fragen zu unterrichten. Der galvanische Strom eines Elementes ist ebenso wenig geeignet den Weg anzuzeigen, welchen der Blitz einschlägt, wie der Abfluß eines kleinen Baches längs des Abhanges eines Hügels den Weg anzeigen kann, den ein reißender Strom einschlagen würde. Der erstere wird durch jedes kleine Hinderniß, welches ihm begegnet, abgelenkt, der zweite stürzt sich den Hindernissen entgegen und bricht sich selbst seine Bahn.

Der Blitz trifft ein Haus an irgend einer Stelle, springt zunächst auf den Blitzableiter, verläßt ihn wieder und stürzt sich auf eine Dachrinne, schickt Verzweigungen aus und beschädigt das Haus. Der Blitzableiteruntersucher kommt mit seinem Galvanometer und konstatirt, daß die Erdleitung 100 Ohm Widerstand besitzt, und alles ist erklärt. Aber wie viel Widerstand ist der Blitz nicht auf dem Wege begegnet, welchen er demjenigen von 100 Ohm Widerstand vorgezogen hat? Vielleicht mehr als einer Million. Manchmal entdeckt man eine schlechte Stelle in der Leitung oder eine Unterbrechung der Kontinuität, aber warum zieht der Blitz vor, mehrere Meter zu überspringen und Oeffnungen in Mauern und in Fenster zu schlagen, statt die paar Centimeter der Unterbrechung der Leitung zu überspringen?

Nein, weder der Galvanometer noch die Wheatstone'sche Brücke noch das Ohm'sche Gesetz haben etwas mit alledem zu thun.

Man vergißt eine wichtige Sache, ohne welche eine genügende Sicherheit nicht erreicht werden kann, es ist die elektrische Trägheit oder die Selbstinduktion. Diese muß möglichst vermindert und die elektrische Kapacität des Leiters möglichst erhöht werden."

Wenn nun auch nicht alle Physiker mit Lodge darin übereinstimmen, daß der Blitz ein rasch verlaufender oscillirender Wechselstrom, wie der Entladungsstrom von Leydener Flaschen bei unterbrochenem metallischem Schließungskreis ist, so weisen doch die Vorgänge bei vielen Blitzentladungen, die große Neigung des Blitzes zu Seitenentladungen und insbesondere die bei Telegraphenblitzableitern und Blitzschutzvorrichtungen für elektrische Starkstromanlagen gemachten Erfahrungen darauf hin, daß die Selbstinduktion in den Leitern bei Blitzentladungen eine ganz bedeutende Rolle spielt, und ist es von untergeordneter Bedeutung für die praktische Ausführung von Blitzableitern, ob erstere durch oscillatorische Wechselströme

oder durch eine Reihe rasch auf einander folgender gleichgerichteter Strom=
stöße von verschiedener Intensität verursacht wird, oder wie man sich auch
die große Neigung des Blitzes zu Seitenentladungen erklären möge: es ge=
nügt zu wissen, daß sie erfahrungsgemäß durch mehrfache Thei=
lung des Entladungsstromes und durch Vergrößerung der
Kapacität des Leitungssystems bis auf ein völlig ungefähr=
liches Maaß reducirt werden kann.

Da man also die Erdleitungen nicht einzig und allein für das Ab=
springen des Blitzes verantwortlich machen kann, braucht man auch bei
deren Anordnung nicht allzu ängstlich zu verfahren. Jedenfalls ist es
unbegründet, wegen der Unmöglichkeit, das Grundwasser zu erreichen, auf
die Anlage eines Blitzableiters ganz zu verzichten, wie manche Blitzableiter=
schriften empfehlen oder, wie es z. B. bei dem neuen Unterkunftshaus des
deutschen und österreichischen Alpenvereins auf der Zugspitze in den bay=
rischen Alpen geschehen ist, die Ableitungen bis zu einem mehrere Kilo=
meter weit entfernten Bach zu führen, wodurch sich die Kosten jenes Blitz=
ableiters auf ca. 8000 M. beliefen (Elektrotechnische Zeitschrift 1897,
Seite 611—612). Es ist kein Boden so schlecht, daß sich nicht ein guter
Blitzableiter mit einer den örtlichen Verhältnissen entsprechenden guten
Erdleitung mit ganz geringen Kosten herstellen ließe.

Das Abspringen des Blitzes vom Blitzableiter auf andere Metall=
massen ist auch bei mangelhaften Erdleitungen oder dem Mangel jeglicher
Erdleitung nur dann zu befürchten, wenn sich die Metallmassen in geringer
Entfernung von den Blitzableitungen befinden, oder wenn irgend welche
leitende Brücken zu denselben führen. Die Anziehungskraft des Blitzes durch
eine Metallmasse ist proportional deren Kapacität und dem Quadrat ihrer
Entfernung von der Blitzbahn, welche ohne ihr Vorhandensein eingeschlagen
würde. Die Neigung des Blitzes zu Seitenentladungen nimmt also mit
dem Quadrat der Entfernung der Metallmassen vom Blitzableiter rasch
ab, und kann nach den gemachten Erfahrungen angenommen werden, daß
der Blitz von einem sonst einigermaßen guten Blitzableiter auf mehr als
6 m entfernte durch schlechte Leiter von ihm getrennte, aber mit der Erde in
gut leitender Verbindung stehende Metallmassen nicht mehr überspringt. Sind
die Metallmassen von der Erde isolirt oder durch Halbleiter von derselben
getrennt, so kann jenes Maaß bis auf 3 m vermindert werden (vergl. oben
S. 59). Die Neigung des Blitzes zu Seitenentladungen nimmt aber auch in
dem Maaße der Verminderung seiner Stromstärke ab, weshalb das Abspringen
des Blitzes von mehrfach verzweigten Leitungen viel weniger zu befürchten
ist als von Blitzableitern mit nur einer Erdableitung. Sorgt man also

für eine genügende Verzweigung des Blitzableiters über und unter der Erde, so bringt es keine Gefahr mit sich, wenn auch mehrere Meter weit entfernte Metallmassen, sowie nach den üblichen Begriffen beste Entladungsstellen der Erde, nämlich dauernd feuchte Stellen oder gar eine Gas= oder Wasser= leitung, unberücksichtigt gelassen werden.

Führen z. B. als Ableitungen benutzte Regenabfallrohre an Stellen zur Erde, von welchen ein etwa vorhandener besonderer Anziehungspunkt mehr als 6 m entfernt ist, und macht es Schwierigkeiten, die Leitung dorthin zu führen, so kann die betreffende Stelle bei sonstiger passen= der Anordnung des Blitzableiters unberücksichtigt bleiben. Verhältniß= mäßig am wenigsten Werth auf eine gute Erdleitung braucht bei ganz eisernen Häusern oder bei Blitzableitern, welche nach Faraday=Melsens'= schem Princip die Gebäude käfigartig umspannen, genommen zu werden. Hier ist die Erdleitung, wenn nicht gerade eine ins Innere des Gebäudes führende Gas= oder Wasserleitung vorhanden ist (vergl. oben S. 51), von untergeordneter Bedeutung, und wird der Abfluß der Elektricität in diesem Fall gewöhnlich in unschädlicher Weise durch die stets einen gewissen Feuchtigkeitsgrad besitzenden Gebäude=Fundamente und die um= gebende Erde mit ihrer natürlichen Feuchtigkeit, welche in der Regel noch durch den Gewitterregen erhöht werden wird, vor sich gehen.

Bei der Bemessung der Güte eines Blitzableiters und insbesondere dessen Erdleitung kommt es hauptsächlich auch auf das Baumaterial des Gebäudes, dessen Inhalt und Benutzungsweise an. Bei Gebäuden, welche fast ausschließlich aus Stein und Holz bestehen und keine größeren Mengen leicht entzündlicher und explosiver Stoffe bergen, kann man, wie schon früher angedeutet, unter Umständen auch bei wenig verzweigten Luft= leitungen ganz ohne künstliche Erdleitung auskommen. Regnet es während des Blitzschlags, so bildet die nasse Erdoberfläche eine gute natürliche Erd= leitung, regnet es nicht, so findet auch keine Ablenkung des Blitzes durch nasse Dach= und Wandflächen statt; der Blitz wird wenigstens in der Hauptsache den ihm weitaus den geringsten Widerstand darbietenden me= tallischen Leitern bis zur Erde folgen, und der natürliche Feuchtigkeits= gehalt der Erde in Verbindung mit demjenigen der Gebäudefundamente wird genügen, um eine für das Gebäude unschädliche Ausbreitung der Entladung zu vermitteln.

Wenn man daher auf große Sparsamkeit angewiesen ist und bei größerem Kostenaufwand auf die Anlage eines Blitzableiters ganz verzichten würde, genügt es zur Noth, bei den gewöhnlichen hart gedeckten städtischen Wohngebäuden, die ja auch, wie oben S. 4 gezeigt, der Gefahr, durch

Blitz beschädigt oder zerstört zu werden, in verhältnißmäßig ganz geringem Maaße ausgesetzt sind, die gewöhnlichen Einschlagstellen, d. h. die Firste, Schornsteinköpfe und Thürmchen mit Fangvorrichtungen zu versehen, soweit sie solche nicht schon in ihren metallenen Regenschutzmitteln besitzen, und diese Leitungen sodann mit den Dachrinnen und Abfallrohren in Verbindung zu bringen, womit der ganze Blitzschutz fertig wäre (siehe oben Fig. 119 und 120).

Die bei einer großen Zahl von Blitzschlägen in Gebäude gemachten Erfahrungen bestätigen die Zulässigkeit dieser Annahme, welche übrigens im Wesentlichen auch im Einklang steht mit dem von Helmholtz, Kirchhoff und Siemens unterzeichneten Gutachten der Kgl. Preuß. Akademie der Wissenschaften vom 5. August 1880, Sitzungsberichte S. 756, wo es u. a. heißt:

„Für den praktischen Zweck der Blitzableiter kommt es nicht darauf an, daß sie ein gewisses ideales Maaß von Leitungsfähigkeit erreichen, sondern darauf, daß sie besser leiten als jede andre durch überspringende Funken zu erreichende Leitung zum Erdboden."

Wenn sich aber in geringer Entfernung von den Ableitungen eine Gas= oder Wasserleitung befindet, ist wie oben S. 57—60 und im VIII. Kapitel beschrieben zu verfahren.

Bei den ländlichen Wohn= und Oekonomiegebäuden, deren Scheuer= und Dachräume mit Erntevorräthen angehäuft sind, welch' letztere wegen ihres Feuchtigkeitsgehalts an und für sich schon eine gewisse Anziehung auf den Blitz ausüben, wie dies auch bei feuchten Ställen, und deren feuchten Wänden und Decken der Fall ist, insbesondere aber bei ländlichen Gebäuden mit Strohdächern, welche den Regen schwammartig aufsaugen, und deren eiserne Bindedrähte leicht zu feuergefährlichen Funkenbildungen Anlaß geben, ist bei der Anordnung von Blitzableitern mit größerer Vorsicht zu erfahren, und da gerade bieten richtig angeordnete Erdleitungen ein vorzügliches Mittel zur Erhöhung der Sicherheit gegen Seitenentladungen, die hier um so mehr zu fürchten sind, als sie wegen des leicht entzündlichen Inhalts der Gebäude gerne zu Zündungen und zu einer vollständigen Zerstörung der Gebäude Veranlassung geben und so auch Leben und Gesundheit der Bewohner in erhöhtem Maaße bedrohen.

Der Verzweigung des Blitzableiternetzes über der Erde sind bei ländlichen Gebäuden des Kostenpunkts und der schwierigeren Instandhaltung halber enge Grenzen gesetzt, und wird man sich deshalb hier in der Regel mit 4, in vielen Fällen mit nur 2 Ableitungen, unter welche

Zahl aber, wie schon früher bemerkt, niemals herabgegangen werden sollte, begnügen müssen; dagegen steht einer ausgedehnten Verzweigung des Leitungsnetzes unter der Erde kein Hinderniß im Weg, es ist vielmehr eine solche gewöhnlich leicht und mit ganz geringen Kosten durchzuführen, wenn man sich auf die Anordnung von Oberflächenleitungen, d. h. solchen, die nur wenige Decimeter unter der Erdoberfläche verlaufen, beschränkt und einzelne dauernd feuchte Stellen nur in so weit mitberücksichtigt, als sie sich in unmittelbarer Nähe und in leicht erreichbarer Tiefe befinden.

Das Ideal eines Blitzableiters würde erreicht, wenn der Blitz sich sofort von der Einschlagstelle an etwa über die Oberfläche einer das ganze Gebäude umschließenden Metallschale nach allen Richtungen ausbreiten könnte. Die Möglichkeit von Seitenentladungen und sonstigen sekundären Blitzwirkungen wäre ausgeschlossen, und der Blitz könnte auch ohne besondere Erdleitung an unendlich vielen Stellen in genügend widerstandsloser Weise zur Erde abfließen. Die gleiche Wirkung, wenigstens bezüglich des widerstandslosen Abflusses der Elektricität zur Erde, wird erreicht, wenn von der Einschlagstelle an nur wenige Metallleitungen zu einem das Gebäude umschließenden, in den Humus verlegten, das Gebäude umfassenden Leitungsring geführt werden, während die in diesem Fall immerhin verbleibende Neigung zu Seitenentladungen durch entsprechenden Anschluß vorhandener Metallmassen an das Leitungsnetz unschädlich gemacht wird. Auf diesen Erwägungen beruhen die im folgenden Abschnitt gemachten Vorschläge zur Herstellung wirksamer und billiger, insbesondere für freistehende ländliche Gebäude geeigneter Erdleitungen.

b. Anlage und Ausführung künstlicher Erdleitungen.

Gute Erdleitungen lassen sich ebenso wie gute Luftleitungen auf ganz verschiedene Weise herstellen, und wird derjenige, welcher sich in die Principien des Blitzableiterbaues einigermaßen eingelebt hat, leicht von selbst das herausfinden, was im einzelnen Fall das Beste und Billigste ist. Wer aber nur mechanisch und schablonenmäßig nach wenigen kurzen, schematischen Vorschriften und bloßen Recepten arbeitet, wird nichts Rechtes zustande bringen. Das, was er an Zeit und Mühe spart, in das Wesen der Sache einzudringen, muß sein Auftraggeber mit um so größeren Kosten für einen doch zweifelhaften Schutz bezahlen. Es ist also erste Bedingung für jeden, der sich mit der selbstständigen Ausführung von Blitzableitern befassen will, sich in den ganzen Inhalt dieser oder ähnlicher Schriften zu vertiefen, sich ein möglichst selbstständiges Urtheil in der

Sache zu bilden und nicht blos mechanisch die angegebenen Regeln und Konstruktionsdetails, welche im einzelnen Fall unter Umständen einer Modifikation bedürfen, in die Ausführung zu übersetzen. In diesem Sinne sind sowohl die früheren Vorschläge über die Herstellung der Luftleitungen, als auch die im Folgenden mitgetheilten Beispiele von Erdleitungen aufzufassen. Sie sollen nur ganz ungefähre, allgemeine Anhaltspunkte bilden und brauchen keineswegs peinlich nachgeahmt zu werden, denn jeder Fall ist in Wirklichkeit wieder anders und bedarf eines besonderen Studiums.

Da die Anordnung der Erdleitungen, welche ja nichts weiter als eine Fortsetzung und Ergänzung der Luftleitungen bilden, wesentlich von der Anordnung der letzteren abhängt, so sollen in den folgenden Beispielen die Erdleitungen auch nur im Zusammenhang mit den zugehörigen Luftleitungen beschrieben werden.

1. Ein freistehendes, ländliches Gebäude gewöhnlicher Größe (15 m lang und 10 m breit) mit Ziegeldach, ohne metallene Dachverwahrungen, Dachrinnen und Abfallrohre sei mit einem billigen Blitzableiter zu versehen. Der Boden sei ringsum von gleicher Beschaffenheit, ohne besondere ausgeprägte Entladungsstellen. Das Grundwasser befinde sich in nicht leicht erreichbarer Tiefe.

Es empfiehlt sich der Billigkeit halber für die Luft= und Erdleitungen die Anwendung eines einheitlichen, in

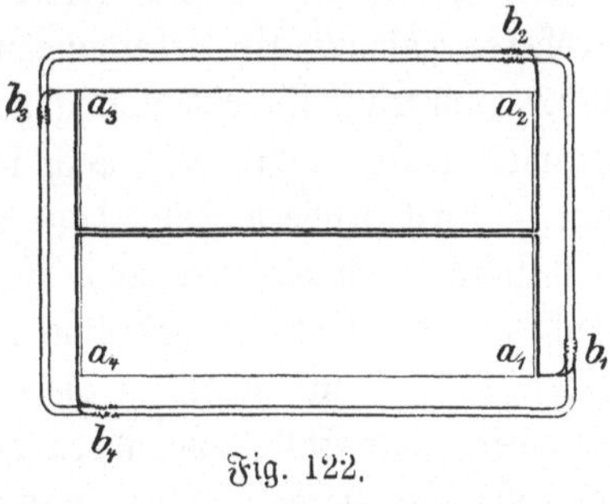

Fig. 122.

großen Längen zu beziehenden, leicht zu montirenden Leitungsmaterials von genügender Stärke und Dauerhaftigkeit. Dazu eignet sich bei vierfachen Ableitungen, wie sie in diesem Fall in Anwendung zu kommen haben, ein aus zwei 4,2 mm dicken verzinkten Eisendrähten gewundenes Drahtseil. Dasselbe wird wie in Fig. 122 in doppeltem Strang (die beiden Stränge leicht mit einander verschlungen oder geradlinig dicht neben einander liegend) über den First und sodann in einfachen Strängen an den Ortgängen (Giebelsäumen) sowie an den vier Gebäudeecken herabgeführt.[1]) Jedes der vier Ableitungsseile wird unter der Erde in seine beiden Einzeldrähte aufgelöst, was leicht und rasch geht. Diese Drähte werden sodann im Humus 30—40 cm unter der Erdoberfläche und ca. 20 cm von einander entfernt, in beliebigem Abstand von dem Ge=

---

[1]) Bezüglich des Schutzes vorhandener Schornsteine u. dergl. s. oben S. 83—85.

bäude rings um dasselbe geführt. Jeder der beiden von a_1 kommenden Drähte wird mit dem von a_2 kommenden bei b_2 auf ca. 50—60 cm Länge verschlungen, wobei auf eine möglichst dichte Berührung der Drähte zu achten ist. Dasselbe geschieht mit den von a_2, a_3 und a_4 kommenden Drähten bei b_3, b_4 und b_1. Man erhält so auf einfache und bequeme Weise einen kontinuirlichen Blitzableiter mit achtfacher Verzweigung und ein allseits geschlossenes Leitungsnetz mit doppeltem Erdleitungsring. Die Auflösung der Drahtseile in ihre Einzeldrähte im Boden hat den Zweck, die Ausbreitungsfähigkeit der Erdleitung zu erhöhen. Der doppelte Erdleitungsring besitzt z. B. bei einem 15 m langen und 10 m breiten Haus eine Drahtlänge von zusammen ca. 120 m mit einer erd= berührten Oberfläche von 1,6 qm. Hierbei ergiebt sich ein Uebergangswider= stand (für den galvanischen Strom) in durchnäßter Erde von ca. 2,9 Ohm.[1]

Da bei der verhältnißmäßig großen Ausbreitungsfähigkeit einer solchen Erdleitung, welche ca. dreizehnmal größer ist als diejenige einer quadra= tischen Platte von 2 qm beiderseitiger Oberfläche, selbst ein bedeutend größerer galvanischer Uebergangswiderstand als der berechnete kein ernst= liches Hinderniß für eine unschädliche Ausbreitung des hochgespannten Blitz= stromes wäre, kann man auch bei verhältnißmäßig trockenem Boden für den äußerst seltenen Fall, daß der Blitzschlag nicht mit Regen begleitet sein sollte, noch auf eine gute Wirkung solcher Erdleitungen rechnen. Die Führung der Erdleitungsdrähte rings um das Gebäude hat zugleich den Vortheil, daß mit denselben ohne Weiteres auch etwa zufällig vorhandene besonders gute Entladungsstellen getroffen oder ihnen nahe gerückt werden, so daß also solche Stellen nicht ängstlich gesucht zu werden brauchen, und für den Fall, daß sie übersehen werden, nicht zu befürchten ist, daß der Blitz sie unter Gefährdung des Hauses auf anderen als den ihm vor= gezeichneten Wegen aufsucht. Es ist aber stets dahin zu streben, daß die Leitungen über und unter der Erde ein in allen Theilen zusammenhängendes, allseits geschlossenes Netz bilden, weil nur dann erwartet werden darf, daß sich der Entladungsstrom auf alle Theile des Systems annähernd dessen Verzweigung entsprechend vertheilt, und die damit verbundenen Vor= theile erreicht werden. Dauernd feuchte Stellen des Terrains sind zur Erhöhung der Sicherheit der Anlage selbstverständlich soviel wie möglich

---

[1] Nach der Formel $W = \dfrac{2\,c}{d\,\pi} \cdot \dfrac{\log.\ \text{nat.}\ 2\,n}{2\,n}$,

wo c = spec. Widerstand des feuchten Erdreichs = ca. $10^4\ \Omega$ cm,

d = Durchmesser des Drahtes in Centimetern.

n = Verhältniß der Länge des Drahtes zu dessen Durchmesser.

zu berücksichtigen. Befinden sich solche Stellen in unmittelbarer Nähe des Gebäudes, so führt man die Erdleitungsdrähte gerade oder zur Vergrößerung der erdberührten Oberfläche zickzackförmig durch dieselben hindurch. Befindet sich eine solche Stelle abseits des Gebäudes, so kann man auch einen oder mehrere Ausläufer dorthin schicken, z. B. indem man, wie in Fig. 123, die von a_2 kommenden Drähte, nachdem sie mit den von a_3 kommenden, wie oben beschrieben, verschlungen worden sind, dort nicht abschneidet, sondern bis zu der feuchten Stelle weiter führt und daselbst durch zickzackförmige Führung der Drähte eine großflächige Berührungsfläche von möglichst langgestreckter Form herstellt. Ist aber die Feuchtigkeit stark mit Säuren oder Salzen, z. B. mit Jauche getränkt, wodurch die Zerstörung des Materials wesentlich beschleunigt wird, so führt man die Leitungen, wie hinten in Fig. 129, besser in unmittelbarer Nähe außen um solche Stellen herum.

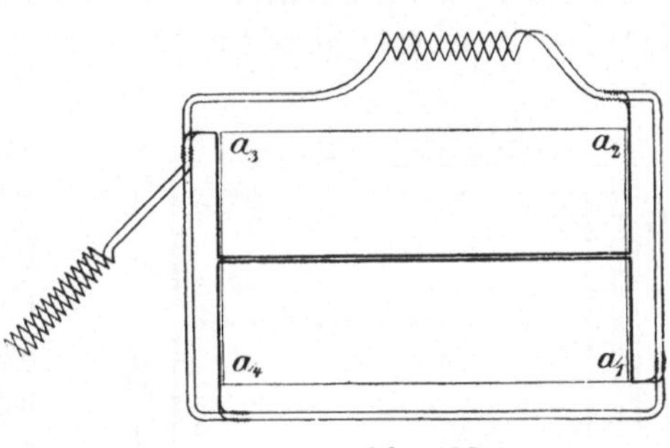

Fig. 123.

Statt eines Drahtseils aus zwei je 4,2 mm dicken Drähten kann man auch ein solches aus drei wenigstens je 3,4 mm oder aus vier wenigstens je 3 mm dicken Drähten verwenden, welches schmiegsamer ist, deshalb eine bequemere Montirung gestattet und etwas größere Ausbreitungsflächen ergiebt, während anderseits zu beachten ist, daß die Lebensdauer dünner Drähte, insbesondere in der Erde liegender, etwas geringer ist als diejenige dickerer. Unter den Durchmesser von 3 mm sollte keinenfalls heruntergegangen werden. Es steht ferner kein Hinderniß im Weg, statt Drahtseilen auch einfache, wenigstens 6 mm dicke Massivdrähte zu verwenden, welche längs des Firstes doppelt genommen und daselbst in flachen Windungen mit einander verschlungen oder geradlinig, nöthigenfalls unter Zuhilfenahme von Bindedraht dicht neben einander geführt werden. Längs der Ortgänge und Gebäudeecken werden diese Drähte in einfachen Strängen herabgeführt. Das Material ist billiger aber steifer, und deshalb die Ausführung etwas unbequemer als bei Drahtseilen. Die Leitungsoberfläche ist hier im Vergleich zum Querschnitt geringer als bei Anwendung des doppeldrähtigen Seils, und besitzt insbesondere der einfache Erdleitungsring aus einem dickeren Draht eine nicht viel mehr als halb so große Ausbreitungsfähigkeit (für den galvanischen Strom) wie ein Ring aus zwei nebeneinander geführten

dünneren Drähten. Die Wirksamkeit und Haltbarkeit einer solchen Erd=
leitung kann, allerdings bei entsprechend größerem Materialverbrauch, er=
höht werden, wenn man den von jeder Gebäudeecke kommenden einfachen
Draht auf die Länge zweier Gebäudeseiten statt einer fortführt, wodurch
man wieder einen doppelten Erdleitungsring wie bei Figur 123 erhält.
In gleicher Weise kann bei Anwendung zweidrähtigen Drahtseils die Erd=
leitung wesentlich verbessert werden, wenn man die von jeder Gebäude=
ecke kommenden beiden Drähte auf die Länge je zweier Gebäudeseiten
statt nur einer fortführt, wenn man also, wie in Fig. 124, die von a_1
kommenden Drähte mit den von a_3 kommenden Drähten bei b_3, die von
a_2 kommenden mit den von a_4 kommenden bei b_4 u. s. w. verbindet, wo=
durch ein vierfacher Erdleitungsring entsteht. Diese Anordnung empfiehlt
sich bei besonders schlechten Bodenverhältnissen, und wenn nach der

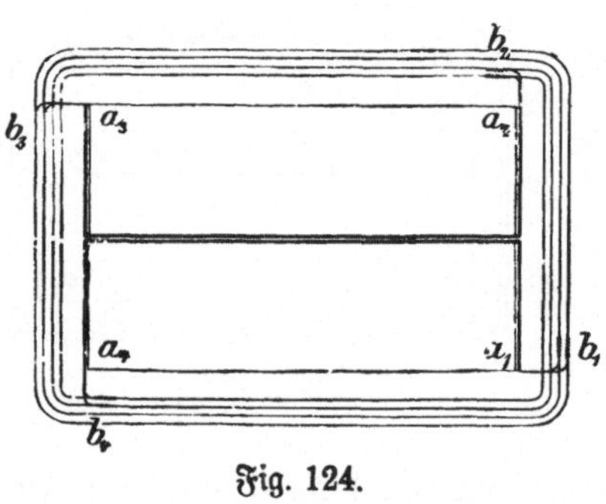

Fig. 124.

Bauart und Benutzungsweise des
Gebäudes erhöhte Vorsicht vor
Seitenentladungen geboten ist. Die
Führung eines doppelten Stranges
über den First statt eines einfachen
hat den Vortheil, daß die Ab=
leitungen in einer ihrer Verzwei=
gung entsprechenden, geringeren
Stärke ohne jede Verbindungs=
stelle von den Enden der First=
leitung aus zur Erde geführt

werden können, daß sich ferner mit dünnerem, biegsamerem Leitungsmate=
rial leichter hantiren läßt und Abzweigungen sich leichter herstellen lassen,
als bei stärkerem Material, wodurch sich die Montirungskosten ermäßigen
und Beschädigungen des Dachdeckmaterials eher vermieden werden. Es
können aber natürlich auch einfache Firstleitungen zur Anwendung kom=
men und als Material hierfür nach Belieben Drahtseil, Massivdraht oder
Bandeisen von nicht weniger als 50 qmm Querschnitt gewählt werden.
Für die Ableitungen an den Giebelsäumen und den Gebäudeecken sowie
für die Erdleitungen kann man dasselbe Material oder um die Hälfte
schwächeres verwenden. Wo an Anlagekosten weniger gespart zu werden
braucht, ist mit Rücksicht auf die Erhöhung der Haltbarkeit des Materials,
insbesondere in der Erde, die Wahl größerer Leitungsquerschnitte zu
empfehlen.

Wenn wegen des Umfangs eines Gebäudes und des Vorhandenseins
von Querhäusern oder Anbauten außer den vier Ableitungen noch weitere

erforderlich werden, so sind diese in ähnlicher Weise wie oben S. 172 beschrieben, an den Erdleitungsring anzuschließen.

2. Ist das zu schützende Gebäude mit vier Abfallrohren an den vier Gebäudeecken versehen, welche den im VI. Kapitel gestellten Anforderungen entsprechen, so handelt es sich nur darum, geeignete Erdleitungen vom untern Ende der Abfallrohre aus anzubringen. Es eignen sich hierzu je wenigstens zwei mit den unteren Abfallrohrenden in großflächige Berührung gebrachte 4,2 mm dicke, verzinkte Eisendrähte mit doppeltem Erdleitungsring wie in Fig. 122 oder einfache Streifen verzinkten Bandeisens, wenigstens $15 \times 2^{1}/_{2}$ mm stark, aus welchen ein einfacher, geschlossener Leitungsring um das Gebäude herum gebildet wird. Das Band wird flach oder besser senkrecht auf die Kante gestellt. Da die Ausbreitungsfähigkeit der Leiter mit deren Längenausdehnung bedeutend mehr wächst als mit deren Breitendimension, so besitzen breite Bänder eine verhältnißmäßig geringere Ausbreitungsfähigkeit als mehrere in gewissen Abständen neben einander geführte schmale Bänder oder Drähte von gleich großer Oberfläche. Es besitzt z. B.[1]) ein 60 m langes, $15 \times 2^{1}/_{2}$ mm starkes Band mit einer erdberührten Oberfläche von 2,1 qm einen Ausbreitungswiderstand in durchnäßtem Boden von ca. 4,50 Ohm, während zwei getrennt nebeneinander geführte je 60 m lange, 4,2 mm dicke Drähte mit einer erdberührten Oberfläche von zusammen 1,6 qm einen Ausbreitungswiderstand von nur rund 3 Ohm ergeben, also eine um $^{1}/_{3}$ bessere Ausbreitungsfähigkeit besitzen als ein Band, das um $^{1}/_{4}$ schwerer und daher entsprechend theurer ist. Es ist jedoch stets zu berücksichtigen, daß diese Werthe und Verhältnißzahlen nur für den galvanischen Strom gelten, und daß für den Uebergang des hochgespannten Blitzstromes zu, bezw. von der Erde ein Widerstandsunterschied von wenigen Ohm eine untergeordnete Rolle spielt, so daß es also nicht begründet wäre bandförmige Erdleitungskörper wegen ihres im Vergleich zu Drähten etwas größeren Uebergangswiderstandes ganz zu vermeiden.

---

[1]) Nach der Annäherungsformel:

$$W = \frac{2\,c}{a\,\pi\sqrt{N}} \cdot \text{log. nat.}\ \frac{n+1+\sqrt{N}}{n+1-\sqrt{N}},$$

wo c = specifischer Widerstand feuchter Erde = ca. $10^{4}\ \Omega$ cm,

a = Breite $+$ Dicke des Bandes in Centimetern,

n = Verhältniß der Länge zur Breite des Bandes,

$N = (1 + n)^{2} - \dfrac{8\,n}{\pi}.$

Ist das Aufgraben auf der Straßenseite nicht leicht durchführbar, so kann man die Leitung wie in Fig. 125 auch nur drei Seiten entlang führen und die nöthige erdberührte Oberfläche beliebig durch Anwendung entsprechend stärkerer Leitungen oder Vermehrung der Zahl derselben oder durch Anbringung von Ausläufern gewinnen. Analog wird verfahren,

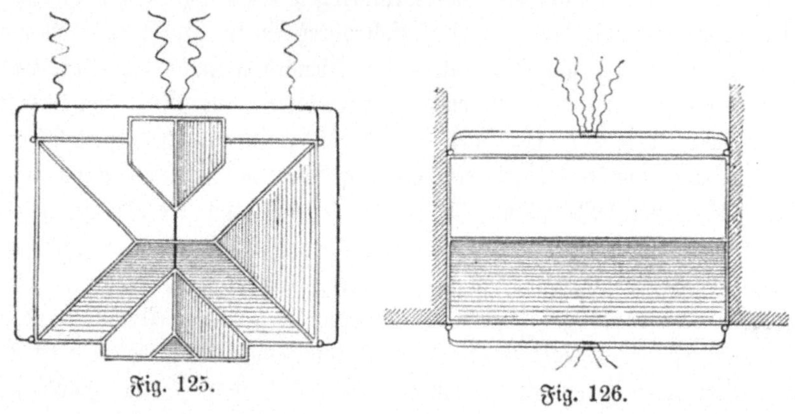

Fig. 125.

Fig. 126.

wenn das Haus beiderseits eingebaut ist, und die Erdleitungen wie in Fig. 126 nur vorn und hinten angebracht werden können. Wenn das Aufgraben auch auf der Straßenseite mit Schwierigkeiten verbunden ist,

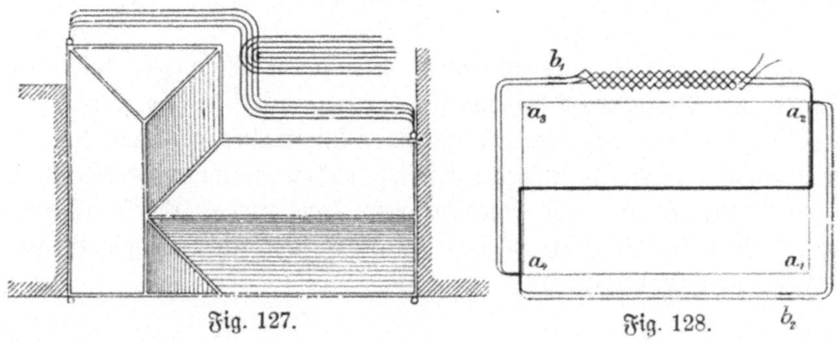

Fig. 127.

Fig. 128.

wäre etwa wie in Fig. 127 zu verfahren. In letzterem Fall müßten eben die beiden vorderen Abfallrohre ohne Erdleitung bleiben oder besondere Erdplatten erhalten.

3. Bei weniger als 20 m langen Gebäuden und insbesondere dann, wenn mit Sicherheit dauernd feuchte Stellen leicht zu erreichen sind, ferner bei Vorhandensein von Gas= und Wasserleitungen oder sonstigen natür= lichen Erdleitungen, und wenn die Gebäude= oder Dachform weitere

Ableitungen nicht bedingt, kann man sich auch mit nur zwei Ableitungen begnügen. Falls hierzu nicht etwa vorhandene Firstbleche, Ortgang= bleche und Abfallrohre benutzt werden können, wird man sich als Lei= tungsmaterial zweckmäßigerweise eines aus 4 je 4,2 mm dicken verzinktem Eisendrähten gewundenen Drahtseils bedienen. Dasselbe wird in ein= fachem Strang über den First, sodann unter Berücksichtigung der Wetter= seite und dauernd feuchter Stellen des Terrains an zwei womöglich einander diametral gegenüberliegenden Gebäudeecken wie in Fig. 129 oder in der Mitte der beiden Giebelseiten wie in Fig. 131 herabgeführt. Unter dem Boden wird das Seil in seine Einzeldrähte aufgelöst und je nach den örtlichen Verhältnissen wie in Fig. 128 in doppeltem Leitungsring um

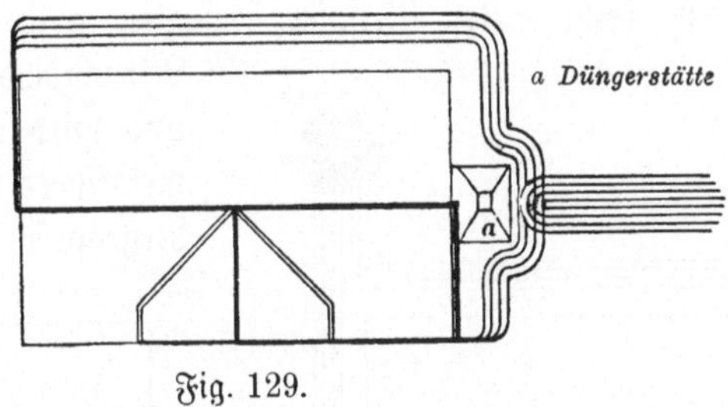

Fig. 129.

das Gebäude, oder wie in Fig. 129 in vierfachen um das ganze Ge= bäude oder einen Theil desselben unter Berücksichtigung der etwa vor= handenen dauernd feuchten Stellen geführt.

Von großer Wichtigkeit ist es, daß bei der Führung der Erdleitungen außer der Wetterseite insbesondere auch die am meisten beschatteten, mit Gras und Buschwerk bewachsenen, mit feuchten Wurzeln durchzogenen Stellen des umgebenden Terrains berücksichtigt werden, indem sich dort bei anhaltend trockener Witterung im Sommer bedeutend geringere Ueber= gangswiderstände ergeben als da, wo in Folge fortgesetzter Einwirkung der Sonnenhitze eine größere Austrocknung des Bodens stattgefunden hat.

Befindet sich das Grundwasser in leicht erreichbarer Tiefe, so wird man die Stellen, wo die Drähte der beiden Ableitungen zusammentreffen, in die Nähe des Grundwasserschachts legen, je zwei sich entgegenkommende Drähte daselbst, wie gewöhnlich, auf ca. 50—60 cm Länge mit einander verflechten, dann aber nicht abschneiden, sondern ununterbrochen bis ins Grundwasser hinabführen, wo man durch beliebige ring=, zickzackförmige, drudenfußartige oder gekreuzte Lage der Drähte eine großflächige Berüh= rung mit dem Grundwasser herzustellen sucht. Die Oberflächenleitungen

können aber auch wie in Fig. 130 ohne vorherige gegenseitige Verflech=
tung unmittelbar zum Grundwasserschacht geführt werden. Benutzt man
außerdem noch etwa vorhandene dauernd feuchte Stellen an der Ober=
fläche wie beim ersten und zweiten Beispiel, so erhält man auf einfache
und billige Weise eine allen Anforderungen entsprechende Kombination
großflächiger Oberflächen= und Tiefenleitungen.

Die Tiefenleitungen können übrigens auch in beliebiger anderer Weise
durch Versenkung voller Platten aus Kupfer, Blei, Zink, verzinktem oder
unverzinktem Eisen oder sonstiger irgendwie geformter großflächiger alter
Eisentheile, oder von Drahtnetzen, sowie durch Einbohren oder Einrammen
von Eisenröhren oder Eisenstäben hergestellt werden.[1])

Statt des empfohlenen vierdrähtigen Drahtseils kann unter Be=
achtung des beim ersten Beispiel Gesagten auch ein beliebiges anderes
Leitungsmaterial benutzt werden,
und wird man bei Vorhandensein
metallener Dachverwahrungen und
Regenabfallrohre für die Erd=

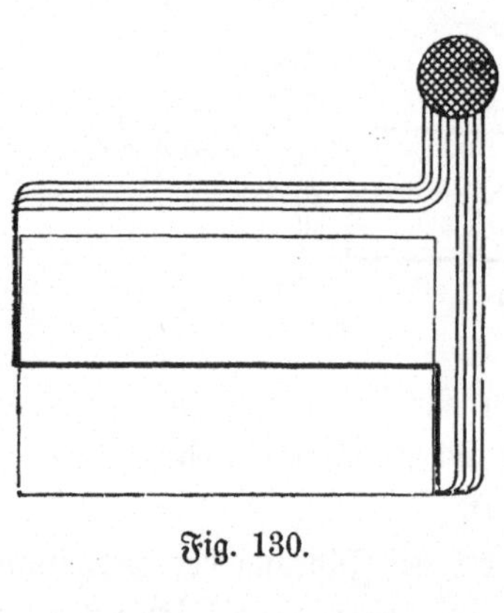

Fig. 130.

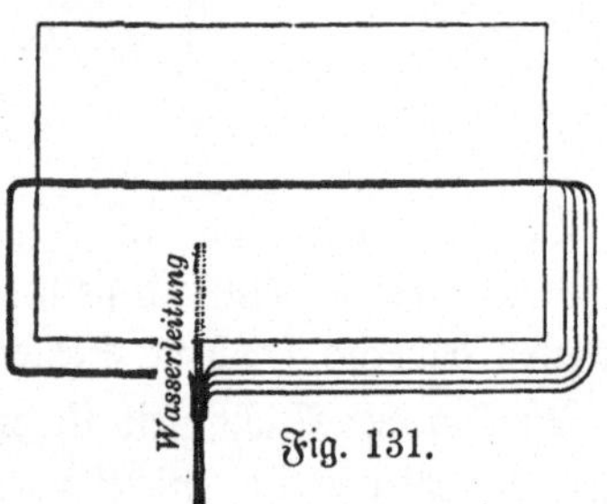

Fig. 131.

leitungen hauptsächlich von verzinktem Bandeisen, weil hierbei großflächige
Verbindungsstellen bequem herzustellen sind, mit Vortheil Gebrauch machen
können.

Allgemein ist zu beachten, daß bei trockenem Sand= und Felsboden,
überhaupt bei trockenen Untergrundverhältnissen die Gesammtoberfläche der
Erdleitungen nicht weniger als 2 qm und sonst nicht weniger als 1 qm
betragen sollte.

Bezüglich des Anschlusses an Gas= und Wasserleitungen siehe oben
S. 142—153. Die Drahtseile können hier als solche unaufgelöst im

---

[1]) Ueber die Anwendung des Erdbohrers und das Einrammen von Eisenrohren,
abessynischen Brunnen ꝛc. giebt das Werk von Tecklenburg, Handbuch der Tiefbohr=
kunde, Bd. 1 u. 2, nähere Auskunft.

Humus bis zur Anschlußstelle geführt werden, doch wird eine getrennte
Führung der Einzeldrähte dorthin, wie bei obigen Beispielen und in Fig. 131
rechts immerhin noch zur Erhöhung der Wirkung der Erdleitung beitragen.

Eine erhöhte Vorsicht ist bei Gebäuden mit Strohdächern, wo die
Strohbüschel mit Eisendraht gebunden sind, geboten, weil hier eine Gefahr des Abspringens des Blitzes vom Blitzableiter nach dem Draht-
netzwerk des Strohdachs besteht, oder die Erzeugung von Induktions-
funken innerhalb jenes nicht metallisch zusammenhängenden Drahtnetzes
möglich ist, wodurch das Stroh und damit das ganze Gebäude in Brand
gesteckt werden kann. Es ist daher nicht bloß angezeigt, die womöglich
ganz kontinuirlich herzustellende Blitzableitung ca. $^1/_2$ m entfernt und möglichst isolirt vom Dach zu führen, sondern auch den Querschnitt, sowie
die Oberfläche der Leitung entsprechend zu vergrößern und das Leitungsnetz über und unter der Erde mög-
lichst zu verzweigen. Man wird also
bei solchen mittelgroßen Häusern etwa
wie in Fig. 132 zu verfahren haben.

Es bedeuten *a* die Firstleitung
aus einem doppelten Strang vierdrähtigen verzinkten Drahtseils mit
4,2 mm Drahtstärke, die beiden Stränge
leicht mit einander verschlungen oder
geradlinig dicht neben einander geführt;

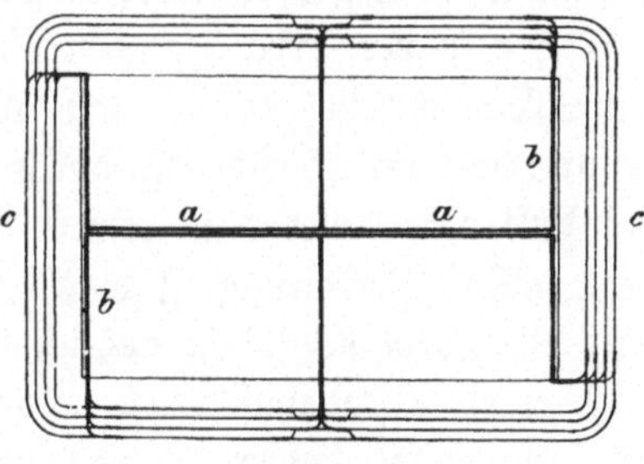

Fig. 132.

b die Ortgang- und Wandleitung aus je einem einfachen Strang gleichen
Drahtseils; *c* die Erdleitung im Humus aus 4 neben einander geführten
Einzeldrähten. Auch die Zahl der Zwischenableitungen (vgl. oben S. 55)
ist hier entsprechend zu vermehren, und empfiehlt es sich bei einer Gebäudelänge von über 15 m, in der Mitte jeder Langseite eine Zwischen-
ableitung und bei je 10 m Mehrlänge eine weitere solche Ableitung anzubringen.

Wenn mehrere Gebäude neben einander mit Blitzableitern versehen
werden sollen, so ist es nach den angeführten Grundsätzen von größtem
Werth, eine für sämmtliche Gebäude gemeinsame Erdleitungsanlage zur Ausführung zu bringen, bezw. die Erdleitungen sämmtlicher Gebäude mit einander
zu verbinden, weil auf diese Weise jeder Blitzableiter eine Erdleitung von
verhältnißmäßig sehr großer Kapacität erhält, und kann dann unbeschadet
der Wirksamkeit der Blitzableiter an Zahl der Ableitungen und an Material
für die Erdleitungen gespart werden. In nicht zu weit aus einander gebauten Ortschaften, welche keine Wasserleitung, die als gemeinsame Erdleitung

dienen könnte, besitzen, wird eine vollkommen genügende, billige und dauerhafte Erdleitung dadurch erreicht, daß man einen oder mehrere Drähte, bezw. ein Band aus verzinktem Eisen, Kupfer oder Blei unter dem Straßenkandel oder der Gosse fortführt, und kann man in diesem Fall, wenn auch die Firstleitungen ununterbrochen über ganze Häuser= reihen hinweggeführt werden, im Allgemeinen mit nur einer Ableitung für jedes Haus oder sogar mit nur einer für jedes zweite oder dritte Haus aus= kommen (vergl. oben S. 65). Die sich hierdurch wesentlich vermindernden Anlagekosten werden selbstverständlich wegen der Möglichkeit des Mate= rialbezugs in großen Mengen unmittelbar von der Fabrik und durch gleich= zeitige, fabrikmäßige Ausführung des Ganzen noch weiter reducirt, wäh= rend in der Ausführung der Gesammtanlage nach einheitlichem, sachverständigem Plan und unter sachverständiger Aufsicht eine erhöhte Garantie für einen zuverlässigen Blitzschutz jedes einzelnen Gebäudes liegen würde.

Die in der Erde liegenden Metalle, hauptsächlich die in den oberen abwechselungsweise nassen und trockenen Erdschichten befindlichen, sind naturgemäß der Zerstörung durch Oxydation mehr ausgesetzt als die an der Luft oder dauernd in reinem Wasser liegenden. Wegen seiner beson= ders raschen Zerstörung ist die Verwendung unverzinkten Eisens in Draht= oder Bandform unbedingt auszuschließen, nur bei sehr großen Eisenmassen, z. B. alten Eisenbahnschienen und dicken Gußeisenrohren, kann auf eine verhältnißmäßig längere Lebensdauer derselben auch in ungeschütztem Zu= stand gerechnet werden. Die Verwendung eines schützenden Theer= oder Asphaltanstrichs ist, weil hierbei die Ausbreitungsfähigkeit beeinträchtigt würde, außer bei den Verbindungsstellen, im allgemeinen nur bei solchen Bodenleitungen angängig, welche nicht selbst als Erdleitungen dienen, sondern nur Zwischenglieder zwischen den eigentlichen Erdleitungskörpern und den Luftleitungen bilden, wie dies z. B. bei den Anschlußleitungen an unterirdische Gas= und Wasserleitungen der Fall ist; dagegen dürften bei sehr ausgedehnten Erdleitungen und Erdleitungskörpern gegen die An= wendung eines schützenden Anstrichs ebenso wenig principielle Bedenken bestehen, als gegen den Asphaltüberzug der unterirdischen Gas= und Wasserleitungen, durch welchen erfahrungsgemäß der Ausbreitungsfähigkeit dieser natürlichen Erdleitungen kein Eintrag geschieht; vgl. die oben S. 146 angeführte Stelle der Denkschrift des Verbandes deutscher Architekten= und Ingenieurvereine.

Ueber die Haltbarkeit verzinkter Eisendrähte, bezw. Eisendrahtseile in der Erde sind in Schleswig=Holstein, wo solche seit längerer Zeit für Blitzableiterzwecke ausgedehnte Anwendung finden, nach den von mir beim dortigen Landesdirektoriat eingezogenen Erkundigungen bis jetzt durchaus günstige Erfahrungen gemacht worden.

Nach einer Mittheilung des Herrn Professors Dr. Leonhard Weber in Kiel in der Sitzung des Elektrotechnischen Vereins in Berlin am 25. Mai 1897 (Elektrotechn. Zeitschrift 1897, S. 462) hat sich in Schleswig-Holstein bei ungünstigen Bodenverhältnissen auch die Einbettung der Erdleitungen in geschlemmten Lehm als praktisch erwiesen sowohl in Bezug auf Verminderung des Uebergangswiderstands als in Bezug auf Erhöhung der Lebensdauer des Materials. Die Lehmschüttung erhält eine muldenförmige Oberfläche, so daß sich Regenwasser dort ansammeln kann, wodurch der Lehm dauernd feucht erhalten wird.

Vielfach werden bei ungünstigen Bodenverhältnissen zur Verminderung des Uebergangswiderstandes der Erdleitungen diese in groben oder fein gemahlenen und festgestampften Gaskoaks, Koaksasche, Steinkohlenlösche, Holzkohlen oder Holzkohlenpulver gebettet. Diese Materialien, namentlich der Gaskoaks, besitzen die Fähigkeit, die im Boden befindliche Feuchtigkeit aufzusaugen und festzuhalten; sie werden zweckmäßig mit etwas Erde vermischt.

Von der deutschen Reichstelegraphenverwaltung sind in dieser Beziehung eingehende Untersuchungen angestellt worden, und haben nach dem von Telegrapheningenieur F. Vesper am 26. Oktober 1897 im Elektrotechnischen Verein in Berlin gehaltenen Vortrag (Elektrotechn. Zeitschrift 1897, S. 757—762) insbesondere die Versuche mit Einbettung in grobe Koaksstücke sehr günstige Resultate ergeben; durch dieselben ist der Uebergangswiderstand gegenüber gewöhnlicher Erde durchschnittlich um das Vierfache vermindert worden, und was die Haltbarkeit der in Koaks gebetteten Metalle betrifft, so widerlegte Obertelegrapheningenieur Dr. Strecker bei der Blitzableiterdiskussion des Elektrotechnischen Vereins am 25. Mai 1897 die von anderer Seite gehegte Ansicht, daß Koaksschüttungen die Erdplatten angreifen, mit folgenden Worten:

„Wir haben (bei der Reichstelegraphenverwaltung) seit Jahren Versuche mit Koaksschüttungen gemacht und damit die besten Erfahrungen erzielt und gefunden, daß gerade die eisernen Erdelektroden sich vorzüglich bei Koaksschüttung bewährten."

Beachtenswerth ist auch der von anderer sachverständiger Seite gemachte Vorschlag, die Erdleitungsdrähte in einigen Windungen um ein oder mehrere wenig tief in die Erde versenkte Hölzer oder Holzbretter zu schlingen. Durch das Holz soll die Feuchtigkeit angezogen und festgehalten, und auf diese Weise eine billige und in untergeordneten Fällen ausreichende Erdplatte gebildet werden.

Bei Anwendung verzinkten Eisendrahts und Eisenbands für Erd=
leitungen ist zur Erhöhung ihrer Lebensdauer die Verzinkung im Zinkbad
besonders gut und sorgfältig herzustellen, und wird solches besseres Material
von Felten & Guilleaume in Mühlheim a. Rh. für Telegraphen= und
Blitzableiterzwecke hergestellt. Abschürfungen der Verzinkung sind thunlichst
zu vermeiden, weshalb sich beim Transport von nicht ganzen Wagen=
ladungen eine Verpackung des Materials empfiehlt.

Die Haltbarkeit in der Erde liegender verzinkter eiserner Drähte
und Bänder kann selbstverständlich dadurch erhöht werden, daß man ihnen
einen entsprechend größeren Querschnitt giebt als den Luftleitungen, wo=
durch sich bei der Billigkeit des Eisens überhaupt die Materialkosten nur
unwesentlich erhöhen. Da aber hierdurch bei künstlichen Ableitungen
die Zahl der Verbindungsstellen und damit die Montirungskosten erhöht
werden, wird man unter Umständen lieber auch den Luftleitungen einen
größeren Querschnitt geben.

Daß Drahtnetze und Drähte nicht rascher zerstört werden als massive
Platten von gleicher Dicke und Oberfläche, ist durch Hofrath Professor
Dr. Ulbricht in Dresden experimentell nachgewiesen worden (vgl. Elek=
trotechn. Zeitschr. 1887, S. 115).

Wegen seiner großen Billigkeit empfiehlt es sich, verzinktes Eisen
in Draht=, Drahtseil= oder Bandform auch als Erdleitungsmaterial
überall da in Anwendung zu bringen, wo der Besitzer nur bei den ge=
ringsten Anlagekosten sich zur Anschaffung eines Blitzableiters entschließen
kann, wie dies häufig bei den weniger bemittelten ländlichen Gebäude=
besitzern der Fall sein wird. Wenn im Laufe der Zeit eine theilweise
oder ganze Erneuerung solcher Erdleitungen erforderlich sein wird, so ist
diese bei Oberflächenleitungen leicht und mit geringen Kosten von wenigen
Mark zu bewerkstelligen.

Eine Verzinnung des Eisens als Oxydationsschutzmittel ist nicht zu
empfehlen, weil die Verbindung des Zinnes mit Eisen keine hinlänglich
innige wird, und abgesehen davon die Zerstörung des Eisens durch
Oxydation unter der Zinnschicht fortschreitet.

Will man auf eine sehr lange Haltbarkeit der Erdleitungen rechnen,
wie dies z. B. bei Blitzableitern für Kirchen= und sonstige Monumental=
bauten geboten ist, und überhaupt, wenn an Anlagekosten nicht zu sehr
gespart zu werden braucht, empfiehlt sich für Erdleitungen die Verwen=
dung von Bändern, Drähten oder Drahtseilen aus Kupfer. Die Halt=
barkeit des Kupfers im Boden ist erfahrungsgemäß bei nicht gerade

ganz ungünstigen Bodenverhältnissen eine fast unbegrenzte. Elektrotechniker Max Lindner in Leipzig, Verfasser der „Technik des Blitzableiters" (Weimar, B. F. Vogt), theilt in der Elektrotechnischen Zeitschrift 1892, S. 487, mit, daß beim Abbruch eines alten Gebäudes in Leipzig, an welchem sich eine Blitzableitung aus Kupferblechstreifen befand, welche zu Anfang des Jahrhunderts hergestellt worden war, zwischen den in der Erde gelegenen Theilen und den der Luft ausgesetzten Stellen nicht die geringste Abnutzung oder Schwächung des Bandquerschnittes konstatirt werden konnte. Auch weiß man von Kupfer- und Broncemünzen, und selbst von weniger als 1 mm dicken Bronceblechen, die Tausende von Jahren in der Erde lagen, ohne daß sie nur eine geringe Abnutzung zeigten. Es genügt deshalb bei Anwendung von Kupferbändern und Kupferplatten schon eine Stärke von 0,8—1 mm, um auf eine sehr lange Lebensdauer derselben rechnen zu können. Es ist das von großer Wichtigkeit, weil es insbesondere bei Erdleitungen weniger auf die Größe des Querschnitts oder der Masse als auf die Oberfläche ankommt, so daß also bei Anwendung bandförmiger oder drahtförmiger kupferner Leitungen wesentlich an Gewicht gespart werden kann, und die Materialkosten nicht viel mehr als etwa das Doppelte derjenigen bei Verwendung verzinkten Eisens betragen.

Bei Anwendung von Kupferdrähten wird man, um an Material zu sparen und doch eine genügend große erdberührte Oberfläche zu erhalten, mehrere neben einander geführte dünne Drähte einem einzigen dicken von gleicher Oberfläche vorziehen, doch sollte immerhin bei Drähten die Dicke von 2 mm nicht unterschritten werden.

Die Dauerhaftigkeit des Kupfers kann, wie schon früher bemerkt, durch Verzinnung noch erhöht werden; eine solche wird bei in Trinkwasserbrunnen versenkten Kupferplatten zur Verhinderung gesundheitsschädlicher Einwirkungen des Kupfers auf das Wasser fast allgemein verlangt. Manche Sachverständige halten jedoch diese Vorsicht nicht für begründet.

Ein sehr brauchbares Erdleitungsmaterial bildet auch das Blei, welches gewissen chemischen Einwirkungen gegenüber sogar noch widerstandsfähiger ist als Kupfer. Es wird deshalb bekanntlich in ausgedehntem Maaße zu Wasser und zu Land zur Umhüllung von unterirdischen Telegraphen- und Telephonkabeln, sowie zu den Kabeln elektrischer Beleuchtungs- und Kraftanlagen verwendet. Blei ist bedeutend billiger als Kupfer, und daher auch der Diebsgefahr weniger ausgesetzt als dieses. Der Holzwurm, welcher z. B. Wände und Böden der bei der Schwefelsäurefabrikation gebräuchlichen Bleikammern durchlöchert, ist bei der Verwendung des Bleis in der Erde nicht zu fürchten. Als Erdleitungsmaterial kann es in Platten-, Rohr-, Band- und Drahtform Anwendung finden. Die Draht- und Bandform ist auch hier die günstigste. Da hierbei eine genügend große erdberührte Oberfläche schon bei sehr geringen Querschnitts- dimensionen zu erreichen ist, bildet es eine Hauptfrage, bis zu welchem Minimalquerschnitt man bei Verwendung von Bleidrähten oder -Bändern zu Erdleitungen herabgehen kann. Blei besitzt einen fünfmal niedereren Schmelzpunkt als Schmiedeeisen, weshalb oben S. 103 zu möglichster Siche- rung gegen Schmelztropfen vorsichtshalber empfohlen wurde, für einfache Bleileitungen einen Querschnitt von wenigstens 300, und für einfach ver- zweigte einen solchen von wenigstens 150 qmm in Rechnung zu nehmen. Bei Erdleitungen kann man aber mit wesentlich geringeren Querschnitts- dimensionen auskommen, indem man hier von folgenden Erwägungen aus- zugehen hat. Zur Beseitigung der Entzündungsgefahr sind Erwärmungen der Luftleitungen und ihrer Befestigungsmittel schon auf Tempera- turen, die erheblich unter dem Schmelzpunkt liegen, zu vermeiden, und giebt man deshalb, sowie auch zur Verminderung der Tendenz zu Seiten- entladungen den Leitungen einen gewissen Ueberschuß an Querschnitt und Oberfläche. Diese Rücksichten fallen bei Erdleitungen weg. Wie auch Dr. Nippoldt in der Elektrotech. Zeitschr. 1888, S. 183 fg., annimmt, findet beim Durchgang der Entladung durch in feuchte Erde gebettete Leitungen eine starke Wärmeableitung durch die Erde statt, wodurch die ungünstige niedere Schmelztemperatur des Bleis wenigstens zum Theil paralisirt wird, während die Tendenz zu Seitenentladungen bei den in der Erde liegenden Leitungen nicht gefürchtet oder vermieden zu werden braucht. Es soll hier im Gegentheil auf die ganze Länge der Leitung ein mög- lichst ausgiebiges Abströmen der Elektricität stattfinden, wodurch die Leitung selbst entlastet wird, abgesehen davon, daß auch ein kleiner Theil der Entladung schon von den den Blitzableiter umgebenden halb- leitenden Gebäudetheilen aufgenommen und abgeleitet oder ausgeglichen wird.

Erfahrungsgemäß sind schon 5 mm dicke Eisendrähte mit einem Quer- schnitt von 20 qmm sicher gegen Schmelzung beim Durchgang sehr starker ungetheilter Blitzschläge (vgl. die Denkschrift des Verbands deutscher Archi- tekten- und Ingenieurvereine über den Anschluß der Gebäudeblitzableiter an Gas- und Wasserleitungen, S. 23 u. 24, Berlin, W. Ernst und Sohn), es würde also bei verzweigten Leitungen schon ein Querschnitt von 10 qmm genügen. Nach der oben S. 115 angeführten Regel müßte nun für den Fall, daß es sich um einen Gleichstrom handeln würde, der auch eine

verzweigte Bleileitung nicht zu schmelzen vermöchte, diese einen Quer=
schnitt erhalten von

$$q = 10 \cdot \sqrt{\frac{r}{c \cdot d \cdot f}},$$

wo r = spec. Leitungswiderstand,
   c = spec. Wärme,
   d = spec. Gewicht,
   f = Schmelztemperatur   } des Bleis je im Verhältniß zu Eisen ist.

Setzt man für diese Konstanten die von Professor Kohlrausch in der Elektrotechn. Zeitschrift 1888, S. 124, oder die oben S. 115 ange= gebenen Zahlen ein, so ergiebt sich:

$$q = 10 \sqrt{\frac{2 \times 0{,}18 \times 7{,}5 \times 1600}{3{,}5 \times 0{,}033 \times 11{,}3 \times 326}} = \text{rund } 31 \text{ qmm.}$$

Läßt man aber den Ausführungen oben S. 116 entsprechend den specifischen Leitungswiderstand außer Betracht, so ergiebt sich

$$q = 10 \sqrt{\frac{0{,}18 \times 7{,}5 \times 1600}{0{,}033 \times 11{,}3 \times 326}} = \text{rund } 42 \text{ qmm.}$$

Wenn man nun zu aller Sicherheit und mit Rücksicht auf die all= mählich sich bildende, schlechter leitende Oxydschicht an der Oberfläche dieses letztere Maaß auf 50 qmm aufrundet, so wird man einen für alle Fälle, d. h. für einfach verzweigte, bleierne Erdleitungen ausreichenden Quer= schnitt erhalten. Aber auch selbst in dem schlimmsten Fall, daß eine Schmelzung beim Durchgang eines sehr starken Blitzschlags eintreten sollte, wird die Erdleitung ihren Zweck, dem Blitz auf eine weite Strecke Gelegenheit zu geben, sich widerstandslos in der Erde auszubreiten, er= füllen, während aus der in der Erde stattfindenden Schmelzung und Erwärmung des umgebenden Erdreichs keinerlei Gefahr für das Haus entstehen kann. Ein hierdurch etwa entstehender Defekt an der Erdleitung, welcher wie der Blitzschlag selbst während des ganzen Bestandes des Gebäudes kaum einmal eintreten würde, wäre mit einigen Mark (welche die Feuerversicherung bezahlt) schnell wieder hergestellt. Bei einfach ver= zweigten Luftleitungen, d. h. bei Vorhandensein von nur zwei Ab= leitungen, wird man also wenigstens vier neben einander geführte, je mindestens 4 mm dicke Drähte mit einem Gesammtquerschnitt von rund

50 qmm anzuwenden haben, während bei einem an vier Ableitungen an= geschlossenen Erdleitungsring, also bei vierfacher Verzweigung, schon zwei mindestens 4 mm dicke, neben einander verlaufende Drähte genügen würden.

Bleibänder sollten eine Dicke von wenigstens $1^1/_2$ mm erhalten, wo= bei sich dann bei Vorhandensein doppelter Ableitungen eine Minimal= breite von rund 34 mm und bei vierfacher Verzweigung eine solche von 17 mm ergiebt. Leitungsverlängerungen oder Anstückelungen mit groß= flächiger Berührung lassen sich leicht und rasch dadurch herstellen, daß man die beiden Enden der Bänder auf je circa 20 cm Länge, der Breite, nicht der Länge nach über einander rollt und dann mittels eines Holz= hammers breit schlägt. In ähnlicher Weise werden die Bänder auch um draht= oder drahtseilförmige Ableitungen gerollt und mit denselben auf eine Länge von wenigstens 15 cm mit Bindedraht verschnürt. An den unteren Enden von Abfallröhren genügt es, diese bandförmigen Bleileitungen mittels der Abfallrohrschellen festzuhalten. Selbstverständlich können in allen diesen Fällen die Verbindungen auch mittelst Zinnloth hergestellt werden.

Bleiröhren werden seit längerer Zeit in ausgedehntem Maaße und mit gutem Erfolg für Blitzableitererdleitungen bei den k. k. österreichischen Staatseisenbahnen verwendet (vergl. Elektrotech. Zeitschr. 1892, S. 513).

An manchen Orten verwendet man auch circa 2 mm dicke Zink= platten als Erdelektroden. Ihre Haltbarkeit dürfte jedoch bei höherem Preis geringer sein als diejenige gleich dicker Bleiplatten. Die bessere galvanische Leitungsfähigkeit des Zinkes gegenüber dem Blei ist für die Zwecke der Erdleitungen von keiner Bedeutung.

Die Leitungsverbindungen sind bei Erdleitungen in gleicher Weise wie bei den Luftleitungen und unter Einhaltung der auf S. 129 und 130 angegebenen Minimalmaaße für die Berührungsflächen auszuführen. Auch ist es hier von besonderem Werth, daß alle Verbindungsstellen einen gegen Oxydation schützenden, möglichst dick aufgetragenen Theer= oder Asphaltanstrich erhalten.

Wenn nun auch der Uebergang einer Blitzentladung zu, bezw. von der Erde anderen Gesetzen folgt, als der Uebergang des galvanischen Stromes von einem Leiter zur Erde, so giebt der Vergleich mit diesem Vorgang doch wenigstens einen ungefähren Anhaltspunkt für die relative Güte verschiedener Blitzableitererdleitungen im Vergleich zu einander, und dürfte es deshalb erwünscht sein, die Größe des galvanischen Uebergangswiderstandes der gebräuchlichsten Erdleitungsformen in Bezug auf feuchte Erde kennen zu lernen.

Formeln zur Berechnung der Erdübergangswiderstände:[1]

1. Kreisförmige Platten: $W = \dfrac{2c}{4d}$,

$W =$ Uebergangswiderstand,

$c =$ spec. Widerstand nasser Erde $=$ ca. $10^4\ \Omega$ cm,

$d =$ Durchmesser der Platte in Centimetern.

2. Drahtförmige Leiter:

$$W = \frac{2c}{d\pi} \times \frac{\lg n\, 2n}{2n},$$

$d =$ Durchmesser des Drahts in Centimetern,

$n =$ Verhältniß der Länge zum Durchmesser des Drahts.

3. Platten und bandförmige Leiter (Annäherungsformel):

$$W = \frac{c}{a\pi\sqrt{N}} \times \lg n\, \frac{n+1+\sqrt{N}}{n+1-\sqrt{N}},$$

$a =$ Länge der kleinen Seite, bezw. Breite des Bandes
$+$ Dicke in Centimetern,

$n =$ Verhältniß der Länge zur Breite $+$ Dicke.

In den folgenden Tabellen sind die Uebergangswiderstände von band- und drahtförmigen Leitern für ein unbegrenztes Medium berechnet; da nun aber die Erde für die hier hauptsächlich in Betracht kommenden Oberflächenleitungen ein einseitig begrenztes Medium repräsentirt, so sind die nach den Tabellen zu berechnenden Werthe von W zu verdoppeln. Die Tabellen geben in der ersten Kolumne die Widerstände für die Verhältnisse $n = 1, 2, 3$ 2c. bis 10; in der nächsten Kolumne für die Verhältnisse $n = 10, 20, 30$ 2c. bis 100, in der dritten für $n = 100, 200$ 2c. bis 1000 u. s. w. bis 1 000 000. Die Zwischenwerthe von n können auf graphischem Wege dadurch, daß man die Tabellenwerthe in einem bestimmten Maaßstab nebeneinander aufträgt und durch Kurven mit einander verbindet, leicht gefunden werden. Die Zahlen der zweiten Tabelle sind nur Annäherungswerthe. Die Tabellen geben unter der Annahme, daß in den Formeln 2 und 3, die Größe d resp. $a = 1$ cm beträgt, den Werth des Uebergangswiderstandes in Ohm. Eine Quadratplatte von 1 cm Seitenlänge hat demnach einen Uebergangswiderstand im unbegrenzten Medium von 1842 Ohm, welcher also für den vorliegenden Zweck zu verdoppeln wäre.

---

[1] Die Formeln und Tabellen sind dem Kalender für Elektrotechniker 1897, S. 67 u. 68, entnommen.

Ein Band von 10 cm Breite und 10 m Länge hat den Widerstand 8,08 Ohm. Ein Draht von 3 mm Dicke und 24 m Länge hat $n = 8000$. Die Tabelle giebt den Werth 1,926 für $d = 1$; demnach beträgt der Uebergangswiderstand solchen Drahts $= \dfrac{1,926}{0,3} = 6,42$ Ohm.

Drahtförmige Leiter.

n	$\times\,10^1$	$\times\,10^2$	$\times\,10^3$	$\times\,10^4$	$\times\,10^5$
1	476,8	84,32	12,097	1,576	0,194
2	293,6	47,68	6,600	0,843	0,103
3	217,2	33,94	4,615	0,584	0,071
4	174,4	26,60	3,576	0,449	0,054
5	146,6	21,99	2,932	0,366	0,044
6	127,0	18,81	2,491	0,310	0,037
7	112,4	16,47	2,171	0,269	0,032
8	101,0	14,68	1,926	0,238	0,028
9	91,8	13,26	1,733	0,214	0,025
10	84,3	12,10	1,576	0,194	0,023

Bandförmige Leiter.

n	$\times\,10^0$	$\times\,10^1$	$\times\,10^2$	$\times\,10^3$	$\times\,10^4$	$\times\,10^5$
1	1842	460,8	80,80	11,72	1,547	0,194
2	1273	280,8	45,85	6,39	0,843	0,103
3	1006	207,5	32,70	4,45	0,584	0,071
4	843	166,6	25,67	3,47	0,449	0,054
5	732	140,1	21,24	2,87	0,366	0,044
6	651	121,4	18,18	2,44	0,310	0,037
7	587	107,5	15,93	2,13	0,269	0,032
8	537	96,7	14,21	1,89	0,238	0,028
9	496	87,9	12,84	1,70	0,214	0,025
10	461	80,8	11,72	1,55	0,194	0,023

X. Kosten der Blitzableiter.

Die Rücksichten auf die Wirksamkeit und Dauerhaftigkeit der Blitz=
ableiter haben in allen Fällen der Rücksicht auf die Kosten voranzugehen.
Ist man sich aber einmal über die an einen guten Blitzableiter zu stellenden
Anforderungen klar, so darf auch die Geldfrage nicht außer Acht gelassen
werden, sie spielt eine Hauptrolle bei der weniger bemittelten ländlichen
Bevölkerung, und da gerade diese eines Blitzschutzes ihrer Gebäude in
erster Linie bedarf, müssen die Blitzableiterkosten bei ländlichen Gebäuden
so niedrig als möglich bemessen werden. Man muß hier eben um das
Gute zu erreichen, unter Umständen auf das Bessere verzichten. Es giebt
übrigens kaum einen Blitzableiter, von dem man nicht sagen könnte, daß
er nicht noch besser, noch sicherer sein könnte. Wollte man nur Blitz=
ableiter, die einen absolut sicheren Schutz bieten, gelten lassen, so würde
man die Blitzableiterkosten zu unerschwinglichen steigern und die Präventiv=
maßregel käme unverhältnißmäßig theurer zu stehen, als der verhütete
Schaden; man würde damit einen groben wirthschaftlichen Fehler begehen.
In der Sitzung des Pariser Kongresses der Elektrotechniker am 5. Oktober
1881 sagte Werner von Siemens u. a.:

„Die Blitzableiter müssen so billig, aber auch so richtig wie möglich hergestellt
werden, damit sie nicht durch ihre Kosten abschrecken und doch genügenden Schutz
gewähren. Ein absoluter Schutz ist freilich niemals zu erzielen.“

Begnüge man sich also im Allgemeinen mit möglichst einfachen Ein=
richtungen, bei welchen man erfahrungsgemäß noch auf einen ausreichenden
Schutz, d. h. wenigstens auf eine Verhütung des Eindringens des Blitzes ins
Innere der Gebäude und auf die Verhütung einer Zündung rechnen kann.
Von diesem Gesichtspunkt gehen die in dieser Schrift gemachten Vorschläge
aus. Verzichtet man auf den Luxus hoher Auffangstangen mit Edelmetall=
spitzen und unnöthig starker Leitungen aus Kupfer, benutzt man soviel wie

möglich die an den Gebäuden befindlichen Metalltheile als natürliche Blitz=
ableiter, baut man die Häuser von Anfang an so, daß dem Blitz von
jeder wahrscheinlichen Einschlagstelle zur Erde solche natürliche widerstands=
lose Wege zur Erde dargeboten sind, daß besondere künstliche Leitungen
höchstens noch zu unbedeutenden Ergänzungen, gleichsam nur als Noth=
behelf erforderlich sind, so wird man den Rücksichten der Wirksamkeit und
denjenigen der Billigkeit der Blitzableiter gleichmäßig Rechnung tragen und
eine Anwendung der Blitzableiter da, wo sie am nöthigsten sind, d. h. auf
dem Lande, so viel wie möglich erleichtern.

Die Kosten der Blitzableiter sind wie deren Konstruktion von vielerlei
Umständen abhängig, sie hängen ab von dem Sicherheitsgrad der Anlage
und der Dauerhaftigkeit des Blitzableitermaterials, von der Größe, Form,
Bauart des zu schützenden Gebäudes und den besonderen örtlichen Verhält=
nissen. Hohe Gebäude erfordern theuere Gerüste für die Ausführung. Die
Anlagekosten schwanken mit denjenigen der Materialpreise, Transportkosten,
Arbeitslöhne, und ist es ein Unterschied, ob nur einzelne Gebäude zu schützen
sind oder ganze Komplexe oder Ortschaften, in welch letzterem Fall das Ma=
terial zu verhältnißmäßig billigerem Preis unter Umgehung der Zwischen=
händler unmittelbar von der Fabrik bezogen, und die Gesammtanlage fabrik=
mäßig mit geringeren Arbeitslöhnen hergestellt werden kann. Wegen dieser
Vielgestaltigkeit der Verhältnisse ist es unmöglich, für alle Fälle gültige
Normalpreise anzugeben.

Die besten Blitzableiter sind diejenigen, die gar nichts kosten, wenn
nämlich die Gebäude an und für sich schon so beschaffen sind, daß ein
einschlagender Blitz mit großer Wahrscheinlichkeit weder dem Gebäude
selbst noch seinem Inhalt etwas schaden kann, wie dies bei ganz eisernen
oder wenigstens bei vorzugsweise aus Eisen konstruirten Gebäuden der
Fall ist, wo man in der Regel auch ganz ohne künstliche Erdleitung aus=
kommen kann. Aber auch bei Gebäuden, die vorzugsweise aus Stein und
Holz bestehen, besitzt man in deren Metalldächern oder in den dieselben
oft netzartig umspannenden Metallbedeckungen der Dachkanten, den metallenen
Dachrinnen und Abfallröhren und in den Gas= und Wasserleitungen einen
fast kostenlosen und besseren Blitzschutz als bei Anwendung der gewöhn=
lichen künstlichen Blitzableiter. Zur Kompletirung des Blitzschutzes wird
es sich in solchen Fällen häufig nur um die Ueberbrückung einiger nicht
genügend zusammenhängender Stellen, um den Schutz der Schornsteinköpfe
und eine metallische Verbindung der Fangvorrichtungen oder der Ab=
leitungen, bezw. beider mit etwa vorhandenen Gas= und Wasserleitungen
handeln.

Soll z. B.:

1. Das in Fig. 133 und 134 dargestellte, neu zu erbauende zwei=
stöckige Wohnhaus gegen Blitzschlag geschützt werden, so wird man den
Dachfirst, die Gräte, die Dachrinnen rings um das Gebäude und die vier
Regenabfallrohre der im VI. Kapitel gegebenen Anleitung entsprechend
ausführen und die beiden Schornsteinköpfe mit gußeisernen Deckplatten

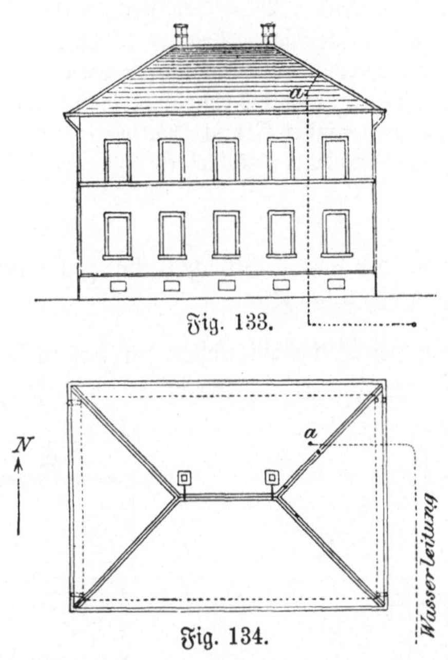

Fig. 134.

etwa nach Fig. 63 versehen. Es ist dann nur erforderlich, diese Deck=
platten mit den Firstblechen in metallische Verbindung zu bringen. Hierzu
braucht man:

4 lfd. Meter verzinktes Bandeisen, 25 × 4 mm stark, kosten sammt
    Befestigungshaken und Anmachen à 50 Pf. . . . . 2 M. — Pf.
2 Löthstellen am Firstblech mit 60 × 100 mm großen Kappen aus
    Zinkblech Nr. 12 à 50 Pf. . . . . 1 „ — „

                                   Summa . . 3 M. — Pf.

Ist keine besonders ausgeprägte Entladungsstelle am Platz, befinden
sich insbesondere in der Nähe der vorhandenen natürlichen Blitzleitungen
keine größeren Metallmassen, welche zu einem Abspringen des Blitzes Ver=
anlassung geben könnten, und endigen die Regenabfallrohre in nächster
Nähe über oder unter der Erdoberfläche, so kann man unbedenklich auf

jede weitere Erdleitung verzichten, und käme dann also die ganze Blitz=
ableiteranlage Ziffer 1 nur auf 3 M. zu stehen.

2. Führt beim gleichen Gebäude eine Ortswasserleitung bis in den
Dachstock, und kommt dieselbe den Metallverwahrungen der Dachkanten auf
weniger als 3 m nahe, so ist ein Anschluß an letztere vom oberen Ende a
der Wasserleitung aus geboten. Die Kosten hierfür berechnen sich wie folgt:

3 lfd. Meter verzinktes Bandeisen, 25 × 2 mm stark, sammt Ver=
    legen und den nöthigen Befestigungshaken à 40 Pf. . . . .   1 M. 20 Pf.
1 Löthstelle am hinteren nordöstlichen Gratblech wie oben . . .   — „ 50 „
1 Verbindung mit dem oberen Ende des einzölligen Wasserleitungs=
    rohres mittelst zweier verzinkter Rohrschellen, wie in Fig. 101,
    das Bandeisen der Rundung des Rohres und der Schelle
    anzupassen . . . .   1 „ 30 „
                           Summa . .   3 M. — Pf.

Es würde also der ganze Blitzschutz im Falle der Ziffer 2 kosten:
3 M. (Ziffer 1) + 3 M. = 6 M.

3. Berechnung der Blitzableiterkosten für das in Fig. 135—137 dar=
gestellte neu zu erbauende, 15 m lange, 10 m tiefe zweistöckige Wohn=

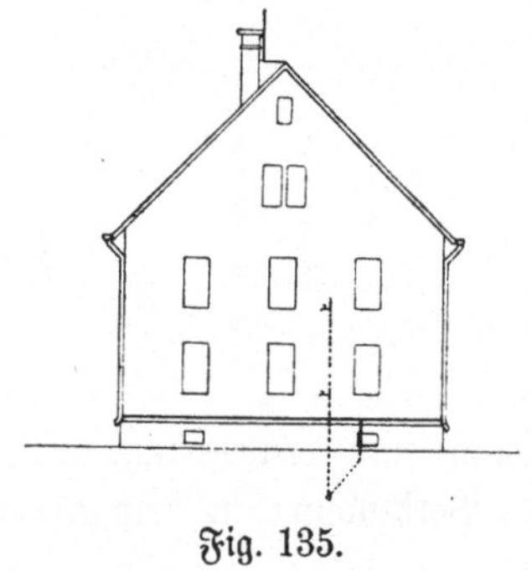

Fig. 135.

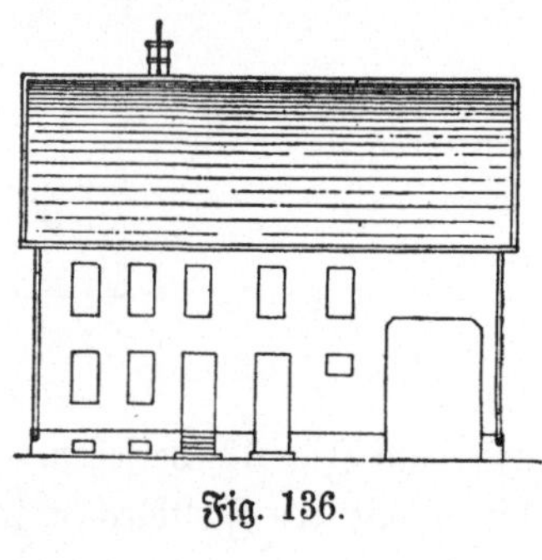

Fig. 136.

und Oekonomiegebäude mit Zie=
geldach. First und Ortgänge
werden, wie im VI. Kapitel
beschrieben, mit verzinktem Eisen=
blech verwahrt; an beiden Lang=
seiten befinden sich Dachrinnen
und an allen vier Ecken bis zur
Erde reichende bezw. unmittelbar
über derselben endigende Abfallrohre. Eine Ortswasserleitung führt im
Gebäude bis zum 1. Stock in einer Entfernung von weniger als 6 aber

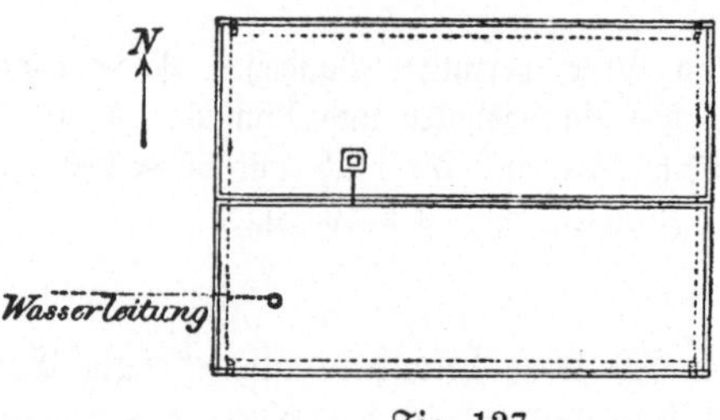

Fig. 137.

mehr als 3 m vom vorderen südwestlichen Abfallrohr. Der Schornstein erhält eine an ihm selbst befestigte, die Deckplatte um 50 cm überragende und mit dem Firstblech metallisch verbundene Auffangstange. Die Kosten berechnen sich wie folgt:

2 lfd. Meter verzinktes Bandeisen, 25 × 4 mm stark, rechtwinklig
    abgebogen, oben zugespitzt und die Spitze wiederholt verzinkt   1 M. 50 Pf.
2 verzinkte Bandschellen mit Steindollen, sammt Einlassen und Ein=
    cementiren in das Schornsteinmauerwerk à 50 Pf.   1   „ —   „
1 Anschluß an das Firstblech mit angelötheter Zinkblechkappe . .   —   „ 50   „
                                                   Summa . .   3 M. — Pf.

Weiter ist erforderlich ein unterer Anschluß der beiden westlichen Abfallrohre an die Wasserleitung. Um das an dieser Stelle mit Schwierig= keiten und Kosten verbundene Aufgraben des Bodens zu vermeiden, werden zwei von den Abfallrohren ausgehende Leitungen oberhalb des Sockels zu dem in der Nähe des Einlaufrohrs der Wasserleitung befindlichen Keller= fenster (Fig. 135), sodann durch dasselbe hindurch unter Durchbohrung dessen Futterrahmens bis zur Einmündungsstelle des Einlaufrohrs im Keller geführt. Die Verbindung daselbst geschieht wie bei dem oberen Anschluß. Die Verbindung mit den Abfallrohren kann mittelst der vorhandenen Abfall= rohrschellen bewerkstelligt werden.

Der ganze Anschluß erfordert:

16 lfd. Meter verzinktes Bandeisen, 25 × 2 mm stark, à 20 Pf. .   3 M. 20 Pf.
16 verzinkte Befestigungshaken à 5 Pf. . . . .   —   „ 80   „
2 verzinkte Rohrschellen für 1½zölliges Rohr à 30 Pf. . . . .   —   „ 60   „
Arbeitslohn für Verlegen der Anschlußleitung sammt Ausstemmen
    der Futterrahme des Kellerfensters und Verbindung der Lei=
    tung mit den Abfallrohren, zusammen   4   „ 40   „
                                                     Summa . .   9 M. — Pf.

Die beiden anderen Abfallrohre bedürfen in diesem Fall keiner be= sonderen Erdleitung, auch kann ihr Anschluß an die Wasserleitung bei ihrer großen Entfernung von derselben entbehrt werden. Die ganzen Blitz= ableiterkosten betragen daher für Ziffer 3 = 3 + 9 M. = 12 M.

4. Ist beim gleichen Gebäude keine Wasserleitung und auch sonst kein besonderer Anziehungspunkt über und unter der Erde vorhanden, so könnte man hier zur Noth, wie bei dem ersten Beispiel, ebenfalls ohne Erd= leitung auskommen. Wegen der bei landwirthschaftlichen Gebäuden be= stehenden Gefahr einer Zündung durch den Blitzschlag erscheint aber ein höherer Sicherheitsgrad des Blitzschutzes geboten; es empfiehlt sich daher hier die Anordnung einer Erdleitung, und zwar bei tiefem Stand des

Grundwassers einer Oberflächenleitung — etwa mittelst eines doppelten Drahtringes wie in Fig. 123. Wenn an Kosten gespart werden muß, wird man als Material 4,2 mm dicke verzinkte Eisendrähte wählen.

Die Kosten betragen sodann:

Für den Erdleitungsgraben 55 × 0,3 × 0,4 = 6,6 cbm Humus aus= heben, denselben nach dem Verlegen der Leitung wieder ein= füllen und planiren, pro Kubikmeter 1 M. . . . . 6 M. 60 Pf.

       Da dieses Geschäft auf dem Lande jedoch gewöhnlich von dem Gebäudebesitzer selbst oder seinen Angehörigen kostenlos besorgt wird, so kann dieser Betrag unberücksichtigt bleiben.

120 lfd. Meter verzinkter Eisendraht, 4,2 mm dick, sammt Fracht und Beifuhr à 3 Pf. . . . . 3 „ 60 „

Für Verlegen der Erdleitung sammt den Anschlüssen an die unteren Abfallrohrenden mittelst der vorhandenen Rohrschellen . . . 2 „ 50 „

Auch dieses letztere Geschäft könnte nach vorhandenen Vorbildern von ländlichen Gebäudebesitzern selbst besorgt werden, so daß der gesammte Kostenaufwand für den Schornsteinschutz und die Erdleitung, also für den ganzen Blitzableiter nur 3 M. + 3 M. 60 Pf. = 6 M. 60 Pf. betragen würde; rechnet man aber die übrigen Beträge noch hinzu, so stellen sich die Blitzableiterkosten für das Beispiel Nr. 4 zusammen auf 15 M. 70 Pf., also rund 16 M.

5. Will man für die Erdleitung ein dauerhafteres Material als verzinkten Eisendraht verwenden, was überall da zu empfehlen ist, wo man nicht allzusehr auf Sparsamkeit bei der Neuanlage angewiesen ist, so kann man für den Erdleitungsring entweder ein mindestens $17 \times 1^{1}/_{2}$ mm starkes Bleiband oder zwei neben einander geführte, je mindestens 4 mm dicke Bleidrähte verwenden. Besser noch sind, wenn eine Entwendung nicht zu befürchten ist, ein mindestens 13×1 mm starkes verzinntes Kupferband oder zwei je 3 mm dicke verzinnte Kupferdrähte, welche übrigens auch in unverzinntem Zustand bei gewöhnlichen Bodenverhältnissen von sehr langer Dauer wären.

Es erhöhen sich sodann die für Ziffer 4 angegebenen Kosten:
    a) bei Bleiband und Bleidraht je um ca. 4 M., also auf 20 M.;
    b) bei Kupferband und Kupferdraht je um ca. 9 M., also auf 25 M.

Die Kosten stellen sich also bei Verwendung von Bändern und Drähten gleich, während die Ausbreitungsfähigkeit der Drahtleitungen für den galvanischen Strom in obigen Fällen ungefähr um die Hälfte größer ist, als bei Bandleitungen. Es ist aber, worauf wiederholt hingewiesen wurde, zu beachten, daß der Unterschied von wenigen Ohm, um die es sich immerhin nur handelt, für die Ausbreitungsfähigkeit des hochgespannten Blitzstroms kaum von Bedeutung ist.

6. Bei Anordnung eines vierfachen Drahtringes für die Erdleitung wie in Fig. 124 würden sich die gesammten Blitzableiterkosten mit Grabarbeiten stellen:

> a) für verzinkten Eisendraht, 4,2 mm dick, auf 19 M.;
>
> b) für Bleidraht, 4 mm dick, auf 27 M.;
>
> c) für verzinnten Kupferdraht, 3 mm dick, auf 37 M.

7. Blitzableiter für ein bestehendes, 15 m langes, 10 m tiefes, zweistöckiges Wohn- und Oekonomiegebäude mit Ziegeldach, ohne Blechverwahrungen der Dachkanten und ohne metallene Dachrinnen und Abfallrohre. Das Grundwasser befindet sich in nicht leicht erreichbarer Tiefe. Längs der nördlichen Langseite und der westlichen Nebenseite ist der Boden verhältnißmäßig feuchter als auf den beiden anderen Seiten. An Anlagekosten soll möglichst gespart werden.

Man verwende als Leitungsmaterial vierdrähtiges verzinktes Eisendrahtseil mit 4,2 mm Drahtstärke, führe dasselbe dem First und den Ortgängen entlang zur südwestlichen und nordöstlichen Gebäudeecke, sodann an diesen herab

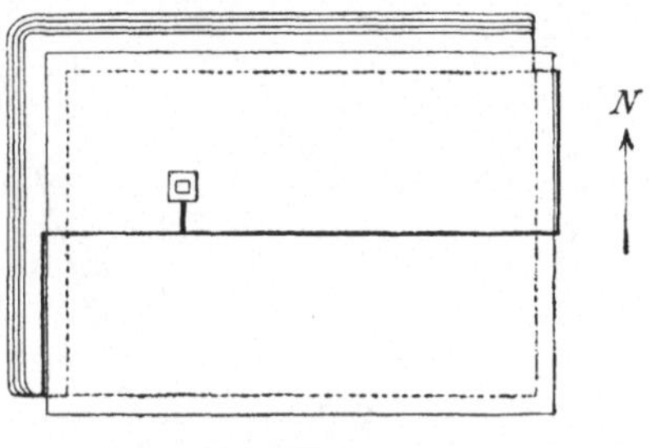

Fig. 138.

zur Erde; daselbst ist das Drahtseil in seine Einzeldrähte aufzulösen und in seichtem Graben eine Oberflächenleitung mittelst vier nebeneinander geführter Drähte wie in Fig. 138 herzustellen. Der Schornsteinschutz besteht aus einem doppelten Strang desselben Drahtseils. Die Befestigung am Schornsteinkopf geschieht wie in Fig. 66, und der Anschluß an die Firstleitung wie in Fig. 84. Die Kosten berechnen sich, wie folgt:

80 lfd. Meter verzinktes vierdrähtiges Eisendrahtseil mit 4,2 mm
    Drahtstärke, pro lfd. Meter 15 Pf. . . . . 12 M. — Pf.

8 Firstträger wie in Fig. 109—111 aus verzinktem Bandeisen,
    30 × 2 mm stark, pro Stück 25 Pf. . . . . 2 „ — „

2 Giebelstützen aus verzinktem Bandeisen, wie in Fig. 114, 40 × 3 mm
    stark, verzinkt à 40 Pf. . . . . — „ 80 „

50 Stück Rohrhaken à 5 Pf. . . . . 2 „ 50 „

                                         17 M. 30 Pf.

	Uebertrag . .	17 M. 30 Pf.

2 verzinkte Rohrschellen zur Befestigung der Auffangstange am
    Schornsteinkopf à 30 Pf. . . . . — „ 60 „

Verbindung der Auffangleitung mit der Firstleitung mittelst ver=
    zinkten Bindedrahts sammt Anstrich . . . . — „ 80 „

Arbeitslohn: ein Klempner mit einem Gehilfen je einen Tag, zu=
    sammen . . . . 8 „ — „

                         Summa . . 26 „ 70 „

Zur Schonung der Bedachung bei der Ausführung des Blitzableiters ist
die in Fig. 139 dargestellte Gerüstung erforderlich. In Abständen von ca. 3 m
werden etwa 80 cm unter dem First Querstangen auf die Dachlatten gelegt

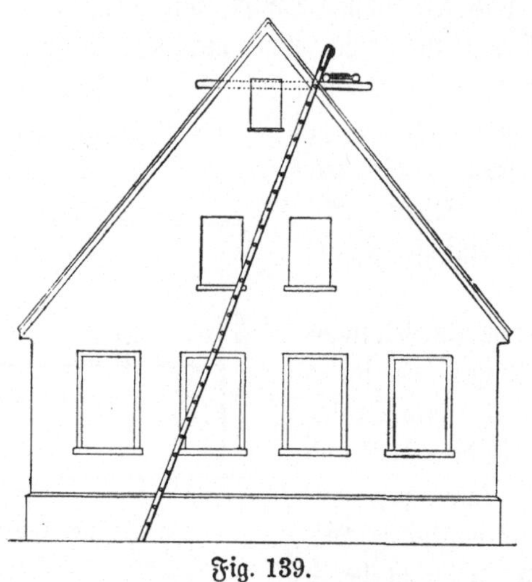

Fig. 139.

und dort festgebunden, nachdem zuvor an jenen Stellen einige Ziegelplatten
abgehoben worden sind; auf diesen Querstangen werden sodann einerseits ge=
wöhnliche Leitern und auf diese der Länge nach einfache Bretter aufgelegt.

Zeitaufwand für die Herstellung: Ein Gipser und ein Gehilfe je
    $^1/_2$ Tag, zusammen . . . . 5 M. — Pf.

Für die Benutzung des Gerüstmaterials und etwaigen Ersatz zer=
    brochener Dachplatten . . . . 2 „ 50 „

Erdleitungsgraben mit ca. 30 × 0,3 × 0,4 = 3,6 cbm ausheben,
    wieder einfüllen, feststampfen und planiren à 1 M. . . . . . 3 „ 60 „

                                        11 M. 10 Pf.
                   hierzu von oben . . 26 „ 70 „
                         Summa . . 37 M. 80 Pf.

Die gesammten Blitzableiterkosten betragen also für den Fall der
Ziffer 7 rund 38 M.

8. Soll die Erdleitung zur Erhöhung ihrer Dauer:

    a) aus vier neben einander geführten je 4 mm dicken Bleidrähten, oder

    b) aus vier je 3 mm dicken verzinnten Kupferdrähten

hergestellt werden, so stellen sich die Kosten im ersten Fall auf ca. 42 M., im zweiten auf ca. 47 M.

9. Führt man die vier von einer Gebäudeecke kommenden Drähte je auf die Länge zweier Gebäudeseiten fort, so erhält man einen vierfachen Ring um das ganze Gebäude, und erhöhen sich dann die Kosten:

    a) für verzinkte Eisendrähte unter Berücksichtigung der vermehrten Grabarbeit auf rund 45 M.;

    b) bei Verwendung von Bleidrähten für die Erdleitung auf 57 M.;

    c) bei Verwendung von Kupferdrähten auf 63 M.

10. Da die Ausbreitungsfähigkeit für den Blitz nicht in dem Maaße wächst, wie diejenige für den galvanischen Strom, also mit der im Falle der Ziffer 9 sich ergebenden Verminderung des Uebergangswiderstands um einige Ohm verhältnißmäßig nicht viel gewonnen wird, während anderseits die Umschlingung des ganzen Gebäudes in allen zweifelhaften Fällen den Vortheil hat, daß die verhältnißmäßig beste Entladungsstelle sicher getroffen wird oder ihr wenigstens so nahe gerückt wird, daß der Entladungsstrom durch Vermittelung des Blitzableiters den weitaus widerstandslosesten Weg dorthin findet, so empfiehlt es sich zur Ersparniß an Material und Kosten nur einen doppelten Ring, wie in Fig. 128, um das Gebäude zu ziehen, wobei die Kosten der Blitzableiter Ziffer 7 und 8 je nur um ca. 3 M. für Vermehrung der Grabarbeit erhöht werden, so daß sich also eine Kostensumme ergiebt:

    a) bei Verwendung von verzinkten Eisendrähten für Luft- und Erdleitungen von 41 M.;

    b) bei Verwendung von Bleidrähten für die Erdleitung von 45 M.;

    c) bei Verwendung von Kupferdrähten für die Erdleitung von 50 M.

Bei einem starken Blitzschlag besteht in diesem Fall zwar die Möglichkeit einer Schmelzung der Bleidrähte (vergl. oben S. 185), doch ist dies für das Gebäude selbst mit keinerlei Gefahr verbunden.

11. Die Kosten eines Blitzableiters der üblichen Konstruktion mit hoher Auffangstange und 8 mm dicker Kupferdrahtleitung für das zweistöckige

Wohn= und Oekonomiegebäude Fig. 140, stellen sich bei gleicher Größe des Gebäudes wie bei den vorhergehenden Beispielen ungefähr wie folgt:

Für das Ab= und Wiedereindecken des Daches, für das erforderliche Gerüst, Ersatz zerbrochener Dachplatten und Zimmermanns=arbeit für die Anbringung der Auffangstange . . . . 10 M. — Pf.

1 Auffangstange, 5 m hoch, sammt Anstrich und Befestigung . . . 30 „ — „

1 im Feuer vergoldete Kupferspitze sammt Platinnadel . . . . . 10 „ — „

1 einfacher Zinkblechstiefel für die Auffangstange zur Dichtung der Durchdringung des Daches . . . . 5 „ — „

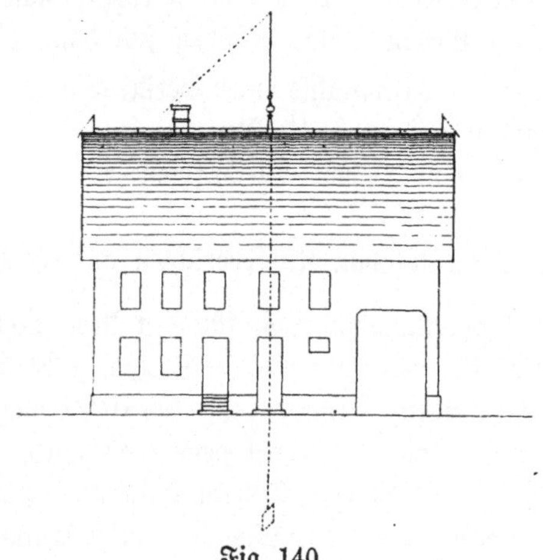

Fig. 140.

30 lfd. Meter Dach= und Wandleitung aus 8 mm starkem Kupfer=draht, die Firstleitung an den Giebeln mit je einem 0,50 m hohen, senkrecht aufgebogenen Ausläufer, pro lfd. Meter 1 M. 70 Pf., inkl. der erforderlichen Dach= und Wandstützen, die Dachstützen wie in Fig. 106 und 107 abgekröpft oder mit ange=lötheten Dichtungstrichtern wie in Fig. 108 . . . . 51 „ — „

Für die beiden Ausläufer zwei besondere Kupferspitzen mit Platin=nadeln à 5 M. . . . . 10 „ — „

Erdleitung aus 30 × 2 mm starkem Kupferband bis zu der ins Grundwasser versenkten Erdplatte sammt Anschlüssen an diese und die Luftleitung, 7,5 lfd. Meter à 2 M. . . . . 15 „ — „

Erdplatte aus Kupfer, 2 mm dick, mit ¹/₂ qm einseitiger Oberfläche 12 „ — „

Für die Versenkung der Erdplatte einen 2 × 2 m weiten und 6 m tiefen Schacht und für die Zuleitung einen 3 m langen, 30 cm breiten und 40 cm tiefen Graben herzustellen, die Erde nach der Verlegung der Erdleitung wieder einfüllen, feststampfen und planiren, zusammen rund 24¹/₂ cbm, pro Kubikmeter sammt erforderlichem Absprießen des Schachtes 1 M. 50 Pf. 36 „ 75 „

Summa . . 179 M. 75 Pf.

Oder rund . . 180 M. — Pf

Ein solcher Blitzableiter bietet nun aber trotz seiner größeren Kosten einen unzureichenden Schutz. Weil nämlich die Enden der Firstleitung keine unmittelbare Ableitung zur Erde haben, besteht die Gefahr des Abspringens des Blitzes auf das Gebäude, wie die Beispiele Nr. 45 und 46 oben S. 37 und 38 beweisen.

Zusammenstellung der Blitzableiterkosten
für die unter Ziffer 1—11 beschriebenen Beispiele.

Ziffer des Beispiels	Gesammt-Blitzableiter-kosten M.	Ungefähre Kosten pro Quadratmeter überbauter Grundfläche Pf.	Verhältniß der Blitzableiterkosten Ziffer 1—10c zu Ziffer 11 in Procent
1	3	2	1,7
2	6	4	3,3
3	12	8	6,7
4	16	11	9
5 a	20	13	11
5 b	25	17	14
6 a	19	13	11
6 b	27	18	15
6 c	37	25	21
7	38	25	21
8 a	42	28	23
8 b	47	31	26
9 a	45	30	25
9 b	57	38	32
9 c	63	42	35
10 a	41	27	22,5
10 b	45	30	25
10 c	50	33	27,5
11	180	1 M. 20	100

In folgender Tabelle sind die derzeitigen Preise für die gebräuchlichsten Blitzableitermaterialien zusammengestellt. Zur ungefähren Beurtheilung der Güte einzelner Erdleitungsformen sind in Rubrik 6 auch deren galvanische Uebergangswiderstände für nasse Erde bei Längenausdehnungen der Erdleitungen von 60, bezw. 30 m angegeben.

1	2	3	4	5		6		7	8	9
			Oberfläche von Erdleitungen pro laufenden Meter (die Drahtseile in ihre Einzeldrähte aufgelöst)	Gesammt-Oberfläche von Erdleitungen (die Drahtseile je in ihre Einzeldrähte aufgelöst)		Galvanischer Uebergangswiderstand für nasse Erde (angenähert); die Drahtseile je in ihre Einzeldrähte aufgelöst		Gewicht pro laufenden Meter	Derzeitiger Preis bei großem Bezug pro 100 kg von Felten und Guilleaume, loco Mühlheim a. Rh. Bleidrähte und Bleibänder von Dönnhoff und Bellwinkel, loco Dortmund	Preis pro laufenden Meter loco Mühlheim, bezw. Dortmund
Material	Querschnittsdimensionen	Querschnitt		bei 60 m Länge qm	bei 30 m Länge qm	bei 60 m Länge Ohm	bei 30 m Länge Ohm			
	mm	qmm	qm	qm	qm	Ohm	Ohm	kg	M.	Pf.
Verzinktes Eisendrahtseil .	4 Drähte à 4,2 mm D.	55	0,053	3,2	1,6	1,5	2,5	0,45	22	9,9
Verzinkter Eisendraht . .	4,2 mm D.	14	0,013	0,8	0,4	6,0	10,0	0,11	19	2,1
Verzinkter Eisendraht . .	8 mm D.	50	0,025	1,5	0,75	5,1	9,4	0,39	18,50	7,2
Verzinktes Bandeisen . .	20 × 2¹/₂ mm	50	0,045	2,7	1,35	4,5	8,4	0,39	21	8,2
Verzinktes Bandeisen . .	10 × 2¹/₂ mm	25	0,025	1,5	0,75	5,0	9,1	0,19	23	4,9
Kupferdrahtseil	4 Drähte à 3 mm D.	28,3	0,038	2,9	1,45	1,4	2,6	0,27	150	40
Kupferdraht	3 mm D.	7	0,009	0,5	0,25	5,6	10,5	0,06	143	8,6
Kupferdraht	6 mm D.	28,3	0,018	1,0	0,5	5,3	9,8	0,24	143	34
Kupferband	25 × 1 mm	25	0,052	3,1	1,55	4,0	7,9	0,21	178	37
Kupferband	13 × 1 mm	13	0,028	1,7	0,85	4,8	9,0	0,11	178	20
Bleidraht (für Erdleitungen)	{4 Drähte neben einander} à 4 mm D.	50	0,05	3,0	1,5	1,5	2,5	0,56	34	20
Bleidraht	{2 Drähte neben einander} à 4 mm D.	25	0,025	1,5	0,75	3,0	5,0	0,28	34	10
Bleiband	34 × 1¹/₂ mm	52	0,071	4,2	2,1	4,2	7,5	0,59	37	22
Bleiband	17 × 1¹/₂ mm	26	0,037	2,2	1,1	4,4	8,4	0,29	38	11

Für verzinnte Kupferdrahtseile, Kupferdrähte und Kupferbänder erhöht sich der Preis pro 100 kg um je 16 M. Die angegebenen Preise gelten nur für größeren Bedarf, bei kleineren Bezügen wird ein entsprechender Aufschlag gemacht. Zu den in den Kolumnen 8 und 9 angegebenen Preisen sind die Preise für Verpackung, Fracht und Beifuhr zuzuschlagen. Die Kosten für die Verpackung betragen pro 100 kg ca. 50 Pf. Stückgutfracht für Blitzableitermaterial in verpacktem Zustande: Mühlheim—Stuttgart (rund 390 km Entfernung) pro 100 kg 3 M. 30 Pf., und Dortmund—Stuttgart (rund 480 km Entfernung) 4 M. 6 Pf. Fracht von Mühlheim bis Stuttgart für Leitungsmaterial aus verzinktem Eisen bei Wagenladungen von über 500 kg bis 1000 kg pro 100 kg 2 M. 5 Pf., desgl. bei Wagenladungen von mindestens 10 000 kg pro 100 kg 1 M. 50 Pf. Für Leitungsmaterial aus Kupfer erhöhen sich diese Frachtsätze auf 2 M. 79 Pf. bezw. 2 M. 44 Pf. Fracht: Dortmund—Stuttgart für Leitungsmaterial aus Blei bei Wagenladungen von über 5000 kg bis 10 000 kg pro 100 kg 2 M. 54 Pf.; desgleichen bei Wagenladungen von mindestens 10 000 kg pro 100 kg 2 M. 29 Pf.

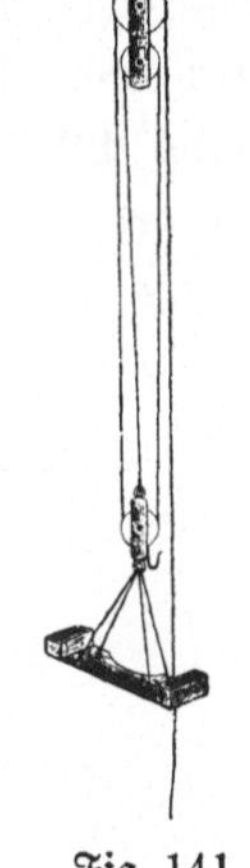

Fig. 141.

Für Beifuhr vom Bahnhof am Ort der Eisenbahnstation sind zuzuschlagen pro 100 kg bei größeren Mengen 15 Pf., bei kleinem Bezug 20 Pf.

Für eine Leitungsverbindung oder Abzweigstelle sind in Rechnung zu nehmen 30—50 Pf.

Für eine Anschlußstelle an Auffangstangen, Gas- und Wasserleitungen 40 Pf. bis 2 M.

Für verzinkte Leitungsstützen wie in Fig. 103—108 pro Stück 40—80 Pf., für einen Träger Fig. 109—111 25 Pf., für einen Träger Fig. 114 40 Pf.; für verzinkte Rohr- oder Bandhacken Fig. 115 pro Stück 3—7 Pf.

Zeitaufwand für die Herstellung einfacher künstlicher Blitzableiter wie bei Beispiel Nr. 7, oben S. 195: 1 Klempner und 1 Gehilfe je 1 Tag. Zur Herstellung des Gerüsts: 1 Gipser oder Maurer und 1 Gehilfe je $\frac{1}{2}$ Tag. Für die Grabarbeit: 1 Taglöhner 1—1$\frac{1}{2}$ Tag.

Die Montirungskosten werden entsprechend höhere bei Verwendung stärkeren, von den Dach- und Wandflächen abstehenden Leitungsmaterials und bei der Anordnung hoher freistehender Auffangstangen, sowie bei abgelegenen Gebäuden; sie wachsen insbesondere auch mit der Höhe der Gebäude wegen der dabei erforderlichen umständlicheren Gerüstung.

Bei Kirchthürmen und Fabrikschornsteinen kann die Anbringung der Leitungen auch mittelst des in Fig. 141 (S. 201) dargestellten Flaschenzug=fahrzeugs stattfinden, zu dessen Bedienung zwei Mann erforderlich sind. Bei neuen Gebäuden wird man jedoch stets darauf bedacht sein, gleich=zeitig mit deren Aufführung auch die Blitzableiter herzustellen, um hierbei die bereits vorhandenen Baugerüste mit benutzen zu können.

XI. Prüfung der Blitzableiter.

Es ist zu unterscheiden, ob ein neuer Blitzableiter unmittelbar nach seiner Fertigstellung geprüft werden soll, oder ob es sich um die Untersuchung einer älteren Blitzableiteranlage auf ihre Brauchbarkeit handelt. Im ersteren Fall wird das nach den gegenwärtigen Anschauungen am zweckmäßigsten Erscheinende als Maaßstab zu dienen haben, im letzteren Fall wird man sich in der Regel mit dem zur Noth noch Ausreichenden zu begnügen haben.

Ist in beiden Fällen die Prüfung vorgenommen und auf Grund derselben ein befriedigender Zustand geschaffen, so handelt es sich darum, diesen auch dauernd zu erhalten.

Ein Gebäudeblitzableiter ist ein Gebäudebestandtheil wie jeder andere. Wie z. B. die Dachbedeckung das Gebäude gegen das Eindringen von Regen und Schnee zu schützen hat, und Dachrinnen und Regenabfallrohre zur Ableitung des Regenwassers dienen, so hat der Blitzableiter den einschlagenden Blitz abzuleiten. Ein Unterschied besteht nur darin, daß es sich im ersteren Fall um den Schutz gegen einen fortwährend wiederkehrenden, aber harmloseren Feind, und im letzteren Fall um den Schutz gegen einen höchst seltenen, sich während des ganzen Bestandes des Gebäudes kaum einmal einstellenden, dafür aber um so gefährlicheren Feind handelt. Im ersteren Fall ist es von keinem großen Belang, wenn defekte Stellen am Dach und den Dachrinnen erst ausgebessert werden, nachdem man bemerkt hat, daß es in das Haus hineinregnet, während im letzteren Fall der ganze Blitzschutz illusorisch wäre, wenn man erst, nachdem der Blitz eingeschlagen hat, daran denken wollte, vorhandene Defekte auszubessern.

Man steht nun zwar heute nicht mehr auf dem Standpunkt, daß ein mangelhafter Blitzableiter eine Gefahr für ein Haus, statt eines Schutzes bildet. In den meisten Fällen tragen auch mangelhafte Blitzableiter immer noch zur Verminderung des Schadens im Fall eines Blitzschlags bei. Sie können aber auch ganz versagen oder zu einem Abspringen des Blitzes Veranlassung geben; wer daher auf einen sicheren Schutz seines Hauses rechnen will, der muß dafür sorgen, daß sich sein Blitzableiter stets in gutem, schlagfertigem Zustand befindet.

Ein nach den richtigen Grundsätzen angelegter Blitzableiter auf einem neuerbauten Hause wird sehr wahrscheinlich auf eine lange Reihe von Jahren hinaus ohne weiteres seine Schuldigkeit thun, und ist deshalb in den ersten Jahren, wo gewöhnlich auch sonst keinerlei Veränderungen an einem neuerbauten Hause vorkommen, eine jährliche peinliche Untersuchung der Blitzableiteranlage weniger nöthig; je älter der Blitzableiter aber wird, um so rascher schreitet die Materialzerstörung unter den atmosphärischen Einflüssen, denjenigen der Abzugsgase von Schornsteinen u. s. w. fort, und desto größer wird die Gefahr von Beschädigungen der Schutzanlage infolge der öfter wiederkehrenden Gebäude-, insbesondere der Dachreparaturen.

Die Ueberwachung einer Blitzableiteranlage wird eine mehr oder weniger sorgfältige sein müssen, je nach der örtlichen Blitzgefahr, der Bauart und Bestimmung des Gebäudes. Ein mit explosiven oder leicht entzündlichen Stoffen angehäuftes Gebäude, z. B. ein Pulvermagazin oder ein mit einem Wohnhaus verbundenes Scheuergebäude, oder hohe und werthvolle Gebäude, welche zugleich zu großen Menschenansammlungen dienen, bedürfen einer gründlicheren Ueberwachung als gewöhnliche massive Gebäude ohne größere Mengen leicht entzündlichen Inhalts in geschlossen gebauten Stadttheilen, wo die Blitzgefahr an und für sich eine geringe ist, und wo im Falle des Blitzeinschlags auch bei ungeschützten Gebäuden in der Regel nur ein verhältnißmäßig geringer Schaden entsteht.

Für gewöhnliche Verhältnisse dürfte als ungefährer Anhalt dienen, daß Blitzableiter auf neuerbauten Häusern erst nach einem Zeitraum von 10 Jahren wieder einer gründlichen Hauptprüfung zu unterziehen sind und später alle 5 Jahre. Bei eisernen Erdleitungen empfiehlt es sich jedoch von Anfang an eine gründliche Untersuchung derselben alle 5 Jahre vorzunehmen. Genaue Untersuchungen sind außerdem erforderlich nach jeder größeren Dachreparatur oder sonstiger baulicher Veränderung, welche auf die Blitzableiteranlage modificirend einwirken kann, und insbesondere nach einem stattgefundenen Blitzeinschlag in das Gebäude. Außer diesen Hauptprüfungen sollte jedes Jahr vor Beginn der Gewitterperiode, d. h. im Monat März oder Anfangs April, wenigstens eine oberflächliche Besichtigung der Blitzableiteranlage stattfinden.

Bei besonders gefährlichen Gebäuden ist die Zahl der Hauptprüfungen entsprechend zu vermehren und unter Umständen soweit auszudehnen, daß jedes Jahr im Frühjahr eine gründliche Untersuchung stattfindet.

Es wären also zu unterscheiden:

    a) Erste Hauptprüfungen neuer Blitzableiter.
    b) Erste Hauptprüfungen älterer Blitzableiter.
    c) Periodische Hauptprüfungen.
    d) Jährliche Zwischenprüfungen.

Bei allen diesen Prüfungen kommt es ganz darauf an, auf welchem Standpunkte der Prüfende steht, ob er der früheren strengeren Richtung angehört, welche absolute metallische Kontinuität der Leitungen und einen in allen Fällen minimalen Erdausbreitungswiderstand für den galvanischen Strom fordert, oder ob er der freieren Anschauung huldigt, daß auch größere in den Leitungsverbindungen auftretende Widerstände auf die Güte der Blitzableiter von untergeordnetem Einfluß sind. Durch die früheren Ausführungen und insbesondere die im II. Kapitel angeführten Beispiele dürfte nun aber zur Genüge erwiesen sein, daß es auf eine vollständige metallische Kontinuität der Leitungen, oder darauf, daß letztere die galvanische Probe bestehen, nicht ankommt, daß aber auch die Widerstandsmessung der Erdleitungen entfernt nicht den Werth hat, welcher ihr vielfach beigelegt wird. Schon vor 20 Jahren sagte Professor Dr. Holtz in seiner Schrift über die Theorie, die Anlage und Prüfung der Blitzableiter:

„Bei der galvanischen Prüfung wird nur sehr wenig gewonnen. Bei 200 oberirdischen Prüfungen fand ich nur etwa in 5, bei 300 unterirdischen nur etwa in 30 Fällen mehr, als ich auf andere Weise ergründen konnte. In vielen Fällen aber würde ich mich groben Täuschungen hingegeben haben, wenn ich nur nach dem Resultat dieser Prüfungen geurtheilt hätte. Die galvanische Prüfung erfordert daneben viel Zeit, und wenn sie Werth haben soll, verhältnißmäßig theure Apparate. Man spricht nur dann von einer ‚Verbindung‘, wenn sich die Leitungsstücke metallisch berühren. Die Wissenschaft steht aber heutigen Tages auf diesem Standpunkte nicht mehr 2c."

Die Worte dieser anerkannten Autorität sind aber verhallt wie die Stimme eines Predigers in der Wüste, denn heute nach 20 Jahren wird von Sachverständigen und Nichtsachverständigen 20 mal mehr galvanisch geprüft als damals, und als ein vermeintlich unentbehrliches Prüfungsmittel wird die galvanische Probe vielfach behördlicherseits vorgeschrieben. Es ist schade für das viele Geld, das jahraus jahrein ohne einen nennenswerthen praktischen Erfolg für diesen Zweck ausgegeben wird, ja es fragt sich, ob nicht im Gegentheil viel damit geschadet wird, weil durch die strengen Ansprüche, welche die galvanische Probe an die Blitzableiter stellt, deren Ausführung und deren allgemeine Verbreitung nicht unerheblich erschwert wird. Trotz dieser kostspieligen Blitzableiteruntersuchungen und der nach diesen Grundsätzen hergestellten viel zu theuren Blitzableiter wachsen die Blitzschäden von Jahr zu Jahr bis ins Unheimliche. Würde man jenes Geld dazu verwenden, jedem Bauern einen Draht über seine Scheuer zu ziehen, so würden sich die jährlichen Blitzschäden sofort um Millionen vermindern.

Man wäre vor einigen Jahren auch in Württemberg beinahe in den Irrthum verfallen, eine amtliche galvanische Prüfung der Blitzableiter ein= zuführen, bis ich an der Hand der Statistik (vergl. oben S. 1—3) nach= gewiesen habe, daß nicht der geringste Grund zu einer solchen staatlichen Fürsorge vorliegt, daß es vielmehr angezeigt ist, die allerbescheidensten Ansprüche an die Blitzableiter zu stellen, um ja der Vermehrung derselben, da wo sie ein Bedürfniß bilden, nicht entgegen zu wirken.

Der amerikanische Schriftsteller John Phin sagt in seinem Werk „Plain direction for the construction and erection of lightning-rods", New-York 1879, es scheine, als ob die Blitzableiter mehr dazu da seien, um Geld damit zu verdienen, als um die Gebäude damit zu schützen. Das ist wohl vielfach auch in Deutschland der Fall, hier muß aber außerdem noch die galvanische Probe herhalten. Es sieht viel besser aus, und der Besitzer zahlt die große Blitzableiterrechnung noch einmal so gern, wenn der Fabrikant zum Schluß mit dem interessanten Blitz= ableiteruntersuchungsapparat kommt und zu dem vorzüglichen Resultat gelangt, daß der elektrische Leitungswiderstand der Luftleitung nur etwa 0,01 und der Erdübergangswiderstand nicht mehr als 1 oder 2 Ohm beträgt.

Die Blitzableiter werden im Grunde genommen häufig nur für die Zwecke der galvanischen Prüfung zugerichtet, sie werden gebaut, um dieses Geschäft zu erleichtern und um ein recht günstiges, den Gebäude= besitzer in Sorglosigkeit wiegendes Resultat mit der galvanischen Probe zu erzielen. Diesen Hauptzweck verfolgen leider auch manche behörd= lichen Blitzableitervorschriften, während die Hauptsache, die richtige Zahl und Führung der Luft= und Erdleitungen und der Anschluß der in erster Linie zu Seitenentladungen Veranlassung gebenden Metallmassen an den Gebäuden oft ganz außer Acht bleibt. So kommt es, daß der Blitz häufig an Gebäuden mit Blitzableitern, welche die galvanische Probe vorzüglich bestanden haben, einen Schaden anrichtet, wodurch der

Glaube an die Wirksamkeit der Blitzableiter überhaupt in weiten Kreisen erschüttert wird.

Da Metalldächer, Metallwände, die umfangreichen Eisenkonstruktionen von Bahnhofhallen, Markthallen und dergl. in die Galvanometerleitung eingeschaltet, häufig keinen Ausschlag der Magnetnadel ergeben, weil die Berührungsflächen der Verbindungen der einzelnen Eisentheile nicht vollkommen metallisch blank sind oder einen guten dreifachen Oelfarbanstrich besitzen, hält man sie für unfähig, unmittelbar als Blitzableiter dienen zu können und verlangt, daß ein kontinuirlicher, den galvanischen Strom durchlassender Draht über jene Eisenmassen hinweggeführt wird, während doch die Erfahrung lehrt, daß der Blitz trotz der etwa vorhandenen guten Erdleitung des Ableitungsdrahtes und dessen ganz geringen Leitungswiderstandes sich doch in der Hauptsache über die andern großen Eisenmassen, wenn sie auch einen größeren galvanischen Leitungswiderstand aufweisen, ausbreitet. Ist also das Resultat der galvanischen Prüfung ein günstiges, so beweist es noch lange nicht, daß der Blitzableiter gut ist, und ist es noch so schlecht, so beweist es noch lange nicht, daß auch der Blitzableiter schlecht ist. Trotzdem soll der galvanischen Prüfung nicht jeder Werth abgesprochen werden.

Von einem richtigen Sachverständigen vorgenommen, kann die Prüfung der Luftleitung mittelst eines Galvanometers unter Umständen ein brauchbares Hilfsmittel zur Beurtheilung des Zustandes der Blitzableiteranlage bilden; z. B. wenn es sich bei hohen Gebäuden um die Prüfung schwer zugänglicher, auch mittelst des Fernrohrs nicht genau zu beobachtender Leitungstheile, oder um die Prüfung von Blitzableitern auf sehr gefährlichen Gebäuden, z. B. solchen mit explosivem Inhalt, handelt. Die Prüfung mit dem Galvanometer wird, wenn sie mit einer vollkommen sachverständigen Besichtigung und Beurtheilung der Blitzableiteranlage Hand in Hand geht, für den Fall, daß beide ein gutes Resultat liefern, eine erhöhte Garantie für die Güte des Blitzableiters bilden, und wenn sie ein schlechtes Resultat liefert, zu genauerer Nachforschung nach den Gründen desselben anregen.

Liegt aber der Grund z. B. nur in nicht vollkommen metallischen Verbindungsstellen, während dieselben doch eine hinlänglich innige und großflächige Berührung aufweisen, so kann man sich trotz des schlechten Resultats der galvanischen Prüfung beruhigen, falls es sich nicht gerade um den Schutz von Gebäuden mit explosivem Inhalt handelt, wo selbst die geringste Funkenbildung an nicht vollkommen metallischen Verbindungsstellen zu einer Explosion Veranlassung geben könnte.

Da das Aufgraben und die Besichtigung der Erdleitungen oft mit Schwierigkeiten verbunden ist, so kann in solchen Fällen auch die Prüfung der Erdleitung mittelst des Galvanometers oder besser noch die Messung des Uebergangswiderstands mittelst der Meßbrücke bei richtiger Würdigung der jeweilig vorhandenen Witterungs- und örtlichen Verhältnisse, sowie unter sachverständiger Berücksichtigung der nach der Anordnung der Luft- und Erdleitungen, der Bauart und dem Inhalt des Gebäudes vorhandenen Tendenz zu Seitenentladungen von Werth sein. Welche oberste Grenze aber im einzelnen Fall für den Uebergangswiderstand noch als zulässig betrachtet werden kann, muß dem sachverständigen Ermessen überlassen bleiben. Je nach dem Ausfall der Messung wird man sich ohne weiteres beruhigen können oder behufs weiterer Nachforschung aufgraben lassen oder, falls eine solche sich offenbar nicht lohnen würde, eine ganz neue Erdleitung anordnen.

Zur Prüfung mittelst des Galvanometers ist erforderlich ein galvanisches Element, am besten mit Trockenfüllung, ein Galvanometer, eine Rolle mit zwei isolirten Versuchsdrähten, ein Paar Schraubenklemmen zum Befestigen des Versuchsdrahts am Blitzableiter, eine Feile zum Blankfeilen jener Stelle und eine ca. 20×20 cm große kupferne Erdhilfsplatte.

Man stellt den Apparat in der Nähe des Blitzableiters auf, überzeugt sich zunächst, ob alles in Ordnung ist, indem man den Strom durch den Versuchsdraht und den Galvanometer gehen läßt. Zur Prüfung der Luftleitung wird sodann das eine Ende der Galvanometerleitung an die Auffangstange, sonstige Fangvorrichtung oder Fangleitung, das andere Ende unten an einen Punkt der Ableitung angeschlossen. Am Ausschlag der Galvanometernadel kann man sich sodann überzeugen, ob die Leitung kontinuirlich ist oder nicht. Bei schlechtem Resultat ist, von einem Ende der Leitung ausgehend, diese streckenweise einzuschalten, bis die Unterbrechungsstelle gefunden ist. Die Nadel wird nun aber auch noch einen Ausschlag geben, wenn die Leitung an einer oder mehreren Stellen bis auf einen kleinen Bruchtheil eines Millimeters zerfressen ist, weshalb diese Angaben stets mit Vorsicht aufzunehmen sind. Sind mehrere Ableitungen und Erdleitungen vorhanden, so kann bei einer solchen Galvanometerprüfung der Strom gleichzeitig oder ganz durch die Erde gehen, so daß bei Vorhandensein guter Erdleitungen die Nadel einen Ausschlag geben wird, auch wenn die Luftleitung an einer oder mehreren Stellen vollständig unterbrochen ist, es müssen deshalb in diesem Fall, sowie auch zur Prüfung mehrfacher Erdleitungen diese letzteren bis auf eine durch Lostrennung der Luftleitungen ausgeschaltet werden.

Zur galvanischen Prüfung der Erdleitungen mittelst des Galvanometers führt man den einen Versuchsdraht vom Apparat zum unteren Ende der Ableitung vor ihrem Eintritt in die Erde, den andern Versuchsdraht vom Apparat zu der in einen Brunnen oder irgend eine feuchte Stelle der Erde gelegten Hilfserdplatte oder zu einer Gas= oder Wasserleitung.

Aus der Größe der Ablenkung der Magnetnadel kann man sodann einen ungefähren Schluß auf das galvanische Ausbreitungsvermögen der Erdleitung ziehen. Zeigt sich keine Abweichung der Magnetnadel, so wird es sich nach Lage der Verhältnisse fragen, ob die Erdleitung ganz oder theilweise aufzugraben oder unter Belassung einer alten werthlosen Erdleitung eine neue anzulegen ist. Bei Vorhandensein zweier Erdleitungen kann die Hilfserdleitung gespart werden. Bezüglich der zur bequemen Trennung der Luftleitungen von den Erdleitungen gebräuchlichen Ausschalter oder Kuppelungen siehe oben S. 125 u. 126.

Ein besseres Urtheil über die Güte einer Erdleitung gewinnt man durch Messung der wirklichen Größe des Widerstands, welchen der galvanische Strom bei seinem Uebergang von dem Erdleitungskörper zur Erde zu überwinden hat. Diese Messung geschieht entweder mittelst der sogenannten Substitutionsmethode unter Verwendung eines Rheostaten oder Widerstandskastens oder mittelst der Nullmethode, d. h. mit Hilfe der Wheatstone'schen Meßbrücke.

Ein Rheostat besteht aus einem Gehäuse, in welchem mehrere Widerstandsrollen untergebracht sind. Letztere bestehen gewöhnlich aus aufgewickeltem Neusilberdraht und sind so abgemessen, daß Widerstände von je einer bestimmten Anzahl Ohm, z. B. 1, 2, 5, 10, 50, 100 2c. Ohm, mittelst einer Stöpselvorrichtung in die Versuchsdrähte eingeschaltet werden können. Nachdem man den Erdleitungswiderstand in der gewöhnlichen Weise mittelst des Galvanometers gemessen und die Grade des Nadelausschlags notirt hat, bringt man die Versuchsdrähte in direkte Verbindung mit einander, wobei sich ein größerer Nadelausschlag zeigen wird. Sodann schaltet man den Rheostaten und mittelst dieses so viele Ohm Widerstand ein, bis die Nadel durch Rückgang die erste Stellung wieder eingenommen hat. Die Summe der eingeschalteten Widerstandseinheiten bildet sodann den Uebergangswiderstand der Erdleitung.

Diese Meßmethode, bei welcher die Messung nicht auf einmal, sondern in zwei zeitlich getrennten Manipulationen unter Verwendung eines galvanischen Gleichstroms stattfindet, hat den Nachtheil, daß die auftretende Polarisation der Elektroden kein absolut richtiges Resultat zu Stande kommen läßt, doch handelt es sich dabei nur um verhältnißmäßig geringe Abweichungen, welche für die Zwecke der Blitzableiterprüfung von keiner großen Bedeutung sind.

Die anderen einfacheren Meßmethoden beruhen auf der Wheatstone'schen Brückenanordnung nach dem Schema der Fig. 142. Der Verbindungsdraht zwischen b und d wird stets stromlos, wenn die Widerstände W_1, W_2, W_3, W_4 in folgendem Verhältniß zu einander stehen:

$$\frac{W_1}{W_4} = \frac{W_2}{W_3}.$$

Macht man die Widerstände W_1 und W_4 gleich groß, so wird ein in bd eingeschaltetes Galvanometer keinen Ausschlag geben, sobald auch W_2 und W_3 gleich groß sind. Handelt es sich also z. B. um die Messung der Größe des Widerstands W_2, so braucht man nur in bc so viel ab-

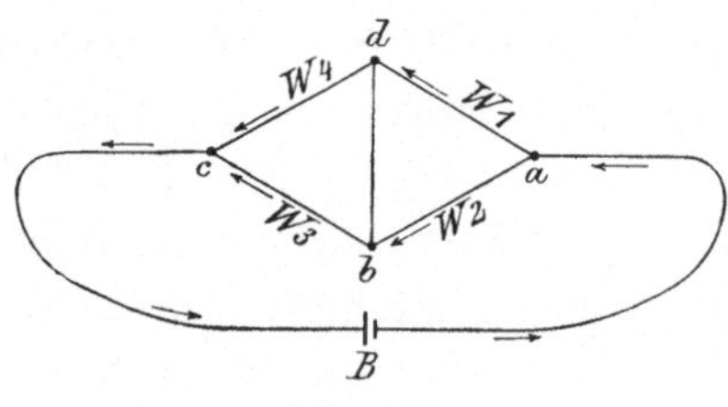

Fig. 142.

gepaßten Drahtwiderstand einzuschalten, bis das Galvanometer in bd keinen Ausschlag mehr giebt. Der gesuchte Widerstand W_2, d. h. für unsern Fall der galvanische Erdübergangswiderstand, ist dann gerade so groß wie der abgemessene Drahtwiderstand in bc.

Die Wheatstone'sche Brücke wird nun für den praktischen Gebrauch so gebaut, daß durch entsprechende Verschiebung eines Gleitkontakts die Nadel eines Galvanometers auf Null gestellt werden kann, wonach aus der Stellung des Gleitkontakts an einer Skala die Größe des gesuchten Widerstands unmittelbar abzulesen ist. Solche Apparate werden in handlicher Form von C. & E. Fein in Stuttgart hergestellt. Beim Bezug erhält man eine genaue Gebrauchsanweisung, so daß auch der Nichtelektrotechniker, wenn er sich nur über die an einen Blitzableiter zu stellenden Anforderungen klar ist, sich des Apparats geeigneten Falls mit Vortheil bedienen kann. Die auch hier störend auftretenden Polarisationsströme werden nach dem Vorschlag von Professor Dr. Kohlrausch vermieden, wenn der durch ein Element erzeugte galvanische Gleichstrom mittelst eines

Induktionsapparats in einen Wechselstrom verwandelt und das Galvanometer durch ein Telephon ersetzt wird. Im Telephon wird durch den
Wechselstrom ein laut vernehmbares schnurrendes Geräusch erzeugt, welches
verschwindet oder wenigstens sehr schwach wird, sobald der Gleitkontakt
diejenige Stelle erreicht hat, bei welcher kein Wechselstrom mehr durch das
Telephon geht. In diesem Moment kann dann der zu messende Widerstand an einer Skala abgelesen werden.

Ein bequem zu benutzender Apparat dieser Art ist die Dr. Nippoldt'sche
Telephonmeßbrücke, welche von Hartmann & Braun in Bockenheim
speciell für Blitzableiterzwecke gebaut wird. Es wird auch hier eine aus-
führliche Gebrauchsanweisung beigegeben. Eine genaue Beschreibung des
Apparats und eine ausführliche Anleitung für die Messung von Erd-
leitungswiderständen enthält die neueste Schrift von Dr. Nippoldt
„Ueber die Entstehung der Gewitter und die Principien des Zwecks und
Baues der Blitzableiter," Frankfurt a. M., 1897.

Den Mangel, daß das Telephon bei diesen Apparaten nicht immer
ganz zum Schweigen kommt und der tiefste Punkt oft schwer zu treffen
ist, suchte Professor Weinhold durch eine Anordnung zu beseitigen, bei
welcher die Aenderung des Widerstandsverhältnisses nicht allmählich,
sondern stufenweise erfolgt, so daß die Aenderung der Tonstärke im Telephon
besser zu erkennen ist. Eine weitere Verbesserung besteht darin, daß der
Federunterbrecher des Induktionsapparats durch eine Stimmgabel ersetzt
wird, wodurch auch die Tonlage im Telephon eine gleichmäßigere wird.
Apparate dieser Art liefert Oskar Schöppe in Leipzig.

Bei der Verwendung von Wechselströmen darf folgender wichtiger
Punkt nicht außer Acht gelassen werden. In den aufgewickelten Drahtwindungen der Versuchsdrähte werden durch Induktion Extraströme erzeugt, welche das Meßresultat unter Umständen ganz bedeutungslos machen
können, es müssen deshalb bei den Messungen die Drähte stets vollständig abgewickelt werden und sind am Boden liegende Schleifen zu
vermeiden. Dieser Vorsicht wird man enthoben bei Verwendung des
gewöhnlichen galvanischen Gleichstroms, wie z. B. beim Fein'schen Apparat
oder bei den Apparaten von Siemens & Halske in Berlin, welche
zur Vermeidung der Polarisation intermittirende Gleichströme verwenden,
die aus dem gewöhnlichen Gleichstrome eines galvanischen Elements mittelst
eines gezahnten Kontaktrads erzeugt werden.

Zur Messung des Uebergangswiderstands einer Erdleitung bedurfte
man früher zweier Hilfserdleitungen. Bezeichnet man den Widerstand der
zu messenden Erdleitung mit a und diejenigen der beiden Hilfserdleitungen,

z. B. einer in einen Brunnen versenkten Hilfserdplatte und eines in feuchte Erde eingetriebenen Eisenstabs, mit x und y, so wird zunächst durch Verbindung des einen der beiden am Apparat angebrachten Versuchsdrähte mit der Zuleitung zu der zu messenden Erdleitung und des andern mit der Erdleitung x der Ausbreitungswiderstand $a + x$ gemessen; derselbe betrage A, dann wird in gleicher Weise der Widerstand $a + y = B$ gemessen und zuletzt der Widerstand $x + y = C$. Es ist dann der gesuchte Widerstand:

$$a = \frac{A + B - C}{2}.$$

Von Dr. E. Wiechert in Königsberg ist nun in der Elektrotechnischen Zeitschrift 1893, S. 726 u. 727, eine einfachere Methode vorgeschlagen worden, welche sich gut bewährt hat, u. a. auch bei den von der Reichstelegraphenverwaltung vorgenommenen Untersuchungen über Erdleitungen (vergl. Elektrotechnische Zeitschrift 1897, S. 758). Dieselbe setzt bei der Messung einer Erdleitung nur eine Hilfserdleitung voraus und beruht darauf, daß man zuerst das Verhältniß der beiden zu ermittelnden Erdleitungen zu einander mißt und dann mittelst einer zweiten Messung deren Summe ermittelt. Aus den Resultaten beider Messungen können dann die Einzelausbreitungswiderstände berechnet werden. Eine nähere Beschreibung dieser Meßmethode findet sich in der oben erwähnten Dr. Nippoldt'schen Schrift über Blitzableiter.

Sind außer einer Gas= oder Wasserleitung, deren Ausbreitungswiderstand für die Zwecke der Blitzableitung ohne weiteres gleich Null angenommen werden kann, noch weitere Erdleitungen vorhanden, deren Ausbreitungswiderstand gesucht wird, so braucht man nur das eine Ende der Stromleitung mit einer blankgemachten Stelle der Gas= oder Wasserleitung zu verbinden, das andere mit der Zuleitung zu der gesuchten Erdleitung, um den Uebergangswiderstand der letzteren ohne weiteres ablesen zu können. Zu vermeiden ist, den Versuchsdraht an Ausgußhähne von Wasserleitungen anzuschließen, weil deren Rohrverbindung gewöhnlich derart mit Hanf und Mennige gedichtet ist, daß sich an diesen Stellen ein großer Ohm'scher Widerstand ergiebt.

Sind mehrere Erdleituugen vorhanden, deren Einzelausbreitungswiderstände a, b, c, d betragen, so ergiebt sich der Gesamtausbreitungswiderstand aus der Gleichung:

$$W = \frac{1}{\dfrac{1}{a} + \dfrac{1}{b} + \dfrac{1}{c} + \dfrac{1}{d}}.$$

Eine der wichtigsten Fragen bei der Prüfung der Blitzableiter ist die, von welchen Personen die Prüfung am zweckmäßigsten vorgenommen wird. Ist es der Blitzableitersetzer oder Fabrikant, ist es der bauleitende Techniker oder der Bauherr selbst, ist es ein amtlicher Blitzableiterkontrolleur, muß derselbe nothwendig ein Specialtechniker, ein Physiker oder Elektrotechniker sein? Die Beantwortung dieser Fragen hängt davon ab, um welche der oben S. 205 erwähnten vier Prüfungen es sich handelt, welcher Art das zu schützende Gebäude ist, ob es ein Privat- oder Staatsgebäude ist, ob ein vollkommen sicherer Schutz beansprucht wird und die Kosten nicht in Betracht kommen, oder ob man sich sparsamkeitshalber mit einem nur wahrscheinlichen Schutz begnügen will, ob ein Blitzschutz polizeilich vorgeschrieben ist, oder ob die Höhe des Feuerversicherungsbeitrags von dem Vorhandensein eines — gewissen Bedingungen — entsprechenden Blitzableiters abhängig gemacht wird. Alle diese Fragen beantworten sich aber sehr einfach, wenn man den gemachten Erfahrungen und den früheren Ausführungen in dieser Schrift entsprechend sich auf den Standpunkt stellt, daß selbst der einfachste und mit Mängeln behaftete Blitzableiter, daß z. B. schon ein einfacher über den First eines Gebäudes gezogener und an beiden Giebeln abgeleiteter Draht oder ein durch metallene First- und Ortgangverwahrungen, Dachrinnen- und Abfallrohre gebildeter natürlicher Blitzableiter einen Schutz, keineswegs aber eine Gefahr für ein Haus bildet, und daß es deshalb unbegründet, ja verwerflich ist, die Herstellung und Vermehrung der Blitzableiter durch allzu strenge polizeiliche Herstellungs- und Prüfungsvorschriften zu erschweren.

Da, wie oben ausgeführt, die galvanische Probe oder Widerstandsmessung keineswegs ein Haupterforderniß der Blitzableiterprüfung bildet, man vielmehr im allgemeinen ganz gut ohne dieselbe auskommen kann, während anderseits ein rationeller Blitzableiter sowohl in den einfachsten als in den komplicirtesten Fällen nur in innigem Zusammenhang mit den Gebäudekonstruktionen hergestellt werden kann, so sind die Baukonstrukteure oder die Bautechniker die geeignetsten Organe sowohl für die Ueberwachung der Ausführung als auch für die Prüfung der Blitzableiter, vorausgesetzt natürlich, daß sie sich mit den in dieser oder ähnlichen Schriften aufgestellten Grundsätzen vorher genügend vertraut gemacht haben. Ich halte es daher für ein unbedingtes Erforderniß, daß die Bautechniker sich mehr als bisher mit den einschlägigen Regeln bekannt machen und sich ein möglichst selbständiges Urtheil über den Blitzschutz der Gebäude bilden. Sie können ihren Bauherren oft viel Geld sparen und ihnen doch einen nach menschlicher Berechnung sicheren Blitzschutz bieten, wenn sie sich selbst über die an einen Blitzableiter zu stellenden Anforderungen klar sind und nicht die ganze Disposition und Ausführung blindlings den Blitzableiterfabrikanten überlassen. Die nöthigen Grundlagen hierfür sind allerdings schon in der Schule zu legen, und haben sich in dieser Beziehung die Lehrer der Naturwissenschaften und der Baukonstruktionen gegenseitig zu unterstützen. Auch das Arbeiten mit dem Galvanometer und der Meßbrücke, da, wo man ein solches nicht entbehren zu können glaubt, ist keineswegs so schwierig, daß nicht jeder einigermaßen intelligente Bautechniker an der Hand entsprechender Instruktionen sich an dasselbe heranwagen könnte.

Wenn einmal in die Kreise der Bautechniker ein besseres Verständniß für das Blitzableiterwesen gedrungen sein wird, können die obenerwähnten vier verschiedenen Blitzableiterprüfungen in allen Fällen, wo die Anbringung von Blitzableitern polizeilich vorgeschrieben ist, oder wo ihr Vorhandensein Begünstigungen seitens der Feuerversicherungsanstalten zur Folge hat, ruhig denjenigen Bautechnikern überlassen werden, welche auch die periodische bau- und feuerpolizeiliche Prüfung der Gebäude vorzunehmen haben, also in Württemberg z. B. den Baukontrolleuren und Oberbaukontrolleuren oder Oberamtsbaumeistern, sowie den Feuerschauern und Oberfeuerschauern, wobei in der Regel keine besonderen oder wenigstens keine erheblichen Kosten entstehen werden. Größere Kosten dürfen durch amtliche Blitzableiterprüfungen unter keinen Umständen entstehen. Denn, wie die in der Einleitung erwähnte württembergische Blitzschlagstatistik zeigt, sind auch bei einem Mangel gründlicher Blitzableiteruntersuchungen die an Gebäuden mit Blitzableitern entstehenden Blitzschäden verhältnißmäßig ganz gering. Den Gebäudebesitzern bliebe es natürlich unbenommen, zur Erhöhung ihrer Sicherheit außer den gelegentlichen amtlichen Prüfungen noch weitere gründlichere Untersuchungen vornehmen zu lassen oder von dem guten Zustand ihrer Blitzableiter sich von Zeit zu Zeit selbst zu überzeugen.

Bei den gewöhnlichen, nicht mit leicht entzündlichen Stoffen angehäuften Gebäuden, wo ein Bedürfniß, die Anbringung von Blitzableitern polizeilich vorzuschreiben nicht besteht, liegt auch kein Grund zu amtlichen Prüfungen der freiwillig angebrachten Blitzableiter vor, nachdem man weiß, daß ein etwaiger mangelhafter Zustand derselben wenigstens keine größere Gefahr in sich schließt, als wenn das Gebäude gar keinen Blitzableiter besäße. Nach diesen Betrachtungen kann nun zur näheren

Besprechung der oben S. 205 erwähnten vier verschiedenen Blitzableiter=
prüfungen geschritten werden.

a. Erste Prüfung neuer Blitzableiter.

Bei derselben hat man sich womöglich in Gegenwart des Blitzableiter=
setzers, welcher kleinere Mängel nöthigen Falls sofort repariren kann, durch
genaue Besichtigung nicht bloß der ganzen Blitzableiteranlage über und
unter der Erde, sondern auch des Gebäudes selbst und seiner Umgebung,
sowie der Bodenverhältnisse zu überzeugen, ob die in dem besonderen Fall
an einen Blitzableiter im Ganzen und in seinen einzelnen Theilen zu
stellenden Anforderungen erfüllt sind. Es sollte daher zur Zeit der Be=
sichtigung die Luftleitung in ihrer ganzen Ausdehnung zugänglich sein
und die Erdleitung offen vor Augen liegen. Sind die Erdleitungs=
gräben bereits wieder eingefüllt, und will man nicht wiederholt auf=
graben, so wird man sich unter Umständen mit der Prüfung eines
vorhandenen Planes in Verbindung mit zuverlässigen Zeugenaussagen
begnügen können und nur im äußersten Fall zu dem Mittel der Wider=
standsmessung greifen.

Da bei Gebäuden mit Gas= und Wasserleitungen diese letzteren und
damit der erforderliche Blitzableiteranschluß an dieselben in der Regel längere
Zeit nach Ausführung der Dachbedeckung und der gleichzeitig damit
zur Ausführung kommenden Blitzableiterluftleitung hergestellt werden, so
empfiehlt es sich, auch die Prüfung des Blitzableiters in zwei Theilen,
und zwar diejenige der Luftleitung unmittelbar nach ihrer Herstellung,
so lange dieselbe durch Baugerüste noch zugänglich ist, und die Prüfung
der Erdleitung unmittelbar nach ihrer Herstellung, so lange die Erdleitungs=
gräben noch nicht eingefüllt sind, vorzunehmen. Wenn dies geschieht, so
ist die Vornahme einer galvanischen Prüfung, insbesondere einer solchen,
welche von dem Blitzableitersetzer oder =Fabrikanten selbst vorgenommen
wird, überflüssig.

Nur bei besonders gefährlichen Gebäuden, wo man auf die galvanische
Probe bei den späteren periodischen Prüfungen nicht verzichten zu können
glaubt, hat es einen gewissen Werth, unmittelbar nach der Neuherstel=
lung den Erdübergangswiderstand zu messen, um seiner Zeit aus dem
Unterschied zwischen diesem und den späteren Ergebnissen einen Schluß
auf den jeweiligen Zustand der Erdleitungen und ihrer Verbindungen
ziehen zu können.

b. Erste Hauptprüfung älterer Blitzableiteranlagen.

Es fragt sich hierbei, ob der Gebäudebesitzer zu größeren Opfern bereit ist oder nicht, ob er einen möglichst sicheren dauernden Schutz haben will, oder ob er sich mit einem wahrscheinlichen und vergänglicheren begnügt, ob das Gebäude nach seiner Größe, Form, Bauart, Bestimmung und Lage einen sicheren oder weniger sicheren Schutz beansprucht. Keinenfalls darf aber eine solche Prüfung das Ergebniß haben, daß wegen zu vieler Bemängelungen und zu hoher Anforderungen dem Besitzer die Anlage verleidet und er lieber den ganzen Blitzableiter beseitigt, statt ihn repariren zu lassen.

Es muß deshalb auch in diesem Fall ernstlich daran festgehalten werden, daß selbst die primitivsten und mangelhaftesten Einrichtungen immer noch einen gewissen Schutz gewähren, und daß ein solcher wenn auch mangelhafter Schutz immer noch besser ist als gar keiner; insbesondere muß die unter Polizeibehörden und Feuerversicherungsanstalten verbreitete, zu ganz falschen, deren wahren Interessen widerstreitenden Maßnahmen führende Meinung, ein mangelhafter Blitzableiter bilde eine Gefahr statt eines Schutzes für ein Haus, verlassen werden.

Die Aufstellung strenger Blitzableitervorschriften bildet eines der größten Hindernisse für eine gedeihliche Entwickelung des Blitzableiterwesens, für eine allgemeinere Verbreitung der Blitzableiter und für eine Verminderung der Blitzschäden.

Bei einer gründlichen Prüfung älterer Blitzableiteranlagen ist zunächst, wie bei neuen Blitzableitern, das Gebäude nach Form, Konstruktion und Inhalt, insbesondere in Hinsicht auf vorhandene Metalltheile, deren leitende Beziehungen zur Erde und ihrer Entfernung vom Blitzableiter zu besichtigen; außerdem sind die Bodenverhältnisse in der Umgebung des Gebäudes soweit wie möglich unter Zuhilfenahme zuverlässiger Angaben lokalkundiger Leute zu prüfen. Sind Eisenbalken, Eisensäulen, Gas= und Wasserleitungen vorhanden, so ist eisernen Ankern, Schrauben, sowie auch den Verdrahtungen von Wand und Deckengipsungen, welche leitende Brücken vom Blitzableiter zu jenen größeren Metallmassen bilden können, eine besondere Beachtung zu schenken. Sodann ist zu untersuchen, ob die wahrscheinlichen Einschlagstellen durch die vorhandenen Auffangstangen, sonstige Auffangvorrichtungen oder Fangleitungen genügend geschützt sind.

ob Zahl und Führung der Ableitungen richtig und alle erforderlichen Metall=
anschlüsse vorhanden sind, ob die Leitungen nirgends unterbrochen und
ob die Leitungsquerschnitte entsprechende sind, ob die Auffangstangen und
Blitzableiterstützen und die Leitungen in letzteren festsitzen, ob die Ver=
bindungen dicht sind und genügend große Berührungsflächen besitzen, ob
die Auffangstangen, Leitungen und insbesondere die Leitungsverbindungen
durch Verzinkung oder Anstrich gegen Oxydation genügend geschützt sind.
Ueber den Zustand der Erdleitungen hat man sich so viel wie möglich
durch Aufgraben und unmittelbare Besichtigung Gewißheit zu verschaffen,
unter Umständen kann man sich mit zuverlässigen Zeugenaussagen, etwa
derjenigen der Blitzableitersetzer oder der Leute, welche die Erdleitungs=
schächte gegraben und wieder eingefüllt haben, begnügen. Zur Galvano=
meterprüfung oder Widerstandsmessung sollte auch hier nur im äußersten
Fall, wenn auf andere Weise sichere Anhaltspunkte nicht zu gewinnen
sind, geschritten werden. Jedenfalls kann auf dem Land und überall da,
wo sich nur Oberflächenleitungen befinden, also ein Aufgraben nur auf
geringe Tiefen nöthig ist, was überdies von den ländlichen Gebäude=
besitzern selbst kostenlos besorgt wird, von einer Widerstandsmessung der
Erdleitungen Umgang genommen werden. Ist übrigens der Verlauf und
die Größe der Erdleitungen von der Verlegung her oder durch zuver=
lässige Zeugenaussagen bekannt, so genügen in der Regel wenige Spaten=
stiche an der Oberfläche, um sich ein richtiges Bild von dem Zustand
der ganzen Erdleitung machen zu können; denn wenn dort die Leitung
noch gut ist, so ist sie es sicher auch weiter abwärts, weil die Material=
zerstörung in der Nähe der Erdoberfläche, durch die wechselseitige Ein=
wirkung von Wasser, Luft und Kohlensäure verhältnißmäßig am raschesten
fortschreitet. Bei in Brunnen versenkten Erdplatten kann deren Zustand
jeder Zeit leicht durch Herausnahme untersucht werden.

Wenn es sich nun um die Verbesserung des bestehenden Zustandes
älterer Blitzableiteranlagen handelt, so sollte Bestehendes so viel wie mög=
lich unverändert gelassen und nur Fehlendes ergänzt werden. Häufig
wird es sich um die Ergänzung der Auffangvorrichtungen, insbesondere
um einen besseren Schutz der Schornsteinköpfe und Giebelspitzen, um eine
Vermehrung der Ableitungen und um Einbeziehung metallener Dachver=
wahrungen, Dachrinnen und Abfallrohre in das Leitungsnetz, sowie um
den Anschluß von Gas= und Wasserleitungen und sonstiger größerer Eisen=
massen an und in den Gebäuden handeln. Bei den Leitungen kann man
die Hälfte der Querschnitte, welche für Neuanlagen empfohlen sind, noch als
zulässig betrachten. Vorhandene spitze Winkel im Verlauf der Leitungen

sind durch flache Bogen zu überbrücken. Wo nur eine einzige Tiefen=
leitung von zweifelhafter Güte vorhanden ist, wird man auf die Neu=
anbringung großflächiger Oberflächenleitungen bedacht sein; es kann aber
auch häufig durch geschickte Benutzung der Regenabfallrohre, und über=
haupt durch Vermehrung der Ableitungen der Mangel guter Erdleitungen
ausgeglichen werden.

Bei sehr defekten und mangelhaften Anlagen kann in Frage kommen,
ob es nicht statt der Vornahme durchgreifender Verbesserungen und Er=
gänzungen, statt des Aufgrabens tiefer Erdleitungen oder der Anwendung
der umständlichen, kostspieligen und doch unsicheren galvanischen Prüfung
nicht einfacher und billiger ist, die ganze Anlage oder einen Theil der=
selben nach der in den früheren Kapiteln gegebenen Anleitung für die
Neuherstellung von Blitzableitern zu erneuern. Bei Vorhandensein alter
durchgerosteter eiserner Erdleitungen sind dieselben durch verzinkte Eisen=
leitungen oder besser durch solche aus Kupfer oder Blei zu ersetzen.

c. Periodische Hauptprüfungen.

Bei denselben ist in ähnlicher Weise, wie unter a und b beschrieben,
zu verfahren. Da bei den sich öfter wiederholenden Dachreparaturen
hauptsächlich schwächere Blitzableitungen leicht verletzt und häufig nicht
gleich wieder hergestellt werden, so ist der Zustand der Dachleitungen
nöthigenfalls unter Zuhilfenahme eines lichtstarken Fernrohrs mit be=
sonderer Sorgfalt zu untersuchen, und hat man sich insbesondere auch
davon zu überzeugen, ob die erforderlichen Anschlüsse an metallene Dach=
verwahrungen und Dachrinnen noch vorhanden sind. Wenn seit der letzten
Prüfung irgend welche bauliche Aenderungen vorgenommen worden sind,
so ist zu untersuchen, ob und in welcher Weise die Blitzableiteranlage
zu ändern oder zu ergänzen ist.

d. Jährliche Zwischenprüfungen.

Dieselben sind im Frühjahr vor Eintritt der Gewitterperiode vor=
zunehmen, und kann dies durch Besichtigung der ganzen Anlage, so=
weit sie zu Tage tritt, durch beliebige sachverständige Handwerker oder
den Gebäudebesitzer selbst geschehen, soweit eine solche Besichtigung nicht
amtlicherseits gelegentlich der jährlichen feuerpolizeilichen Visitation der
Gebäude stattfindet.

Diese Besichtigung wird eine mehr oder weniger sorgfältig seine müssen, je nach dem Grad des beanspruchten Blitzschutzes und der Art des zu schützenden Objekts.

Da in Folge von Dachreparaturen, sowie durch den Sturm und die Einwirkungen von Regen und Schnee die über dem Dach befind=lichen Theile der Blitzableiter Beschädigungen und der Materialzerstörung verhältnißmäßig am meisten ausgesetzt sind, so sind auch bei diese Art von Prüfungen die Auffangvorrichtungen und die Dachleitungen besonders in's Auge zu fassen.

XII. Schlußbetrachtungen.

Obwohl die Natur dem Menschen im Blitzableiter ein höchst ein=
faches und billiges Mittel an die Hand gegeben hat, sich und sein Haus
gegen die vernichtenden Wirkungen des Blitzes zu schützen, zeigt die Sta=
tistik, daß die jährlichen Blitzschäden eher im Zu= als im Abnehmen be=
griffen sind. Statt sich jenes einfachen Schutzmittels zu bedienen, be=
gnügt sich die große Masse des Volkes damit, in dem Augenblick, wenn's
blitzt und donnert, angsterfüllt den lieben Gott um seinen Schutz anzuflehen,
was aber natürlich nichts nützt, denn „ohne Wahl zuckt der Strahl". —
Wer den ihm dargebotenen natürlichen Schutz gegen die Wirkungen eines
unabänderlichen Naturgesetzes verschmäht, der darf auch auf einen über=
irdischen Schutz nicht rechnen.

So gehen dem Volksvermögen in Deutschland jährlich ca. 10 Millionen
Mark verloren. Die Verantwortung dafür trifft nicht allein die an
diesem Schaden fast ausschließlich betheiligte landwirthschaftliche Bevölke=
rung, auch die Männer der Wissenschaft und der Regierung sind nicht frei
von Schuld.

Theils irrigerweise in gutem Glauben, theils tendenziös unter Ver=
folgung einseitiger Interessen, wird die Herstellung guter Blitzableiter als
eine große Kunst bezeichnet, welche angeblich nur wenige Specialisten
verstehen; unter diesen sucht so Mancher wieder sein Produkt als das
einzig richtige, alles andere aber als schlecht hinzustellen, dabei kommt
ihm die leider auch von manchen Männern der Wissenschaft gestützte Volks=
meinung zu gut, daß ein schlechter Blitzableiter eine Gefahr statt eines
Schutzes für ein Haus bilde. Unter diesem Druck entstehen vielfach polizei=
liche Blitzableitervorschriften, welche viel zu streng sind, und so kommt es,
daß die weniger bemittelte ländliche Bevölkerung theils wegen zu großer
Kosten der Blitzableiter, theils aus Furcht, einen schlechten und gefähr=

lichen zu bekommen, theils auch aus Gleichgültigkeit und mangels richtiger Belehrung auf jede Art von Blitzschutz verzichtet, obwohl sie eines solchen ganz besonders bedürfte.

Die Gelehrten sind zwar noch lange nicht darüber einig, und werden es vielleicht auch niemals werden, welches der beste Blitzableiter ist. Es wäre aber ein großer Fehler, wenn man deshalb auf jeden Blitzschutz verzichten wollte.

Wenn irgendwo, so gilt hier das Sprichwort: „Das Bessere ist des Guten Feind." Wem das angepriesene Bessere zu theuer ist, der nehme wenigstens mit dem Guten und Billigeren vorlieb.

Wenn das, was in den früheren Kapiteln im Einvernehmen mit vielen Sachverständigen noch als gut und ausreichend bezeichnet worden ist, in die weitesten Kreise hinausgetragen würde zugleich mit der Versicherung, daß auch das weniger Vollkommene nützt und keinenfalls schadet, so wäre der Anfang zu einer allgemeinen Verbreitung der Blitzableiter bis zur ärmsten Hütte hinab gemacht, und man dürfte sich bald von einem er= heblichen Rückgang der jährlichen Blitzschadensziffer überzeugen.

Was den in erster Linie zu bekämpfenden Feind, die Behauptung, ein mangelhafter Blitzableiter bilde eher eine Gefahr statt eines Schutzes für ein Haus, betrifft, so sprachen sich zwei der ersten Autoritäten auf dem Gebiete des Blitzableiterwesens im Anschluß an meinen am 25. Mai 1897 im Elektrotechnischen Verein in Berlin gehaltenen Vortrag in völliger Uebereinstimmung mit mir (vergl. oben S. 1—3) folgendermaßen aus. Professor Dr. Neesen sagte u. a.:

„Was die Frage, ob ein schlechter Blitzableiter schadet oder nicht, betrifft, so bin ich dieser Frage schon früher näher getreten und habe mich über dieselbe mit Agenten von Feuerversicherungsanstalten unterhalten, weil es mir immer wunderbar erschienen ist, daß bei uns am Rhein die Feuerversicherungsanstalten gar nichts für die Verbreitung von Blitzableitern thun. Da ist mir immer entgegengehalten worden, ein schlechter Blitzableiter ist schädlich. Ich kann das im Großen und Ganzen nur als Ammenmärchen bezeichnen 2c."

Professor Dr. Leonhard Weber sagte u. a.:

„Ein unbedingtes Vertrauen zum Blitzableiter ist merkwürdiger Weise immer noch nicht vorhanden, und zwar hauptsächlich wohl aus dem Grunde, daß überall noch die Meinung Platz greift, ein schlechter Blitzableiter bringe mehr Schaden als Nutzen. Diese falsche Meinung, die vorzugsweise durch die allzu genauen Normen der Herren Blitzableiterfabrikanten gefördert worden ist, hat die Verbreitung des Blitzableiters, besonders auf dem Lande, außerordentlich erschwert. Durch die heutigen Verhandlungen ist jene falsche Volksmeinung, daß ein schlechter Blitzableiter schade, genügend klar gestellt, und glaube ich auch, daß man die Benutzung der an den Gebäuden ohnehin vorhandenen Metalltheile mehr als bisher für den Bau der

Blitzableiter empfehlen sollte. In der Hervorhebung dieser beiden Gesichtspunkte scheint mir ein großer Fortschritt zu liegen, einmal nach der Seite eines zu erzielenden größeren Vertrauens zu den Blitzableitern und zweitens nach der Seite einer billigeren Herstellung von Blitzableitern."

Vielfach wird von Bautechnikern und Bauhandwerkern, welche sich kein selbstständiges Urtheil in der Sache zu bilden vermochten, ihren Bauherrn abgerathen, einen Blitzableiter machen zu lassen mit der Begründung, daß man noch nichts Genaues darüber wisse, wie ein guter Blitzableiter beschaffen sein müsse, und es überhaupt zweifelhaft sei, ob mit einem Blitzableiter ein wirksamer Schutz erreicht werden könne.

Diesen verwerflichen Ausreden trat Geheimrath Dr. Werner von Siemens in der Sitzung des Elektrotechnischen Vereins in Berlin am 25. Oktober 1881 mit folgenden Worten entgegen:

„Die Wissenschaft ist darüber vollständig im Klaren, daß ein richtig angelegter Blitzableiter einen sehr wirksamen Schutz gegen Blitzgefahr gewährt. Die gegentheilige falsche Annahme ist der Grund, warum wir noch so wenig durch Blitzableiter geschützt werden, und noch so viel Leben und Eigenthum in Gebäuden, die keine Blitzableiter haben, durch Blitzschläge zerstört wird. Es ist deshalb von allen Seiten darauf hinzuwirken, daß Blitzableiteranlagen, namentlich auf dem Lande und überhaupt bei einzeln stehenden Gebäuden in weit größerem Maaße ausgeführt werden, wie bisher."

In dem von Helmholtz, Kirchhoff und Siemens unterzeichneten Gutachten der Kgl. Preuß. Akademie der Wissenschaften vom 5. August 1880, Sitzungsberichte S. 762, heißt es:

„Daß rationell angelegte Blitzableiter, wenn auch nicht ganz unbedingt, so doch in sehr hohem Maaße die Blitzgefahr für die mit ihnen versehenen Baulichkeiten beseitigen, ist eine durch die Erfahrungen eines ganzen Jahrhunderts feststehende Thatsache, die kaum noch einer weiteren Begründung bedarf; daß häufig auch Gebäude, die mit Blitzableitern versehen waren, Blitzschäden erlitten haben, ändert an dieser Thatsache nichts, da in fast allen solchen Fällen die Anlagen mit Fehlern behaftet waren, die zu vermeiden waren, und da auch solche mangelhaft angelegte Blitzableiter fast immer noch die Gefährlichkeit des betreffenden Blitzschlages durch partielle Entladung vermindern. Daß die Ansichten darüber, in wie weit durch Anlage von Blitzableitern ein wirksamer Schutz der Gebäude gegen Blitzschläge erreicht werden kann, noch sehr schwankend seien, — wie ein Gutachten der technischen Deputation für das Bauwesen behauptet hat, muß entschieden in Abrede gestellt werden.

Ueber die Frage, welches die beste und welches eine noch ausreichend sichere Blitzableiteranlage ist, können zwar abweichende Anschauungen geltend gemacht werden, und es werden absolut gültige Bestimmungen darüber auch kaum zu treffen sein, namentlich deshalb, weil wir bisher keine ausreichende Kenntniß über die Quantität und Spannung der durch die Blitze abfließenden Elektricitätsmengen haben; doch liegt die wissenschaftliche Grundlage der Blitzableiterkonstruktion klar vor

Augen, und es wäre durchaus unberechtigt, darum auf den notorischen Schutz von Blitzableitern zu verzichten, weil noch Zweifel über die besten Konstruktionsdetails herrschen."

Ein weiteres nicht geringes Hinderniß für eine allgemeine Verbreitung der Blitzableiter ist es, daß man wegen der vermeintlichen Präventivwirkung derselben auf feine, künstliche Spitzenanordnungen der Auffangstangen, auf vollständige Kontinuität der Luftleitungen und möglichst widerstandslose Erdleitungen einen viel zu großen Werth legt. Wenn je auch, was aber durch die früheren Ausführungen widerlegt ist, die Möglichkeit bestände, daß ein Blitzableiter das Zustandekommen eines Blitzschlags durch allmählichen stillen Ausgleich der atmosphärischen und der Erdelektricität verhindert, so mögen diejenigen, welchen es auf die Kosten nicht ankommt, immerhin bei der Konstruktion der Blitzableiter auch noch dieser vermeintlichen Möglichkeit Rechnung tragen. Soweit aber die dadurch bedingte Erhöhung der Blitzableiterkosten einer allgemeinen Verbreitung der Blitzableiter hinderlich ist, kann und muß jene Rücksicht entschieden außer Betracht bleiben. Es ist kein Grund vorhanden, das Einschlagen des Blitzes in ein mit einem guten Blitzableiter versehenes Haus hindern zu wollen. Man kann sich vollkommen damit begnügen, wenn ein Blitzableiter den einschlagenden Blitz auffängt und denselben ohne Schaden für das Haus ableitet. Manche glauben, daß die Wahrscheinlichkeit des Blitzeinschlags in ein mit einem Blitzableiter bewaffnetes Haus größer sei als in ein anderes; das könnte allerdings bei Anwendung sehr hoher Auffangstangen der Fall sein, welche aber bei sonstiger richtiger Anordnung des Blitzableiters nach den früheren Ausführungen entbehrlich sind. Ein Blitzableiter wird im Allgemeinen weiter nichts als einen Blitz, der so wie so in das Haus schlagen würde, auffangen und ableiten.

Sobald man die Rücksichten auf die Präventivwirkung der Blitzableiter fallen läßt und auf die nach den gemachten Erfahrungen nicht unbedingt erforderliche, peinliche metallische Kontinuität der Leitungen verzichtet, vereinfacht sich die Konstruktion der Blitzableiter und vermindern sich deren Kosten, wie oben gezeigt, ganz bedeutend. Die Herstellung solcher Blitzableiter ist keine Kunst, und keineswegs sind besondere Specialisten dazu erforderlich. So gut wie die gewöhnlichen ländlichen Gebäude von gewöhnlichen Bauhandwerkern und nicht von akademisch gebildeten Architekten ausgeführt werden, gerade so gut können auch die einen Gebäudebestandtheil bildenden Blitzableiter solcher einfacher Gebäude an der Hand geeigneter Anleitungen von gewöhnlichen Handwerkern hergestellt werden, ja es kann das hier noch viel unbedenklicher geschehen, weil bei fehlerhaften Baukonstruktionen ein Einsturz des Hauses möglich ist, während man von einer schlechten Blitzableiteranlage nun zur Genüge weiß, daß wenn sie im äußersten Fall auch nichts nützen sollte, sie wenigstens keinen Schaden bringt. Mit diesen Erklärungen soll aber keineswegs der Schlamperei Thür und Thor geöffnet werden. Da wo ein Blitzschutz hauptsächlich erforderlich ist, d. h. bei landwirthschaftlichen Gebäuden, empfiehlt sich eine allgemeine Einführung der Blitzableiter theils durch polizeilichen Zwang bei neuen Gebäuden, theils mit Hülfe der Feuerversicherungsanstalten bei allen bestehenden Gebäuden dieser Art unter Zugrundelegung ausführlicher aber milder, den nöthigen Spielraum lassender Normalvorschriften nach den in den früheren Kapiteln aufgestellten Grundsätzen, deren Einhaltung von den amtlichen Technikern gelegentlich ihrer sonstigen Gebäudevisitationen bezw. gelegentlich der Einschätzung der Gebäude für die Feuerversicherung zu überwachen wäre. Damit, sowie durch entsprechende Belehrung in Wort und Schrift, durch die größere Praxis in der Ausführung von Blitzableitern, welche die Handwerker bei einer allgemeineren Anwendung des Blitzschutzes sich aneignen würden, und mittelst des heilsamen Faktors der Konkurrenz wäre eine genügende Bürgschaft dafür geschaffen, daß in der Hauptsache doch nur Gutes zu Stande käme.

Auf dem Standpunkt, daß die Blitzableiter gewöhnlicher Gebäude von gewöhnlichen Handwerkern ausgeführt werden können, steht auch das von Helmholtz, Kirchhoff und Siemens unterzeichnete Gutachten der Kgl. Preußischen Akademie der Wissenschaften vom 27. Mai 1880, wo es heißt, daß der Kirchenblitzableiter, um den es sich dort handelte, von jedem tüchtigen Schlosser ausgeführt werden könne.

Melsens sagt in seinen „Notes et commentaires" Bruxelles 1882, p. 82, daß jeder intelligente Handwerker einen Blitzableiter herstellen, und jeder aufmerksame Gebäudebesitzer die richtige Ausführung selbst überwachen könne.

Bei komplicirten Anlagen und besseren Gebäuden mögen immerhin Specialtechniker am Platze sein, aber unbedingt nothwendig ist dies auch hier nicht, sobald die Ausführung von einem Architekten überwacht wird, der sich über die Principien des Blitzableiterbaues einigermaßen klar ist.

In wie weit für den Staat eine Veranlassung vorliegt, der Verallgemeinerung des Blitzschutzes ein Interesse zuzuwenden, dürfte außer dem in der Einleitung Gesagten auch aus der rein volkswirthschaftlichen Betrachtung hervorgehen, welche der bekannte Staatsminister a. D. Dr. Schäffle in Stuttgart nach persönlicher Rücksprache des Verfassers mit demselben in folgende neun Thesen zusammengefaßt hat:

„1. Die Verhütung des Blitzschadens durch Blitzableiter ist wie alle Vorbeugung (Präventivsystem) der Wiedergutmachung des Schadens (Repressiv- oder Ersatzsystem) an sich vorzuziehen.

2. Die Vortheile der Blitzableitung sind doppelter Art, nämlich nichtwirthschaftlicher (so zu sagen persönlich-ethischer Art) und wirthschaftlicher Art.

3. Als Vortheile persönlicher Art sind u. a. zu nennen:

a) Schutz von Leben und Gesundheit der Gebäudeinsassen gegen Blitz und gegen die durch Blitzschlag entstandenen Brände;

b) das Gefühl der Sicherheit gegen die vom Blitzschlag dem Leben und der Gesundheit der Gebäudeinsassen drohenden Gefahren und Schrecken;

c) die sittlich-günstige Wirkung, welche durch die Gewöhnung des Volkes an Fürsorge des Einzelnen für sich und seine Angehörigen erzielt wird;

d) einigermaßen auch der militärisch-politische Werth, das Inlanderträgniß an Lebensmitteln vor theilweiser Zerstörung zu bewahren und für äußerste Fälle des Abgeschnittenseins von auswärtiger Zufuhr über den nothwendigen Lebensmittelbedarf in größerem Umfange zu verfügen.

e) Sicherstellung der Bau- und Feuerpolizei gegen den Vorwurf, wider die Gefahr der Tödtung von Menschen nicht das technisch Mögliche vorgekehrt zu haben.

4. Der wirthschaftliche Vortheil der möglichen Verhütung des Blitzschadens besteht in der Erhaltung:

der Gebäude;

des Nutzkapitals an beweglichem Haus- und Wirthschaftsgeräthe (Farniß);

an Vieh;

an Lebensmittel-, Futter- und Saatgutvorräthen.

5. Der wirthschaftliche Vortheil wird jedoch gemindert durch die Kosten, welche durch die Blitzableitung verursacht werden.

Sind:

a) diese Kosten größer als der verhütete Schaden, so ist vom rein wirthschaftlichen Standpunkt, — welcher jedoch durch den persönlich-ethischen Werth der Verhütung reichlich aufgewogen sein kann —, die Blitzverhütung wirthschaftlich ein Nachtheil und das System der Repression durch Immobiliar- und Mobiliar-Brandversicherung vorzuziehen;

b) sind die Kosten geringer, so ist die Blitzableitung das wirthschaftlich Vorzuziehende;

c) kommen die Kosten dem verhüteten Schaden gleich, so steht wirthschaftlich die Wahl zwischen Prävention und Repression (Versicherungsersatz) frei, obwohl im Zweifel immer die Vorbeugung vorzuziehen ist und solche unter dem persönlich-ethischen Gesichtspunkt höchst wünschenswerth erscheint;

6. Bei den gewöhnlichen städtischen Gebäuden stellen sich die Kosten der üblichen Blitzableitung beträchtlich höher als der erfahrungsgemäß zu befürchtende

Blitzschaden, so daß hier ein bringender Grund, die allgemeine freiwillige, geschweige zwangsweise Blitzableitung zu erstreben, nicht besteht.

7. Anders verhält es sich bei den Blitzschadensobjekten auf dem Lande.

Je wohlfeiler die Blitzableitung erreicht wird, desto mehr wird sie auch wirthschaftlich, geschweige unter den Gesichtspunkten Ziffer 3, erstrebenswerth sein, zumal bei kleineren und mittleren Bauerngütern, welche für die Regel zur Mobiliar=Feuer=versicherung freiwillig nicht zu bringen sind, und dazu bis jetzt auch nicht gezwungen werden können. Solche geringen Wirthschaften können durch Zerstörung ihrer Mobiliarwerthe bis zum Ruin geführt werden und häufig unfähig sein, den angerichteten Feuerschaden durch Neubau und Neuanschaffung auszugleichen. Für sie wirkt ein Blitzableitungszwang theilweise wie ein mittelbarer, kaum empfundener und doch durchsetzbarer Mobiliarversicherungszwang.

8. Auch dann, wenn die Kosten der Blitzableitung und der Werth des andernfalls angerichteten Gebäude= und Mobiliarblitzschadens sich gleichkommen würden, ja selbst, wenn erstere mäßig größer wären, empfiehlt sich dennoch auf dem Lande die möglichst allgemeine Blitzableitung aus den Gründen der Ziffer 3 a bis c und e, sodann für die gegenwärtige Entwickelungsphase der deutschen Volkswirthschaft auch aus dem Grunde der Ziffer 3 d. Für absehbare Zeit erzeugt die deutsche Land=wirthschaft den Lebensmittelbedarf der zur Industrie= und Exportnation gewordenen einheimischen Bevölkerung nicht mehr (nur $^8/_9$). Für einen Kriegsfall, welcher die Land= und Seegrenzen dem Getreideimport verschließen würde, liegt hierin eine gewisse militärisch=politische Gefahr, was mehr und mehr eben in der Gegenwart zur Anerkennung gelangt. Es ist daher national das Bessere, die Zerstörung eines Theiles der inländischen Getreideproduktion zu verhüten, als den für die allgemeine Blitzableitung erforderlichen Betrag an Fabrikaten und Halbfabrikaten unedler Metalle zu vermeiden; durch den Verbrauch an unedlen Metallen für die allgemeine Blitzableitung kann unter den Verhältnissen der deutschen Metallindustrie ein Nachtheil nicht entstehen.

Hiernach sprechen gewichtige Gründe für die allgemeine Blitzableitung auf dem Lande auch dann, wenn die Kosten der letzteren mäßig größer sein sollten, als der durch Gebäudeblitzschlag gestiftete Schaden an Immobiliar= und Mobiliarvermögens=werthen.

9. Eine Schädigung kann durch den Uebergang vom System der Schadens=wiederherstellung zum System der Schadensverhütung nicht entstehen. Die Umwäl=zung wird kaum empfindlich sein. An Stelle eines kleinen, unsicheren und schwan=kenden Betrages an Nachfrage nach Maurer=, Zimmer=, Tischlerarbeit, welche mit dem Uebergange zur Schadensverhütung entfallen würde, wird anderweitige Be=schäftigung, u. a. ständig vermehrte Nachfrage nach Schlosser=, Flaschner= (Klempner=) und verwandter Arbeit treten.“

Da nun nach den in den früheren Kapiteln gemachten, von ersten Autoritäten als richtig anerkannten Vereinfachungsvorschlägen jedenfalls für die Herstellung von Gebäudeblitzableitern auf neu zu erbauenden ländlichen Gebäuden die Kosten derselben erheblich geringer ausfallen, als der im ganzen damit verhütete Blitzschaden betragen würde, so sprechen sowohl ethische und politische, als auch wirthschaftliche Gründe für eine allgemeine Anwendung der Blitzableiter auf dem Lande; und nachdem auch die Annahme, mangelhafte Blitzableiter seien schädlich, als unrichtig nachgewiesen ist, so dürfte der Staat wohl ein erhebliches Interesse daran haben, dem Blitzschutz ländlicher Gebäude in Zukunft seine Fürsorge zu Theil werden zu lassen.

Professor Dr. Leonhard Weber in Kiel, welcher nicht ganz damit einverstanden ist, daß ich den rein wirthschaftlichen Nutzen der Blitzableiter bei der Frage der Vermehrung derselben als ausschlaggebend in Rechnung gezogen habe (vergl. oben S. 3—8), machte hierüber folgende Bemerkung:

„Selbst wenn ich Ihnen koncedire, daß die allgemeine Einführung der Blitz=ableiter 20 mal theurer wird, als der im besten Fall verhütete Schaden, kann ich das Kulturvolk unseres Jahrhunderts nicht von der Verpflichtung entbinden, sich nach Kräften gegen den Blitz zu sichern. Jeder Fall, wo der Blitz mal etwas kräftiger zuhaut, zerstört und tödtet, ist für sich eine so schwere Anklage gegen die Baupolizei, daß man doch immer wieder auf die möglichst allgemeine Einführung der Blitz=ableiter, event. auch zwangsweise, dringen wird 2c. Ich bezweifle nicht, daß sich viele bau= und feuerpolizeiliche Verordnungen werden ausfindig machen lassen, welche in dem Werthe ihres allgemeinen Nutzens auch 10= und 100 mal höher zu Buch stehen, als das, was durch sie verhütet werden soll.“

Dieser letztere Einwand muß nach der württembergischen Brand=statistik als richtig anerkannt werden, wenigstens in Bezug auf Wohngebäude in Städten mit guten Feuerlöscheinrichtungen. Hier sind die bei alten Ge=bäuden anfallenden Brandschäden entfernt nicht in dem Maaße höhere als deren Bauart im Vergleich zu den neueren, den jetzigen strengeren Bau= und Feuerpolizeivorschriften entsprechenden Bauten eine schlechtere ist. Der durch jene polizeilichen Maßnahmen verursachte Mehrkostenaufwand ist, für alle Gebäude zusammengenommen, ein bedeutend größerer, als das was dadurch an Brandschaden verhütet wird.

Die zerstörenden Wirkungen, welche durch verbrecherische oder fahr=lässige Brandstiftung verursacht werden, lassen sich durch strenge Bau= und Feuerpolizeigesetze oder andere polizeiliche Maßregeln nicht beseitigen und nur unvollkommen eindämmen; dagegen können die zerstörenden Wir=kungen von Blitzschlägen durch Anwendung von Blitzableitern ganz oder nahezu ganz verhütet werden, weshalb die Einführung eines polizeilichen Zwangs zum Blitzschutz wenigstens solcher Gebäude, bei welchen die Blitz=gefahr erfahrungsgemäß eine große ist, vollkommen begründet wäre.

Auf alle Fälle unbegründet ist es aber, die **freiwillige** Herstellung und Unterhaltung von Blitzableitern, wie dies z. B. nach dem preußischen Allgemeinen Landrecht, Theil I, Titel 8, § 80, nach den badischen Ver=ordnungen vom 20. Sept. 1864 und vom 22. Oktober 1874, dem badi=

schen Ministerialerlaß vom 7. Dezember 1882, Nr. 19630, ferner nach der
württemb. Vollzugsverfügung zur Bauordnung § 48 und dem Ministerial=
erlaß vom 31. Mai 1875 der Fall ist, an irgend welche erschwerende
Bedingungen zu knüpfen und Verfehlungen dagegen auf Grund von § 368
Ziff. 8 des Reichsstrafgesetzbuchs mit Geldstrafe oder Haft zu bestrafen.
Statt daß also die freiwillige Herstellung von Blitzableitern polizeilich
nur unter gewissen erschwerenden Bedingungen gestattet wird, ist es
richtiger, die Herstellung von Blitzableitern überall da, wo im Falle eines
Blitzschlages die Gefahr einer Zündung besteht, also bei allen Gebäuden,
welche zur Lagerung größerer Mengen leicht entzündlicher Stoffe dienen,
d. h. bei allen Scheuergebäuden, sowie auch bei Gebäuden, welche zu großen
Menschenansammlungen dienen — z. B. bei Kirchen, Schulen und Kranken=
häusern — polizeilich zu fordern. Die Anforderungen an solche Blitz=
ableiter oder Schutzvorrichtungen, deren Hauptzweck also wäre, eine Zün=
dung, bezw. das Eindringen des Blitzes in's Innere der Gebäude zu
verhüten, wären auf das nach den früheren Ausführungen zulässige ge=
ringste Maaß zu beschränken. Ein solcher polizeilicher Zwang kann unbe=
denklich erlassen werden, nachdem nun auch nachgewiesen ist, daß ein
genügend sicherer Blitzschutz mit verhältnißmäßig ganz geringen Kosten
hergestellt werden kann, welche im Vergleich zu der Gesammtbaukosten=
summe viel weniger ins Gewicht fallen, als die durch manche andere bau=
und feuerpolizeiliche Bestimmung von zweifelhafterem Werth verursachte
Erhöhung der Baukosten. Die Zulassung von Ausnahmen, z. B. bei Ge=
bäuden in tief eingeschnittenen Thälern und überhaupt in Orten, wo die
Blitzgefahr offenbar eine sehr geringe ist, sowie bei untergeordneten Bauten
könnte den Polizeibehörden immerhin vorbehalten bleiben.

Es ist übrigens zu bemerken, daß das noch kein Beweis ist, daß ein
Ort frei von jeder Blitzgefahr ist, wenn es in demselben seit Menschen=
gedenken nicht eingeschlagen hat, es verhält sich hier ähnlich wie mit dem
Hagelschlag. Die im Sommer 1897 in Süddeutschland niedergegangenen
Hagelwetter, welche 60000 ha württembergischen Landes verwüstet und
dabei einen nach vielen Millionen zählenden Schaden an Feldfrüchten,
Obst= und Rebenanlagen angerichtet haben, sind fast durchweg in Gegenden
niedergegangen, die man bis dahin für hagelsicher gehalten hat. Auch die
württembergische Blitzschlagstatistik weist darauf hin, daß es kaum einen Ort
oder eine Feldmark giebt, welche auf die Dauer sicher vor Blitzschlag ist.

Es ist ferner, wie im VIII. Kapitel ausgeführt wurde, nicht be=
gründet, den Anschluß der Blitzableiter an Gas= und Wasserleitungen zu
verbieten oder zu erschweren.

Fachwissenschaftliche Vereinigungen sollten vorsichtig mit der Aufstellung von Blitzableitervorschriften sein. Die Verhältnisse und Bedürfnisse sind zu verschiedenartig, als daß sich alle die bei einer rationellen Blitzableiteranlage zu beachtenden Dinge in die Zwangsjacke kurzer schematischer Vorschriften stecken ließen. Es würde mit denselben mehr nur dem einseitigen oder vermeintlichen Bedürfniß von Behörden, von einzelnen Hausbesitzern, den Interessen der Blitzableiterfabrikanten und der Bequemlichkeit von Blitz=ableiterkontrolleuren gedient sein. Aber nicht dieses einseitige, sondern das viel höhere Interesse, welches die Gesammtheit daran hat, daß die jährliche Blitzschadensziffer durch eine umfassende Vermehrung der Blitzableiter auf dem Lande herabgemindert wird, muß ins Auge gefaßt werden; das ist aber nur möglich, wenn man die Ansprüche an die Blitzableiter auf das allergeringste Maaß beschränkt und möglichste Freiheit in der Anwendung der Konstruktionsmittel läßt. Das, was in dieser Beziehung zu sagen ist, geschieht besser auf dem Wege populärer Belehrungen, als in der Form polizeilicher oder anderer Vorschriften, die einen polizeilichen Charakter tragen und nur zu leicht zu einem falschen schablonenmäßigen, die Aus=führungskosten unnöthig erhöhenden Arbeiten führen. Zur Aufstellung von Normalvorschriften für Gebäudeblitzableiter liegt viel weniger ein Grund vor, als z. B. bei elektrischen Licht= und Kraftanlagen, wo zu einer sach=gemäßen Herstellung umfassende elektrotechnische Kenntnisse erforderlich sind, wo der geringste Fehler in der Ausführung Kraftverluste, Betriebsstörungen oder einen Brand verursachen kann. Dort ist es von Vortheil, wenn durch erschwerende Bedingungen die Ausführung vorzugsweise in die Hände einzelner leistungsfähiger Specialfirmen gelegt wird. Ganz anders liegen die Verhältnisse beim Blitzschutz der Gebäude. Das was hier zu wissen ist, kann sich Jeder aneignen. In jedem einzelnen Fall giebt es die ver=schiedenartigsten Lösungen, die alle ihren Zweck gleich gut erfüllen können. Etwa vorkommende Fehler bei der Ausführung vermindern zwar die Schutzwirkung, schließen aber keine größere Gefahr in sich, als wenn das Haus eines Blitzschutzes ganz entbehren würde. Ein absolut sicherer Schutz braucht wenigstens bei den gewöhnlichen Gebäuden überhaupt nicht ange=strebt zu werden. Kleinere Beschädigungen können auch beim besten Blitz=ableiter vorkommen. Die Hauptsache ist, eine Zündung zu verhüten. Es ist wichtiger, den jährlich ca. zehn Millionen Mark betragenden Blitz=schaden in Deutschland mit einfachen Mitteln auf ein Minimum herab=zudrücken, als mit unverhältnißmäßig großem Kostenaufwand den Blitz=schaden im einzelnen Fall auf Null reduciren zu wollen.

Ein richtiger Blitzableiter ist eigentlich nichts weiter als ein integri=

render Bestandtheil, bezw. eine Ergänzung der Gebäudekonstruktionen und bedarf er zu seiner Ausführung so wenig wie diese allgemein gültiger Normalvorschriften.

Von einer segensreicheren Wirkung als die Aufstellung strenger Normalvorschriften seitens wissenschaftlicher Vereinigungen wäre es, wenn die Letzteren die Macht ihres Ansehens dazu verwenden würden, durch allgemeine Belehrung im Sinne dieser oder ähnlicher Schriften auf eine möglichste **Erleichterung** der Herstellung von Blitzableitern und damit auf eine Verallgemeinerung des Blitzschutzes auf dem Lande hinzuwirken.

Zur Verminderung der Blitzschäden und zur Vermehrung der Blitzableiter auf dem Lande könnten sehr viel die Feuerversicherungsanstalten beitragen, wenn sie die Feuerversicherungsprämie für alle mit Blitzableitern versehenen ländlichen Gebäude um denjenigen Procentsatz ermäßigen würden, welchen der auf die Gesammtheit solcher ungeschützter Gebäude entfallende jährliche Blitzschaden ausmacht. Dadurch würden die Kosten der Blitzableiter, wenn sie nach den früher gemachten Vereinfachungsvorschlägen ausgeführt würden, ganz oder wenigstens annähernd verzinst und amortisirt, so daß also eine solche Beitragsermäßigung ein mächtiges Mittel zur Vermehrung der Blitzableiter auf dem Lande bilden würde, wie sich dies auch bereits in Schleswig-Holstein, wo diese Einrichtung seit längerer Zeit getroffen ist, erwiesen hat. Ein solcher Unterschied in der Beitragsbemessung ließe sich am besten durchführen gleichzeitig mit einer Erhöhung des Feuerversicherungsbeitrags für nicht mit Blitzableitern versehene landwirthschaftliche Gebäude im Vergleich zu städtischen Gebäuden, welche Unterscheidung begründeter wäre, als die sonst übliche nur nach der Bauart der Umfassungswände der Gebäude. Den gleichen Grund zu einer derartigen Regulirung der Versicherungsprämie wie die Gebäudeversicherungen haben auch die Mobiliarversicherungen. Damit daher die Letzteren nicht einseitig durch die Opfer, welche die Gebäudeversicherungen bringen, profitiren, und damit auch durch entsprechende Ermäßigung der Mobiliarversicherungsprämie die Anregung zur Vermehrung der Blitzableiter gesteigert wird, sollten in allen denjenigen Fällen, wo die Gebäudeversicherungen einen Prämiennachlaß gewähren, auch die Mobiliarversicherungen zu einem solchen, bezw. dazu gezwungen werden, einen Unterschied im Versicherungsbeitrag zwischen blitzgeschützten und -ungeschützten Gebäuden zu machen. Besser noch wäre es allerdings, wenn ein solcher Zwang staatlicherseits gleichmäßig auf sämmtliche Immobiliar- und Mobiliarversicherungen ausgedehnt würde.

Der Erfolg dieser Ermäßigung des Feuerversicherungsbeitrags darf jedoch nicht überschätzt werden. Dem weniger bemittelten Gebäudebesitzer werden auch die geringen Blitzableiterkosten von 20—30 M. zu hoch sein, wenn er sie auf einmal bezahlen muß, und bezahlt er lieber unter Verzicht auf einen Blitzschutz den geringen jährlichen Prämienmehrbetrag für ungeschützte Gebäude nach wie vor weiter; läßt man ihm aber Zeit zu allmählicher Abzahlung, würde man etwa die Kosten in kleinen Raten mit dem jährlichen Versicherungsbeitrag von ihm erheben, so wäre er zur Anbringung eines Blitzableiters eher geneigt.

Den besten Erfolg hätte es, wenn zunächst einmal in den blitzschlagreichen Gegenden die öffentlichen Feuerversicherungsanstalten oder durch deren Vermittlung die Landgemeinden, bezw. die landwirthschaftlichen Berufsgenossenschaften oder Darlehenskassenvereine Jedem, der es wünscht, einen Blitzableiter auf sein Haus machen ließen, wonach sodann die Herstellungskosten oder ein Theil derselben in Raten oder Annuitäten eventuell mit dem jährlichen Feuerversicherungsbeitrag eingezogen werden könnten.

Die gemeindeweise Herstellung der Blitzableiter käme, wie früher bemerkt, erheblich billiger als die Ausführung im Einzelnen, weil das Material billiger als von den Zwischenhändlern unmittelbar von der Fabrik bezogen und die Leitungen über ganze Häuserkomplexe hinweggeführt werden könnten, wodurch an Material und Arbeitslohn gespart würde, während anderseits eine solche, nach einheitlichem sachverständigen Plane ausgeführte Anlage eine erhöhte Garantie für eine richtige Funktionirung bieten würde.

Wo aus irgend einem Grunde die Gewährung eines Versicherungsprämiennachlasses für Gebäude mit Blitzableitern nicht durchführbar ist, dürften einmalige Beiträge für die Herstellung von Blitzableitern auf landwirthschaftlichen Gebäuden gewährt werden, welche ja im Laufe der Zeit durch entsprechende Ersparniß an Entschädigungsgeldern für Blitzschäden wieder hereinkämen. Nach einer Notiz in der Elektrotechnischen Zeitschrift 1892, S. 491 ist eine solche Einrichtung bei der ostpreußischen Landfeuersocietät getroffen worden. Es werden dort die Blitzableiterkosten zur Hälfte von den Versicherten und zur Hälfte von der Feuersocietät getragen.

Tritt zu der materiellen und polizeilichen Unterstützung seitens der Feuerversicherungsanstalten, bezw. des Staats, noch der wichtige Faktor einer allgemeinen Belehrung, so werden die segensreichen Folgen gewiß nicht ausbleiben.

Ich konnte mich bereits davon überzeugen, daß bei der ländlichen Bevölkerung eine große Geneigtheit zur Anwendung des von mir empfohlenen einfachen Blitzschutzes besteht. Im Nürtinger Oberamtsbezirk, wo ich nur

probeweise vor einiger Zeit meine Vorschläge durch den dortigen Ober=
amts=Baumeister Koch habe bekannt machen lassen, ist bereits eine
große Zahl solcher Blitzableiter ausgeführt worden, ohne daß etwa hierzu
eine Unterstützung im Sinne obiger Vorschläge gewährt worden wäre.
Jener Techniker schrieb mir, er werde sich dafür verwenden, und er
garantire dafür, daß kein neues Haus in seinem Bezirk mehr gebaut
werde, wo nicht die von mir empfohlenen Bitzableiter unter Verwendung
der First= und Ortgangbleche, der Dachrinnen und Regenabfallrohre zur
Anwendung kommen.　Das Beispiel jenes erfahrenen Technikers verdient
allgemeine Nachahmung.　Derselbe tritt deshalb so begeistert und mit
voller Ueberzeugung für die Sache ein, weil er selbst bei mehreren Blitz=
schlägen sich von der guten schützenden Wirkung der Blechverwahrungen
der Dachkanten, der Dachrinnen und Abfallrohre überzeugte, und er somit
den Leuten die Zuverlässigkeit dieses einfachsten Blitzschutzes an einer
Reihe selbsterlebter Beispiele beweisen kann.　Die Geneigtheit zur An=
wendung dieser einfachen Blitzschutzmittel wird, wie schon früher bemerkt,
wesentlich erhöht dadurch, daß die Blechverwahrungen der Dachkanten zu=
gleich als die besten und solidesten Schutzmittel gegen das Eindringen von
Regen und Schnee in die Gebäude empfohlen werden können. Es bilden
überhaupt die bei neuen Gebäuden immer mehr zur Anwendung kom=
menden Metallkonstruktionen oft ein vielfach verzweigtes Netz guter Leiter,
das leicht mit verhältnißmäßig geringen Kosten zu einem vollkommenen
Blitzableiter ergänzt werden kann, nachdem man nun auch weiß, daß
es nicht nothwendig ist, zum Auffangen des Blitzes hohe theuere Auf=
fangestangen anzubringen, und daß es auf eine absolute metallische Kon=
tinuität der Leitungen, die unter Umständen auch in Gestalt eiserner
Säulen, oder von Gas= und Wasserleitungen innerhalb der Gebäude
herabgeführt werden können, nicht ankommt.

Am einfachsten, besten und billigsten gestaltet sich die Ausnutzung der
an den Gebäuden befindlichen Metalltheile zu Blitzableitern im Zusammen=
hang mit der Neuaufführung der Gebäude.　Es ist daher in erster
Linie Sache der Hochbautechniker, darauf hinzuwirken, daß gleichzeitig
mit der Aufführung neuer Gebäude dieselben auch mit einem Blitzschutz
versehen werden.　Anderseits sind die amtlichen Bautechniker, z. B. die
64 Oberamtsbautechniker des Königreichs Württemberg, welche bei ihren
verschiedenartigen Diensten als Bau= und Feuerpolizeiorgane, als Bezirks=
feuerlöschinspektoren und Schätzerobmänner der Gebäudebrandversicherungs=
anstalt in die vielseitigste Berührung mit dem Publikum und als Ober=
feuerschauer jedes Jahr einmal in jedes Haus kommen, vorzugsweise dazu

geeignet, das Interesse und das Verständniß für den Blitzschutz der Ge=
bäude in die weitesten Kreise zu tragen, zur Anwendung desselben aufzu=
muntern, auf etwaige Vergünstigungen seitens der Feuerversicherungs=
anstalten hinzuweisen und den ausführenden Handwerkern mit Rath und
That an die Hand zu gehen.

Es brauchen nur einige Musterblitzableiter in jedem Ort unter be=
sonderer sachverständiger Aufsicht angebracht zu werden, um die sich für
dieses Geschäft am besten eignenden Handwerker, die Klempner oder
Flaschner und Schlosser in den Stand zu setzen, daß sie mit Hilfe einer
ihnen in die Hände zu gebenden Instruktion die übrigen Blitzableiter,
wenigstens auf gewöhnlichen Gebäuden selbständig ausführen können. Sache
dieser Handwerker wäre es sodann, auch ihrerseits bei Gelegenheit von
Dachreparaturen die Gebäudebesitzer zur Anbringung von Blitzableitern
aufzumuntern.

Das ist aber eine Hauptbedingung, daß jene Handwerker zu einem
möglichst selbständigen Arbeiten erzogen werden, denn wenn man zur Aus=
führung und Prüfung eines jeden Bauernhausblitzableiters jedesmal noch
eine besondere sachverständige Aufsicht und die Vorlage von Plänen zur
Genehmigung durch die Polizeibehörde oder die Feuerversicherungsanstalt
verlangen wollte, wie dies manchenorts geschieht, so käme das Salz theurer
als die Suppe, und könnte wenigstens von einem wirthschaftlichen Nutzen
der Blitzableiter keine Rede sein.

Man sollte aber noch weiter gehen und nicht bloß den ausführenden
Handwerkern, sondern auch den Gebäudebesitzern selbst, welchen Berufs sie
auch sein mögen, ein entsprechendes Verständniß für den Blitzschutz ihrer
Gebäude beibringen, so daß sie sich wenigstens ein annähernd richtiges
Urtheil über den Werth der Blitzableiter und die an sie zu stellenden An=
forderungen bilden und deren Ausführung und Unterhaltung selbst über=
wachen können. Um dieses Ziel zu erreichen, müßten die Lehrer, vom
Hochschullehrer bis zum Volksschullehrer mit den Bautechnikern und Hand=
werkern zusammenwirken. Dasjenige, um was es sich hier handelt, ist
keineswegs so schwer, daß es nicht jeder Volksschüler begreifen könnte.
An dem Interesse, über den Blitzableiter etwas Näheres zu erfahren,
als daß ihn Franklin erfunden hat, an dem Interesse daran, zu er=
fahren, mit welch einfachen und geringen Mitteln ein wirksamer Blitz=
schutz zu erzielen ist, wird es sicher nicht fehlen, und kommt es nur darauf
an, daß den Lehrern die richtige Anweisung ertheilt, ihnen die erforder=
lichen Lehrmittel in die Hand gegeben werden, und daß sie selbst dann
ihre Schuldigkeit thun. Es dürfte gar Manches in die Lehrpläne auf=

genommen sein, was an erzieherischem und praktischem Werth hinter dem=
jenigen dieses Lehrstoffs weit zurücksteht. Zu einer sachgemäßen Belehrung
der Handwerker wäre hauptsächlich in den Fortbildungsschulen Gelegenheit
gegeben. Viel könnte auch durch Abhaltung öffentlicher Vorträge geschehen,
wozu sich die Lehrer der Naturwissenschaften, Reallehrer, aber auch Volks=
schullehrer und Bautechniker, sofern sie nur ein Interesse für die Sache be=
sitzen, eignen würden, ferner durch entsprechende Veröffentlichungen in den
Tagesblättern, in technischen und landwirthschaftlichen Zeitschriften.

Zur Vermeidung von Enttäuschungen darf den Leuten aber nicht
weisgemacht werden, daß ein guter Blitzableiter einen unbedingt sicheren
Schutz biete, und daß damit jeder, auch der geringste Schaden beim Blitz=
einschlag verhütet werde. Man hat sich vielmehr auf den durch die Erfah=
rung als richtig erwiesenen Standpunkt des Gutachtens der Kgl. Preuß.
Akademie der Wissenschaften vom 5. August 1880 zu stellen, daß rationell
angelegte Blitzableiter, wenn auch nicht ganz unbedingt, so doch in sehr
hohem Maaße die Blitzgefahr beseitigen, daß man aber bei einem einiger=
maßen richtig angeordneten Blitzableiter wenigstens auf die Verhütung
einer Entzündung und damit einer Totalzerstörung des Gebäudes mit
Sicherheit rechnen kann.

Der Einwendung ist entgegenzutreten, daß man keinen Blitzableiter
brauche, weil das Haus sammt Mobiliar versichert sei, und daher im Falle
des Blitzeinschlags die Feuerversicherung für den Schaden aufzukommen habe.
Eine gewisse Berechtigung mag dieser Einwand allerdings in Bezug auf
solche Gebäude haben, bei deren Bauart und Benutzungsweise eine Zündung
nicht wohl möglich ist, und wo im Falle des Blitzeinschlags voraussichtlich
nur ein ganz geringer, leicht reparirbarer Schaden entstehen kann. Jene
Einwendung ist aber ganz und gar unberechtigt bei Oekonomiegebäuden
und vereinigten Wohn= und Oekonomiegebäuden, wo eine Zündung im
Falle des Blitzeinschlags zu erwarten ist; denn der bei der vollständigen
Zerstörung eines Gebäudes entstehende Schaden wird in der Regel nur unzu=
reichend ersetzt. Niemand ersetzt aber den Schaden, der daraus erwächst,
daß man bis zum Wiederaufbau des Hauses anderwärts Obdach suchen
muß, oder daß man so lange in der Ausübung seines Geschäftsbetriebs
beeinträchtigt wird. Niemand endlich kann den Schaden ersetzen, der ent=
standen ist, wenn ein Menschenleben dem Blitzschlag zum Opfer fiel.

Von großem Werth ist ferner für die Förderung der Blitzableiter=
sache die fortlaufende Führung einer richtigen Blitzstatistik, eine möglichst
genaue Beobachtung und Beschreibung von Blitzschlägen in künstlich ge=
schützte, zufällig geschützte und ungeschützte Gebäude, sowie eine entsprechende

sachverständige Verwerthung dieses Materials. Als Grundlage für diese Erhebungen dienen am besten vorgedruckte Fragebogen, welche gelegentlich der Vornahme der Schadensabschätzungen von den betreffenden technischen Organen der Feuerversicherungsanstalten ausgefüllt werden, wie dies seit einer Reihe von Jahren in Württemberg so gehalten wird. Ein solcher Fragebogen dürfte etwa folgendes Aussehen erhalten:

Fragebogen,

betreffend den Blitzschlag

in (Gemeinde) ....

am (Datum) ....

(Dieser Fragebogen ist auch so weit wie möglich auszufüllen, wenn mit Sicherheit ein mit einem Blitzableiter versehenes Gebäude getroffen worden ist, ohne daß ein Schaden angerichtet wurde. Die Fragen Ziffer 4—6, 9, 11, 12, 13, 17, 18 und 22 sind in diesem Fall mit besonderer Genauigkeit zu beantworten.)

Fragen: **Antworten:**

1. Nummer und Bezeichnung des vom Blitz getroffenen Gebäudes und Name des Eigenthümers?

2. a) Versicherungssumme des vom Blitz getroffenen Gebäudes?

b) Mobiliarversicherungssumme des Inhalts?

3. Schadenssumme:

a) vom getroffenen Gebäude?

b) Gesammtschaden an benachbarten Gebäuden?

c) Mobiliarschaden bei jedem Gebäude?

4. Stand das vom Blitz getroffene Gebäude auf einem Berg, auf der Hochebene, am östlichen, westlichen ꝛc. Bergabhang, im Thal, isolirt oder innerhalb des geschlossenen Wohnbezirks, auf lehmigem, sandigem, kalkigem ꝛc. Grund?

5. Ungefähre Tiefe des Grundwassers oder benachbarter Brunnen?

6. Befinden sich Gewässer, Pumpbrunnen, dauernd feuchte Wiesen u. dergl. in der Nähe, und in welcher ungefähren Entfernung?

Fragen:　　　　　　　　　　　Antworten:

7. Befindet sich ein Laub= oder Nadel=
holzwald in der Nähe, und in welcher un=
gefähren Entfernung?

8. Befinden sich in unmittelbarer Nähe
des getroffenen Gebäudes höhere, das Ge=
bäude überragende Bäume, und was sind
das für Bäume?

Falls der Blitz von einem Baum auf
das Gebäude abgesprungen ist, ist der Ab=
stand der Einschlagstelle von den nächst=
gelegenen Theilen des Baumes anzugeben.

9. Befinden sich Telegraphen=, Tele=
phon= oder sonstige elektrische Leitungen,
Gas= oder Wasserleitungen im Gebäude
oder dessen unmittelbarer Nähe, und in
welcher ungefähren Entfernung?

10. Wird das getroffene Gebäude von
anderen in unmittelbarer Nähe befindlichen
Gebäuden überragt, und ist eines derselben
mit einem Blitzableiter versehen? Unge=
fährer Abstand und Ueberhöhung dieser
Gebäude über das getroffene?

11. Ungefähres Alter und Bauart des
vom Blitz getroffenen Gebäudes und Art
der Dacheindeckung?

12. Waren metallene Dachrinnen und
Abfallrohre, metallene Dachspitzen oder
Windfahnen, First=, Grat= oder Kehlver=
wahrungen, Eisensäulen und Eisenbalken
oder sonstige größere Metalltheile an oder
in dem Gebäude?

13. War das getroffene Gebäude mit
einem Blitzableiter versehen?

Kurze Beschreibung desselben:

a) Angabe der ungefähren Höhe der Auf=
fangstangen über dem First, deren
Entfernung unter einander und von
den Gebäudeseiten.

b) Material und Stärke der Luftlei=
tungen. Zahl und Lage der Ablei=
tungen in Bezug auf die Himmels=
richtungen.

c) Findet ein vollkommener metallischer
Zusammenhang der einzelnen Lei=
tungstheile und eine metallische Ver=

Fragen:	**Antworten:**

bindung zwischen dem Blitzableiter und anderen Metalltheilen des Gebäudes, z. B. Dachrinnen und Abfallrohren, Gas- oder Wasserleitungen statt?

d) Was für und wie viel Erdleitungen sind vorhanden, sind sie in feuchten oder trockenen Grund und in welche ungefähre Tiefe geführt?

Womöglich Angabe der Größe der Erdleitungskörper.

e) Findet eine periodische nur äußerliche oder auch eine galvanische Untersuchung des Blitzableiters statt, durch wen, mit was für einem Apparat, und welches ist das Ergebniß der letzten Untersuchung?

f) Kann der Zustand des Blitzableiters unmittelbar vor dem Blitzschlag als ein guter bezeichnet werden?

g) Wenn keine Auffangstange getroffen worden ist, so ist die Entfernung der Einschlagstelle von der nächsten Auffangstange und deren Tiefenlage unter der Spitze der Auffangstange genau in Zahlen anzugeben.

h) Falls die Spitze einer Auffangstange getroffen und beschädigt worden ist, ist dieselbe womöglich abzunehmen und einzusenden.

i) Ist der Blitz dem Blitzableiter ausschließlich oder nur theilweise gefolgt? Kann mit Bestimmtheit behauptet werden, daß der Blitzableiter zur Verminderung des Schadens beigetragen hat?

14. Diente das getroffene Gebäude zur Aufbewahrung leicht entzündlicher Stoffe wie Heu, Stroh u. dergl.? Lagerten größere oder kleinere Vorräthe dieser Stoffe zur Zeit des Blitzschlags im Dachraum des Gebäudes?

15. War der Blitzschlag kalt oder zündend?

16. War er mit Regen begleitet und

Fragen:　　　　　　　　　　　　Antworten:

welche Windrichtung herrschte zur Zeit des Blitzschlags?

17. An welcher Stelle hat der Blitz eingeschlagen, in den First, an der westlichen, östlichen 2c. Giebelseite, in einen den First überragenden Schornstein, einen Thurm oder eine Metallspitze?

Falls ein Schornstein getroffen wurde, ist anzugeben, ob derselbe im Augenblick des Blitzschlags rauchte.

18. Es ist durch eine einfache Handskizze mit Maaßeinschrieben darzustellen, welchen Weg der Blitz genommen hat und ist hierbei zu berücksichtigen, daß der Blitz größeren Metalltheilen folgt, ohne in der Regel sichtbare Spuren an denselben zu hinterlassen. Der Blitzweg ist roth, etwa am Gebäude befindliche größere Metalltheile (Ziffer 9 und 12) sind blau einzuzeichnen. Auch ist die Lage des Gebäudes in Bezug auf die Himmelsrichtungen durch einen gegen Norden gerichteten Pfeil anzugeben.

19. Die Art und Weise des angerichteten Schadens am Gebäude und dessen Mobiliar ist kurz zu beschreiben.

Mit besonderer Genauigkeit sind etwa vorgekommene Schmelzungen von Metallen zu beschreiben; wenn möglich sind die betreffenden Stücke zur Besichtigung einzusenden.

20. Welche muthmaßlichen Ursachen liegen dem Blitzweg zu Grunde, wurde etwa beobachtet, daß der Blitz nassen Dach- und Wandflächen mehr folgte, als größeren Metalltheilen?

21. Kam der Blitz auf seinem Wege mit leicht entzündlichen Stoffen in Berührung und mit welchen?

22. Befand sich ein Stall, eine Düngerstätte, eine Abtrittgrube oder irgend eine sonstige dauernd feuchte Stelle an oder in unmittelbarer Nähe des Punktes, wo der Blitz in den Boden gedrungen ist? Ist ein solcher Punkt überhaupt bemerkbar? Kann

<table>
<tr><td align="center">Fragen:</td><td align="center">Antworten:</td></tr>
</table>

gesagt werden, daß der Blitz einer hoch= oder tiefgelegenen Stelle des anstoßenden Terrains zugestrebt ist?

23. Wann hat der letzte Blitzschlag in ein Gebäude des Orts stattgefunden und wie weit ungefähr entfernt von dem jetzt getroffenen?

24. Wird der Ort oder die Umgegend verhältnißmäßig viel oder selten von Blitz= schlägen heimgesucht?

25. Weitere etwa wichtig erscheinende Mittheilungen.

Aehnliche Formulare sind schon im Jahre 1879 von Professor Dr. Leonh. Weber in Kiel entworfen worden, und werden dieselben seither durch die Brandversicherungskommissare des Landesdirectoriats der Provinz Schleswig=Holstein bei jedem dort vorkommenden Blitzschlag ausgefüllt. Professor Weber berichtete hierüber in der Elektrotech. Zeitschrift 1885, S. 9—11, und in den Schriften des naturwissenschaftlichen Vereins für Schleswig=Holstein, Bd. III, Heft 2, Bd. IV, Heft 1 und 2 und Bd. V, Heft 2. Die Verarbeitung der späteren Jahrgänge bis 1898 wird von demselben, wie er mir mittheilte, gegenwärtig vorgenommen.

Ich werde der Blitzschlagstatistik und den Erfahrungen, die bei Blitz= schlägen in Gebäude gemacht werden, fortgesetzt meine besondere Auf= merksamkeit zuwenden, und richte ich deshalb an Behörden und Private, welche mir in dieser Beziehung zweckdienliche Mittheilungen machen können, die Bitte, mir solche zukommen zu lassen, damit ich dieselben bei den in Aussicht genommenen späteren Veröffentlichungen berücksichtigen kann.

In komplicierten Fällen, und da wo ein besonders sicherer Blitz= schutz angestrebt wird, empfiehlt es sich, irgend einen bewährten Sach= verständigen zu Rathe zu ziehen, welcher seine Vorschläge am besten auf Grund eines an Ort und Stelle genommenen Augenscheins macht. Häufig wird es aber auch genügen, wenn demselben die Baupläne von dem zu schützenden Gebäude mit Situationsplan und näherer Angabe der Terrain= und Untergrundverhältnisse zugestellt werden. Stehen keine fer= tigen Baupläne zur Verfügung, so sind besondere Pläne oder Handskizzen anzufertigen, aus welchen wenigstens Folgendes ersichtlich ist:

1. Größenverhältnisse, Bauart, Bedachung und Benutzungsweise des zu schützenden Gebäudes mit Angabe aller über die Dachflächen sich

erhebenden Gebäudetheile, z. B. etwaiger Thürmchen, Schornsteinköpfe, Flaggenstöcke, Windfahnen u. s. w.

2. Lage, bezw. Verlauf der in oder an dem Gebäude befindlichen größeren Metalltheile, z. B. metallener Dachverwahrungen, Dachrinnen, Regenabfallrohre und sonstiger Hausentwässerungsrohre, Gas- und Wasserleitungen, Pumpen, eiserner Säulen, eiserner Balken und Unterzüge, größerer Anker, Stangen, elektrischer Drähte, Transmissionsanlagen, Maschinen, — in Kirchen der Glocken, der Uhr und Orgel, und sind hierfür nöthigenfalls besondere Schnitt- und Detailzeichnungen beizugeben.

3. Lage des Gebäudes zu den Himmelsrichtungen und zu den im Umkreis von 20 m befindlichen anderen Gebäuden, Gewässern, Brunnen, Gas- und Wasserleitungen.

4. Darstellung der Terrainverhältnisse mit Angabe der Bodenart und Bodenbeschaffenheit (ob vorzugsweise trocken oder feucht). Angabe des Standes des Grundwasserspiegels und Bezeichnung etwa vorhandener dauernd feuchter oder mit Gras und Buschwerk bewachsener Stellen in nächster Umgebung des Gebäudes.

5. Handelt es sich um eine sachverständige Prüfung der bereits von anderer Seite gemachten Blitzableiterentwürfe und Kostenberechnungen, so ist außerdem die gesammte Anordnung des Blitzableiternetzes über und unter der Erde durch rothe Linien und die nöthigen Maaßeinschriebe ersichtlich zu machen.

Hauptsächlich bei umfangreichen Blitzableiteranlagen für Monumentalgebäude wird es sich empfehlen, daß die Gebäudebesitzer oder Architekten, soweit sie nicht in der Lage sind, die von den Blitzableiterfabrikanten gemachten Entwürfe und Kostenberechnungen selbst einer genauen sachverständigen Prüfung zu unterziehen, hierüber das Gutachten eines unparteiischen Sachverständigen einverlangen, was häufig die Folge einer wesentlichen Reduktion der Kostenrechnung haben wird.